TURING 图灵原创

从专业
到卓越

软件设计

张刚◎著

人民邮电出版社
北　京

图书在版编目（CIP）数据

软件设计：从专业到卓越 / 张刚著. -- 北京：人
民邮电出版社，2022.6（2024.5 重印）
（图灵原创）
ISBN 978-7-115-58975-0

I. ①软… II. ①张… III. ①软件设计 IV.
①TP311.5

中国版本图书馆 CIP 数据核字（2022）第 047985 号

内 容 提 要

本书介绍了高效的软件设计和编程方法，把精益需求分析、领域驱动设计、面向对象编程、契
约式设计、测试驱动开发、意图导向编程及演进式设计等编程实践融会贯通，深入洞察软件设计
的本质，为软件工程师展示了一个清晰的"编程能力提升路线图"。

本书适合各种编程语言的一线开发者、计算机和软件工程相关专业三年级及以上的本科生和
研究生阅读，也适合专业的软件开发团队参考。

◆ 著　　　　张　刚
　　责任编辑　王军花
　　责任印制　彭志环
◆ 人民邮电出版社出版发行　　北京市丰台区成寿寺路 11 号
　　邮编 100164　电子邮件 315@ptpress.com.cn
　　网址 https://www.ptpress.com.cn
　　北京九州迅驰传媒文化有限公司印刷
◆ 开本：720 × 960　1/16
　　印张：22.75　　　　　　　　2022 年 6 月第 1 版
　　字数：443 千字　　　　　　 2024 年 5 月北京第 5 次印刷

定价：99.80 元

读者服务热线：(010)84084456-6009　印装质量热线：(010)81055316
反盗版热线：(010)81055315
广告经营许可证：京东市监广登字 20170147 号

序

我见证了本书的创作过程，深知它对每一位软件工程师的重要价值。为之作序，我万分荣幸，也不胜惶恐，恐不能尽言其妙，而使读者与它失之交臂。

程序员是职业焦虑感最强的职业之一。技术日新月异，公司起起伏伏。工程师们渴望快速成长，然而得成长法门者并不多。本书为程序员走向卓越带来了系统、实用的指导。

卓越的软件设计需要集齐三个要素——审美、格局和技能，它们是设计能力精进的三个法门，也是贯穿本书始终的三个主题。

第一个主题"审美"。审美是鉴别好设计的能力，它是卓越软件设计的前提。

本书"品味篇"从软件设计的产物——代码的视角，定义了设计美的标准。"美"更体现在全书的内容之中，不管是优雅的示例代码、测试脚本，规范简洁的领域模型表达，还是对设计和实现模式的娴熟应用，它们都凝结了张刚博士多年的设计功力，最终体现为设计的产物之美。阅读和体会它们，潜移默化，必将提高你对设计美的品味和追求。

美的设计来自美的过程。我曾多次观摩张刚带领团队进行架构设计和编码实现，过程如水银泻地，流畅自如，面面俱到又能删繁就简。过程之美也体现在本书的结构安排之中，全书从原始客户诉求的挖掘开始，分析、设计再到实现，层层推进、有条不紊。对这一动态过程效率和质量的极致追求，是更高层次的设计审美。

第二个主题"格局"。它要求我们跳出局部，从整体上看待软件设计，构建相互关联的实践体系。本书把这一体系称为"精益编程实践"。

本书"专业篇"以高质量和高效率的开发为目标，涵盖了需求分析、系统和架构设计、代码实现这三个领域，并且通过领域模型贯穿始终，包含：在需求分析过程中，发现业务概念，构建领域模型；从领域模型出发划分子域，分解和分配职责，并定义接口和契约；用领域模型指导代码实现，并规范系统的持续演进。

一个完整的实践体系需要一致的目标、清晰的主线，以及共同的原则。本书将其总结为：一个根本挑战、两大核心价值和三大设计原则，它们是贯穿全书的灵魂。抓住这些本质，我们就可以从更高的维度，更本质地看待软件设计。让各环节的软件设计实践不再孤立，打开作为一个设计者的格局，走上技能提升的快车道。

第三个主题"技能"。技能是做好软件设计的根基，离开各个环节卓越的实践技能，审美和格局都只能是空中楼阁。

本书"卓越篇"为设计的每个环节都提供了完整的技能指导，在细节上又做了精心的取舍。保证完整性的同时，又控制了篇幅。做到这一点很不容易，必须从问题出发，抓住背后的本质。以需求分析环节为例，本书没有罗列各个流派的实践，而是单刀直入，解析需求分析的目标和挑战，并构建需求分析的金字塔，为金字塔的每一层提供了最高效实用的实践，既保证系统和本质地认识需求分析，也保证你能立即去落地和应用这些实践。

对每一个设计环节的实践技能，作者都做了类似的萃取和总结，并反映了业内最前沿实践。比如：如何有效落地由外而内、测试先行的开发，提高设计的效率和质量；如何正确地分离关注点，做出灵活响应变化的正交设计；如何落地领域驱动的设计，让领域模型引领整个过程，成为统一语言；如何持续演进设计，保障系统的长期质量和效率。

审美、格局和技能是设计能力精进的三大法门。审美是前提，格局则打开向上的空间，以两者为基础不断修炼技能，帮助软件从业者在数字化的世界中走向优秀和卓越。

希望你能和我一样享受阅读本书的过程，沉浸在设计之美中。更祝愿本书能陪伴你的职业上升之路。

何勉

阿里巴巴资深技术专家

《精益产品开发：原则、方法与实践》作者

前　　言

每一位真正的软件工程师都希望自己变得更加卓越和高效。但是，有相当数量的一线工程师和大学高年级同学在掌握了基本的语言和编程框架之后，很难再上一个台阶，在能力和编程效率方面取得更大的突破。他们虽然也会去学习或了解领域驱动设计、测试驱动开发、重构、微服务等技术，但是往往会感觉这些知识入门容易、精通很难，更不要说把它们顺畅地应用在实际工作中。

产生这些阻碍的原因在于：单一的技术背后往往隐含着对软件设计能力的综合要求。例如，如果仅仅掌握了测试驱动开发的步骤，但是对软件设计的基本原则缺乏了解，就不可能做好测试驱动开发；如果仅仅掌握了领域驱动设计的概念，但是不具备良好的需求分析技能，领域模型就没有基础；如果没有掌握由外而内的编程技术，就很难做到高效。以上这些构成了撰写本书的首要目标：

基于现代软件工程实践，建立一个系统化的能力体系，为已经有一定编程经验，且期望提升效率的软件工程师提供一套完整的进阶指南。

本书的结构

本书共 12 章，按照软件工程师技能提升的顺序，分为品味篇、专业篇和卓越篇。这三部分分别覆盖了认知和技能提升的 3 个层次：辨别什么是好的设计，提升专业素养，以及掌握卓越开发实践。

- **品味篇**分别从价值和特征角度，定义了什么是好的设计。只有就什么是好的设计达成共识，开发团队才能更加顺畅地协作。这一共识也是后面两部分讨论的基础。
- **专业篇**讲解了现代编程实践的基本技能，包括提炼高质量需求、建立领域模型，以及实现高质量模块化设计的两个要素：高质量完成设计分解和高质量管理依赖。
- **卓越篇**是本书的核心内容，也是高效编程的关键。这部分讲解了测试先行、由外而内、演进式设计等现代软件设计实践。熟练掌握这些实践可以大幅提升编程效率和质量。

本书各篇包含的章节如下。

品味篇包含 2 章。它们关注如何评判好的设计。

- 第 1 章：优质代码的外部特征，介绍如何从最终价值的角度评判好的设计。
- 第 2 章：优质代码的内在特征，介绍如何从专业人员的视角评判好的设计。

　　这两章的标题使用了"优质代码"这个词，而没有使用"优质设计"，这是刻意为之。在编程这个领域，真正的最终制品是代码——代码是设计的结果。唯有关心真正的结果，才可以避免纸上谈兵。当然，也唯有关心设计，代码才能具有灵魂，成为真正的高质量代码。

专业篇包含 4 章。它们聚焦设计高质量软件应具备的基本而又重要的能力。

- 第 3 章：高质量的需求。软件工程师需要关心"需求从哪里来""系统应该做成什么样"这类基础问题。只有把需求说清楚，开发的软件才有价值。同时，需求是现代软件设计的真正灵魂——领域模型的源泉。这一章介绍了需求分析金字塔、需求分析和建模、事件驱动分析、实例化需求等实践。

- 第 4 章：领域建模。没有高质量的领域模型，设计出的软件就很难拥有易理解、易复用和易扩展等特征，业务能力也无处沉淀。这一章介绍了领域模型和统一语言等重要概念，以及发现、表达高质量领域模型的方法。

- 第 5 章：设计分解和责任分配。设计的本质就是分解和抽象。这一章的核心目标是实现好的分解，好的分解需要遵循高内聚、低耦合的设计原则。

- 第 6 章：依赖、接口和契约。分解必然意味着依赖。良好的依赖会加强设计的内聚性、可复用性和稳定性。如果缺失良好的依赖则相反。这一章介绍了依赖设计的原则、需求方接口和提供方接口等基础概念，以及提升依赖设计质量的设计契约和降低依赖强度的事件机制。

卓越篇包含 6 章。这 6 章占用了本书近一半的篇幅，重点介绍了现代软件设计的关键实践。

- 第 7 章：用测试描述需求和契约。"测试"不再是简单的测试。它是更精确地沟通需求和设计要求的手段。这一章介绍了测试先行的核心价值，给设计带来的关键变化，以及测试先行的实践，也介绍了行为测试驱动开发的框架。

- 第 8 章：用领域模型指导实现。领域模型不仅仅是问题分析和认知的工具，它还是软件实现的指引。这一章介绍了如何使用领域驱动设计的模式来指导编码，包括了基本构造块、聚合、限界上下文及上下文映射等重要实践。

- 第 9 章：由外而内的设计。由外而内是高效软件开发的重要技能。这一章介绍了由外而内、意图导向、测试替身等重要实践。

- 第 10 章：设计质量贯穿始终。质量是可持续发展的最重要因素。没有好的设计质量，可持续就是一句空话。这一章介绍了质量内建的概念以及契约式设计、防御式编程、自动化测试、设计评审等实用方法和技术。

- 第 11 章：让设计持续演进。演进是设计的本质特性，也只有演进，才能赋予软件长久的生命力。这一章从演进式设计的视角，介绍极限编程方法的卓越实践：简单设计、重构、测试驱动开发和持续集成。
- 第 12 章：精益思想和高效编程。这一章不介绍实践性的内容，而是从精益思想的视角，对由外而内、设计质量、设计演进等实践进行了思考和分析。

实践之间的联系

本书列出的编程实践是互为支撑的，它们背后有着清晰的理论主线。图 1 总结了本书将要介绍的主要编程实践和这些实践之间的联系。为了便于记忆，我把它们概括为一个根本挑战、两大核心价值、三大设计原则和对应的软件设计实践。

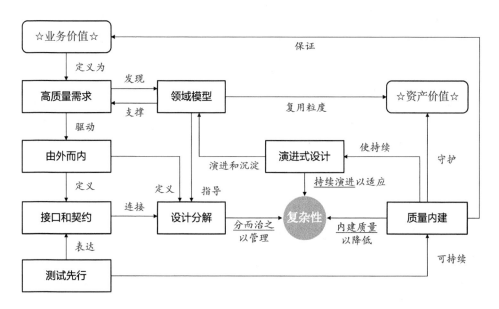

图 1　精益编程实践

其中，一个根本挑战指的是软件与生俱来的复杂性，两大核心价值指的是软件开发的当前业务价值（满足业务需求）和长期资产价值（复用和演进），三大设计原则指的是分而治之、持续演进和质量内建。在此基础上，图 1 列出的互为支撑的软件设计实践分别为高质量需求、领域模型、由外而内的设计开发、设计分解、接口和契约、测试先行，以及演进式设计中包含的系列软件实践。第 12 章会更详细地介绍上述概念之间的关系。

如何阅读本书

作为进阶指南

读者可以按顺序阅读本书的各章节。本书的初始目标是：支持已经掌握了基本的语言和编程框架的一线开发者，通过学习更系统的软件设计实践，成长为专业、高效的开发者。本书各章节的内容是循序渐进的，从第 1 章开始按序阅读有助于建立一个完整的体系。

当然，你也可以根据需要在各章节之间跳转。由于每一位开发者都或多或少地接触过某些知识点，所以本书的各章节尽量做到了彼此独立。如果你已经对一个话题比较了解，就可以跳过对应的章节，直接阅读感兴趣的部分。此外，书末包含索引，在其中可以找到各主要概念在本书中出现的位置。

作为藏宝图

本书被设计为一张藏宝图。它提供一个路线图，引导读者找到所需的宝藏。

卓越的软件设计涉及非常丰富的实践。本书追求全面而系统，所以不得不在细节上有所放弃，这也可以避免书太厚。尽管可以大幅展开任何一个章节，但是，把书变得更厚不但不会创造新的价值，还会徒增阅读难度。

在理解了根本性的原则之后，我希望读者通过阅读更多的经典书籍和大量练习加深理解。因此，在保证每个部分介绍的内容是完整的基础上，我刻意控制了每章的篇幅，把更具体的内容和做法指引到该领域的经典参考文献。读者可以通过参考文献的线索，自主进行知识检索，深入了解其中的关键实践。

形成团队设计共识

软件开发是集体活动。团队如果缺乏设计共识，设计出的代码就不可能易于扩展、易于维护，可能还会在具体的解决方案设计上产生不必要的摩擦。

本书介绍的设计实践特别关注了知识的全面性和系统性。它可以作为想要提升效率的研发团队集体学习和讨论的素材，希望大家可以在本书介绍的实践基础上，结合实际，形成和加深设计共识。

致　　谢

本书介绍的实践体系是逐渐成型的，从最初的想法到最后成稿，经过了至少7年。在这期间，许多人为本书的一线实践、思想提炼和写作提供了巨大的帮助、支持和便利。

首先要感谢何勉。何勉老师是国内顶尖的精益方法论专家，也是我十余年的工作伙伴和良师益友。自2008年起，他就开始在国内推进敏捷和精益方法的落地。正因为他的工作，我很早就接触到精益思想，并开始思考软件设计和精益思想之间的关系，这促成了本书雏形的产生。此外，本书介绍的需求分析金字塔、事件驱动的需求分析等实践，有些来源于何勉老师的研究总结，有些则是在和何勉老师共同探讨下得以完善的。

感谢在软件设计实践领域提供卓越思想和范例，共同探索以及提供支持的专家和伙伴。其中，梅雪兰、袁英杰、Bas Vodde以及蔡元芳老师的影响尤为显著。本书的核心思想之一是由外而内，我这方面的深入体会来自和梅雪兰共同工作的经历；从袁英杰的作品中，我见识到了软件设计的卓越形态；从Bas Vodde对技术概念的阐释中，我学到了直达本质的能力；在和蔡元芳老师的合作中，我建立了对设计的更深层次认知。这些都极大地丰富了本书"专业篇"和"卓越篇"的实践。

技术书涉及大量细节，稍有不慎就会谬误百出。特别感谢武可和雷晓宝两位专家的热忱相助，他们对书稿进行了仔细审阅，提出了许多宝贵意见，帮助我避免了关键性错误和不精确之处。同时，为了给读者以最好的阅读体验，图灵公司的武芮欣老师和王彦老师对本书的文稿做了非常细致的修改，投入了大量心力，用了近8个月的时间，把我原本粗糙的文字转化为优美简洁的表达。

撰写一本书是个长期的过程，持之以恒尤为重要。感谢我的爱人刘艳卉长期以来对我的支持，让我在许多个周末能集中精力撰写和整理书稿。同时，也非常感谢来自赵喜鸿、吴穹、罗丹、于翠翠等好友的长期关心和鼓励。

最后，再次感谢为本书撰写序言的何勉老师，以及撰写了精彩推荐语的蔡元芳教授、彭鑫教授、谷朴研究员和武可老师。他们工作极其繁忙，但是仍然仔细负责地审阅了书稿，并对书中内容进行了高度概括。相信读者也能从他们的序言和推荐语中，体会到他们对软件设计和工程化思想的深入思考。

张刚
2022年4月

目　录

专业篇

建立扎实功底

卓越篇

实现高效编码

品味篇
识别优秀设计

第 1 章　优质代码的外部特征

软件工程师是专业人士。人们很容易意识到，成为专业人士需要非常多的专业知识和经验，却往往忽略了决定专业人士产出的另一个重要方面——专业人士的鉴赏力。

像卓越的建筑设计师、音乐家这类专业人士，在创造高质量的作品之前，往往花费了数年的时间参观或揣摩卓越的作品，去鉴赏其中的美妙。鉴赏培养的是专业人士的"品味"。

品味非常重要——要做出卓越的工作，首先要能看出哪些工作是卓越的，哪些是拙劣的。优秀的建筑设计师一定能欣赏到建筑的美妙，优秀的软件工程师也能够快速而精准地判断代码和设计的优劣。学会判断和欣赏美，是成为优秀软件工程师的第一步。

本章和第 2 章聚焦什么是好的设计和什么是好的代码这两个核心问题。我把好的代码特征分为外部特征和内部特征。其中，外部特征是高质量代码应有的外在表现，从结果角度衡量。对这些特征的判断无须深入代码，即使是一个不懂软件的人，也能从外部感知到。内部特征则体现了代码是否"专业"，从代码的内部质量角度衡量。经验丰富的软件工程师，只需要大致读一下代码，就能感知到代码的大致质量。

本章介绍优质代码的外部特征，这些特征可以概括为以下 5 条。

- 实现了期望的功能。
- 缺陷尽量少。
- 易于理解。
- 易于演进。
- 易于复用。

其中，前两条和代码的外部质量有关，关注当下的效益；后 3 条和代码的演进有关，关注长期的价值。

1.1　实现了期望的功能

软件理应实现期望的功能，这无须多言。如果开发的软件不能给业务相关人带来价值，那对它所做的一切开发活动自然都是浪费。

　　不过，碍于软件所解决问题的复杂性和人类沟通的复杂性，实现期望的功能并不那么容易。在实际工作中，我们经常会遇到下面这些情况。

- 用户心目中的目标和用户能描述出的内容并不一致。
- 产品经理所理解的用户表述，和用户描述的内容存在偏差。
- 产品经理编写了需求文档，但未能进行精确的需求表述。
- 即使需求文档表述准确，开发者也有可能产生误解。
- 即使开发者的理解是正确的，也可能存在用户没有描述出来的隐含需求。
- ……

历史悠久的秋千漫画

　　相信有不少读者见过图 1.1 的这组漫画。不过，很少有人考证过它的历史。如果知道这幅漫画的历史有多长，或许你会大吃一惊：原来在软件领域，过了这么多年，这组漫画描绘的问题一直都在，并没有随着技术发展产生根本的改变。

| 用户描述的需求 | 产品经理听到的 | 分析人员细化后的 | 开发实际完成的 | 用户真正想要的 |

图 1.1　历史悠久的秋千漫画

　　据考证[1]，这幅漫画的最早版本至少在 1968 年就出现在公开出版物上了，迄今已有 50 多年的历史。它形象地反映了我们刚刚描述的情况：用户真正需要的和用户描述的往往并不一致，经过层层加工，信息更是进一步失真，最终不仅成本大量超出预算，所开发的东西也不能真正满足用户的需要。

1.1.1 为什么需求问题如此普遍

没有谁愿意把宝贵的人生耗费在毫无价值的错误需求上。不过仅仅"不愿意"是不够的，只有在理解了为什么会有这样的问题之后，才能找到恰当的解决方案。

软件解决的是现实世界的复杂问题

需求问题如此普遍的最根本原因是软件解决的是现实世界的问题。现实世界有多复杂，软件就有可能多复杂。从图 1.1 中的第一幅画和最后一幅画就可以看出：即使是用户自己，其表达出来的需求也和自身真正的期望相去甚远。

开发软件的过程是一个持续建立认知的过程。我们不能寄希望于业务人员一开始就对问题有直达本质的认知，随着开发过程的展开，渐渐地弄明白问题是很正常的。同样，我们也不能寄希望于开发人员一开始就能有直达本质的解决方案，随着开发过程的展开，渐渐地弄明白方案也是正常的。

要真正产出有价值的软件，需要关注以下两个重要的方面。

- 加快认知的过程。
- 增加设计的弹性，在出现问题时能较快调整。

高质量沟通是困难的，也是容易被忽略的

秋千漫画还反映了导致需求问题产生的另一个重要维度：沟通。在现实世界中，每一次信息传递都意味着一次信息损耗。在综艺节目中有一个常见的"拷贝不走样"游戏。这个游戏之所以有趣，是因为信息在前后传递的过程中，很可能会产生偏差。

在软件开发中，情况也非常类似，即使一开始的认知是正确的，可由于信息传递过程中不可避免的偏差，也常常导致最终的产出和预期相去甚远。如何降低信息在传递过程中的失真，也是软件开发人员不得不面对的一个问题。

实现高质量的沟通非常困难，身在其中的人往往并不自知。一个经常发生的现象是：业务人员觉得自己已经交代得很清楚了，开发人员也觉得自己理解得很清楚了——结果是表面上一致，事实上却谬之千里。

此外，"实现正确的需求"并不仅仅局限在系统层次。系统的某个局部可能是由多个开发者协作完成的，这个局部也存在需求问题，并且越是局部问题，细节就越多，这些问题也就更加值得重视。

1.1.2 解决问题的方向

优秀的开发者会关注自己开发的软件的真正价值，而不只是盲目地接收到手的需求。实践表明，开发者的积极投入是高效理解需求、提升设计质量的关键。没有来自开发者的积极沟通，需求设计的质量就很难提升，开发工作的结果自然也不可能太好。

结构化的探索

软件开发从本质上讲是"从无到有"的过程，在这整个过程中，一个客户或业务方脑海中的想法，逐步变为真实运行的软件系统。

"从无到有"意味着探索，而探索是需要结构化的方法的。如果没有清晰的探索方法，探索效率就不可能高。一件事情的确定性越弱，所需要的结构化思维能力就越强。例如，面对需求的不确定性问题，本书第 3 章介绍的需求分析金字塔就是有效探索需求的方法。此外，第 4 章介绍的领域模型，则是增强认知、加强沟通的重要工具。

注重沟通

优秀的软件工程师往往也是沟通的高手。不得不承认，许多人可能对此有偏见。如果认为编程就只是和机器打交道，那就忽略了软件其实是解决现实问题的工具这一本质。软件工程师不一定都开朗活泼、妙语连珠，但是在尊重他人、认真理解对方意图、准确达成一致方面，优秀软件工程师的表现至少和其他行业的沟通高手相差无几，甚至远远超出后者。

强调设计契约

契约不是让客户"签字画押"。在认知不足的时候"签字画押"只能是一种双输行为。契约的本质是信息明确、以终为始。只有尽可能地强调明确，才可以发现需求的模糊性，提升在早期发现问题的概率。

本书中有大量围绕设计契约展开的内容。例如，第 6 章会讲解如何把接口表述为清晰的设计契约，第 7 章会讨论如何通过测试前置的方式，促成需求或者设计契约的明确化，并对理解一致性展开早期验证。

做到演进式设计

如果软件设计得足够好，那么完全可以在用户需求发生变化时随机应变。与此相对的是惧怕变化。设计有"刚性"和"柔性"之分。刚性的设计无论考虑得如何周全，也仅能适应预先认知的场景。柔性的设计恰恰相反，它可以灵活地适应环境的变化。好的设计应该是柔性的。

做到演进式设计极其重要但是并不容易,它需要坚实的设计基础和卓越的设计实践。这就是第 11 章将要探讨的核心内容。

1.2　缺陷尽量少

优质的软件应该只有极少的缺陷。缺陷意味着客户满意度降低和修复成本增加,并且远远不限于此。特别是在今天这种竞争剧烈的业务环境中,如果缺陷太多,修复缺陷不仅需要花费金钱,还会耽误宝贵的时间,继而影响业务竞争,这可能造成潜在的商业损失。

1.2.1　关于软件缺陷的两个事实

关于软件缺陷的第一个事实是:缺陷不可能完全避免。要做到低缺陷率非常不容易,但这并不意味着无法减少缺陷带来的损失。这是关于软件缺陷的第二个事实:缺陷带来的影响和发现缺陷的时机密切相关。要规避缺陷造成的影响,最重要的原则是尽量早地发现缺陷。

缺陷不可能完全避免

缺陷不可能完全避免意味着对待缺陷的正确态度:谨慎而专业。

常常把"我的代码没有缺陷,不需要测试"挂在嘴边的程序员,非但大概率不是高手,其编写的代码也往往会在后续测试阶段错误频出。

真正的软件工程师懂得尊重软件的复杂性,在编程时"如履薄冰",时刻把产出高质量的代码放在思考的第一优先级。不过,"如履薄冰"和"战战兢兢"完全是两码事。正是因为"如履薄冰",才会非常审慎地对待自己接收到的需求、自己编写的代码、团队的产出。例如,专业的软件工程师会非常重视自动化测试,而且会做到测试先行(详见 7.5 节)。通过使用恰当的工具和思考方法,软件设计质量可以得到大幅提升。

专业的软件工程师,可以完美地融合专业能力、信心、勇气和谨慎为一体,产出低缺陷率的代码。

尽量早地发现缺陷

缺陷并不可怕,真正可怕的是没有能力及时发现缺陷。优秀的软件工程师都知道:软件是非常复杂的,人类思维又是有局限的。苛求代码在刚被写出来的一瞬间就一定是对的完全不现实。因此,我们要做的不是要规避缺陷,而是要通过加快反馈,在缺陷造成实质性影响之前,就把它消灭于无形。

当我们说缺陷率的时候,更多是在讨论那些没有被及时发现的缺陷,特别是出现在后期,如系统测试、用户接收测试、正式发布这些阶段的缺陷。而对那些刚有出现苗头、就立即被修复的缺陷，如软件工程师在编码过程中发现的刚刚犯下的错误，往往没有什么人会关心。只关注那些延迟发现的缺陷是非常合理的策略，其背后的理论基础是缺陷成本递增原理。

图 1.2 是 McConnell 在其经典著作《代码大全》[2] 中给出的缺陷成本递增曲线。我们可以发现，无论是哪个阶段注入的缺陷，只要我们能在当前阶段立即发现，缺陷成本都是非常低的。发现阶段越往后移，问题的复现、定位越困难，影响面也越宽，缺陷导致的成本就越高。

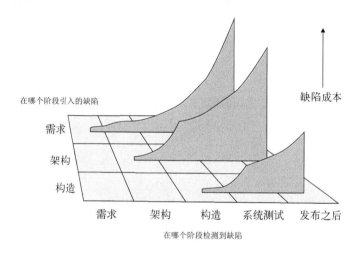

图 1.2 缺陷成本递增曲线

1.2.2 解决问题的方向

虽然不能完全避免缺陷，但是提前发现缺陷可以大幅降低它带来的不良影响。基于这样的事实，我们就可以得到如下的应对策略。

- 缩短缺陷的发现周期。
- 降低缺陷的发现成本和修复成本。
- 缩小缺陷的影响面。

缩短缺陷的发现周期

保证缺陷能被及时发现的关键点在于缩短问题的反馈周期。本书 7.2 节会介绍测试前置的策略，即"I 模型"。测试前置保障了需求以及外部接口描述和理解的清晰，并且通过测试先行，可以及时发现缺陷，在源头上降低发生功能性缺陷的可能性。

降低缺陷的发现成本和修复成本

发现、调查和修复缺陷往往会消耗较高的成本。如果能降低缺陷在各个环节的成本，缺陷带来的影响也就相应减小了。全面的自动化测试、更小的迭代是降低发现、调查和修复缺陷成本的有效方法。自动化测试是贯穿本书多个章节的核心内容，而通过让设计持续演进（第 11 章）和持续集成（11.5 节），可以把发现和修复缺陷的周期降到小时，甚至分钟这种级别。

缩小缺陷的影响面

在大型商场等公共场所中都设置有防火墙，它可以在一个区域着火的时候紧急阻断火势，避免影响其他区域。软件设计也一样：有没有什么办法能及时阻断缺陷问题的传播？通过把软件划分为更合理的设计单元，定义清楚设计单元之间的依赖、接口和契约，并采取契约式设计等手段，就可以起到防火墙的效果，从而降低缺陷带来的影响。

1.3 易于理解

代码是一种很特殊的产品。一旦它被写出来，就会被一遍遍地阅读。代码被反复阅读的原因是多样的，有时候是为了修复缺陷，有时候是为了理解其背后的原理或者实现了什么功能，还有时候是为了复用或者是在原来的基础上增加新的功能。

研究数据表明，代码在其生命周期中被阅读的时间，是编写代码所用时间的 10 倍。所以，如果代码编写得不容易理解，那么即使它实现了所需的功能，也很难被称为好的代码。《计算机程序的构造和解释》[3] 的作者 Harold Abelson 有一个著名的观点：

> 计算机程序首先是用来给人读的，只是顺便用于机器执行。
>
> ——Harold Abelson

1.3.1 为什么代码难以理解

写出易于理解的代码不容易，写出不容易让别人理解的代码却是再容易不过。这是代码的天性使然。代码天生充满各种细节，每一行代码都有它的意义。尽管如此，高质量的软件设计一定会刻意且安全地隐藏细节，从而提升代码的可理解性。

不良代码充斥着细节和意外

虽然代码充满各种细节，但这绝对不意味着没有理解某一行代码，就不能理解整体代码的具体工作。这样的代码是一种灾难，因为它挑战的是人类的记忆能力和认知能力。好的代码一定会隐藏一切细节，并且是安全地隐藏这些细节，即没有"意外"。

我们的理解力依赖于抽象、层次化、刻意地忽略这些认知技巧。如果代码缺少封装，导致内部状态可以被任意修改，就必然会带来意外，影响抽象。我们还会"望文生义"：如果一个类的名字叫作订单，那我们一般不会从里面寻找和用户管理相关的信息，所以如果哪个工程师把用户管理相关的职责混进了订单类中，就给以后维护代码的人留下了陷阱。

不要有意外，不要强迫他人为细节阅读代码。这是优质代码结构的力量，也是优秀工程师的素养。换句话说，代码的设计结构应该最大化地降低理解负担、尽量减少阅读代码的必要性。例如，让工程师：

- 能通过阅读 API 声明去理解代码，就不要去阅读 API 是如何实现的；
- 能通过观察代码结构（如类名、包名、方法名）去理解代码，就不需要去阅读代码的内部实现；
- 能通过阅读直接理解代码，就不需要去阅读文档和注释。

范式或概念不一致

相信不少读者有过这样的经历：初学面向对象编程时，看到代码中有数百个类会觉得无从下手。同样，刚从面向对象编程转为函数式编程时，也会觉得比较别扭。这是因为不同编程范式之间的话语体系不一样。不仅缺乏语言范式的共识会影响代码的可理解性，在编程规范、实现惯例、架构模式或设计模式，以及技术框架的应用等方面也同样需要共识。

业务概念的共识也是一个重要方面。例如，在维护一个订餐系统时，代码维护人可能需要了解菜单这个功能是如何实现的，但他可能找不到代码，因为代码中出现了一个不同的名字：餐品列表。这就是陷阱了。菜单和餐品列表或许并无二致，也不存在哪个概念更为精确的问题，但是如果大家使用的是两种语言，彼此语言不通，那么代码的可理解性就会受到影响。

扩展阅读：面条代码和馄饨代码

面向对象编程在今天已是主流。但是，在面向对象刚刚兴起的时候，开发者社区中有些人认为面向对象并不容易理解，因为"类实在是太多了"。多态也让代码变得更复杂，如果不运行，都不知道代码走到哪里了。在这些人看来，反倒是面向过程的代码更容易理解，因为不论函数有多长，只要耐心阅读就能了解一切细节。产生这种感觉的原因就是他们试图用一种编程范式来解读另一种编程范式。

面条代码（spaghetti code）[4] 描述的是一种不良的代码设计风格，常常出现在缺乏封装的过程式设计中。不良的设计中总会出现一些很长的函数，它们如同彼此"缠绕"的面条一样，所以称为面条代码。

面条代码把所有的业务逻辑都放在一起，尽管复杂，但是只要你有足够的耐心，一行一行地读下去，总能理解代码实现了什么，这是它的优势。而如果你习惯了面条代码，自然会养成一行一行阅读代码的习惯，带着这种思维模式去阅读面向对象的代码，往往会觉得找不到线索。

馄饨代码（ravioli code）[5] 是面条代码的反面，它认为结构是编程世界中的主导因素。在面向对象程序中，程序的本质是对象和对象的协作。一般来说，好的对象式设计包含许多小而独立的类，每个类分别实现一个比较有限的功能，通过组合这些功能有限的类，就可以实现丰富多彩的功能。

面向对象代码强调的是"概念"，是结构和协作。如果把关注点从关心"如何实现"的流程，转移到关心"做什么"的对象结构和对象协作上，那么理解面向对象的代码时就会更加快捷。打个比方，你打开本书的目录，发现对"由外而内的设计"这一章特别感兴趣，就直接定位到这一章开始阅读，这便是面向对象的理解方法。如果你不关心目录，而是从第一页开始逐行阅读，逐行找到对代码质量的介绍，就更类似于面向过程的理解方法。

1.3.2 提升代码可理解性的关键

降低代码的复杂性，是提升代码可理解性的关键。正如著名的计算机科学家 Tony Hoare 所说："我相信设计软件的方式有两种：一种是使软件足够简单而明显没有缺陷；另一种是使它足够复杂，以至于没有明显的（可被轻易发现的）缺陷。"Hoare 表面上说的是缺陷，其本质就是代码的可理解性。

降低复杂性和许多编程实践密切相关，如更好的命名、一致的业务概念、更好的设计结构、尽量减少不必要的设计元素、减少重复、增加设计契约和测试的描述能力等。在本书的后续章节中，我们将依次展开这些概念。

此外，我想特别提一下与可理解性密切相关的非技术因素。经验表明，这比更多的技术技巧更有力量：一个程序员在编写代码的时候，是否思考过别人会如何阅读这段代码？又应该如何做，才能尽可能减少别人理解这段代码的成本？

我常常发现，凡是能真正把他人怎么阅读代码放在心上的软件工程师，即使一开始不具备非常好的设计技巧，随着时间的推移，也能很快学会这些技巧。心中有他人是非常重要的意识和素养。

有一些手段可以增强这种意识，例如，在极限编程中有一个结对编程的实践。在结对编程实践中，由于是两个人一起编程，所以他们需要随时考虑对方能否理解当前的代码。这会不断增强"代码将要被其他人阅读"的意识，迫使自己选择更合适的命名、简化设计结构、增加必要的注释等，从而有效提升代码的可理解性。

1.4　易于演进

软件之所以叫作"软"件，是因为它天生就应该是便于修改的。演进是软件的最本质特征。

1.4.1　演进是软件的最本质特征

软件的演进特征是软件和人类创作的其他东西的根本区别所在。例如，我们生产一个汽车零件，在生产完成之后它就是预期的样子。如果对这个零件的要求发生了变化，会去生产一个新的型号，而不太会在原来的基础上重新加工。但是，软件是不一样的。在实现了早期功能之后，软件并不会停止"生长"，而是会在后续的业务发展中被持续注入新的功能或者放入新的使用场景中。软件应该是"软"的。

要做到软件是"软"的并不容易。设计不良的软件，在经过多次修改之后，往往会变得混乱不堪，看起来就像是补丁摞补丁的衣服。甚至对于初始设计良好的软件，如果缺乏有效的演进策略，结果也同样是糟糕的。这也就是人们常说的，代码在演进过程中容易变得腐化。

1.4.2　为演进而设计

为了让软件具有好的演进能力，我们需要让它能方便地演进、安全地演进。良好的设计结构、自动化测试和简单设计的理念都是实现易于演进的设计的重要方面。

良好的设计结构

一个软件中有许多不同的关注点。例如，在电商系统中，订单的支付行为意味着成交，而成交可能带来积分。如果改动一个关注点，如支付，还会影响到用户积分，就会让问题变得更加复杂。好的设计，能够把那些似乎藕断丝连的逻辑巧妙地分解开，形成正交的设计，让它们互不影响。正交设计是增强代码演进能力最重要的手段，如图 1.3 所示。

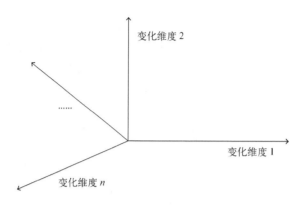

图 1.3　正交设计：一个维度的变化不会影响其他维度

　　有一些好的设计原则有助于形成正交设计。例如，观察设计中相关因素的变化频率，把容易变化和不容易变化的部分分离开，就能减少变化影响。再比如，根据变化的方向来识别设计对象的职责，这就是面向对象设计中的单一职责原则。此外，通过恰当的抽象，让代码在面临新的业务场景时更容易扩展，甚至完全无须修改原来的代码，这就是面向对象设计中的开放-封闭原则。本书在第 5 章将会讨论这些和演进能力密切相关的设计原则。

自动化测试

　　设计必须安全地演进，增加的新功能不可以破坏既有的功能。当业务场景变得越来越复杂，靠人记住所有的业务场景，或者靠人进行回归测试，显然是一个不可能完成的任务。因此，具有自动化测试的代码，往往在演进方面的表现也更好。本书的第 7 章和第 10 章将会介绍如何使用自动化测试保障设计的演进能力。

简单设计

　　要警惕一种可能会伤害到设计演进能力的"前瞻性设计"做法——为未来所做的"预留设计"。有时候，有些开发者喜欢在设计中留下某些"前瞻性"，如在数据库中加入几个叫作"预留 1、预留 2、预留 3"的字段，在代码中加入一些想象出的未来需要的扩展点等。可惜事与愿违，它们往往不会增强软件设计的适应性，还可能适得其反。其道理在于：今天你所做的任何决定，都是软件未来变化的约束。预留设计当然也是一样。只有那些恰好产生在预留方向上的新需求，才可以方便地演进，对于其他的变化方向，则无能为力。这是把"软"件当成"硬"件的一种思维模式。这种错误的设计方式，也被称为过度设计或大规模预先设计。本书的 11.2 节将会讨论与此相对的简单设计原则。

1.5 易于复用

复用是人类文明发展的重要推动力。很难想象，一家制造汽车的企业需要从最基本的 JK、RS 等逻辑电路开始构造控制系统，更不可能自己去制造晶体硅。但是，在软件行业，复用（特别是业务层面的软件复用）并不像想象起来那么容易。

1.5.1 设计质量决定了复用能力

软件是信息制品。信息制品的典型特点是复用的边际成本极低。例如，一个设计良好的登录模块，既可以用于学生的学籍管理，也可以用于购物网站，还有你能想到的各种需要身份认证的场景。

尽管软件行业在框架层面的复用已经取得了突出的进步，如平台级的 k8s①、框架级的 Spring②等，但是在业务层面，还有许多业务组件都必须从头写起，很难在不同的场景下复用。业务的丰富性、多样性固然是一个原因，但是设计边界和设计职责的不合理、过度复杂的依赖等，也是阻碍复用的重要因素。

1.5.2 提升复用能力的手段

通过提升设计质量，软件的复用能力可以得到极大的提升。概括来说，选择合适的复用粒度，定义清晰的设计职责和设计契约并很好地管理依赖，是提升代码复用能力的重要手段。

选择合适的复用粒度

在多大粒度上复用是一个有挑战性的问题。复用粒度越大，复用价值也就越大，不过复用的机会往往更小。所以，我们看到标准函数库很容易被复用，但是没有太多人提及这是一种"复用"——因为大家对这个操作已经习以为常，它给效率带来的提升是有限的。业务模块的复用价值很大，但很多时候难以被复用，因为总是会有那么一点看起来不明显的区别阻碍对业务模块的复用。

时至今日，业务模块的复用已经有了更好的理论基础，而且经过了实践的检验。这就是以领域为中心的设计。通过恰当的确定问题域的边界，如把一个订餐系统切分为用户、订单、支付、配送、消息通知等子域，并保持各个子域边界之间的抽象和隔离，就可以大幅提升问题的通用性，从而增加复用机会。通过这样的方式，可以发展出一大批专门的业务服务，已经很好地实现了商业化的短信发送、地图服务、聊天消息等就是其中的典型例子。本书的第 4 章和第 8 章将分别讨论如何进行领域建模及如何基于领域模

---

① k8s（Kubernetes）是一种开源的容器编排引擎。

② Spring 是一种著名的 Java 开发编程框架。

型指导软件实现。

需要特别提及，代码的"复制-粘贴"不是复用，它是复用的反面。复用是一种几乎零成本的、在新场景下可安全使用既有设计资产的活动。尽管复制-粘贴代码似乎也节省了一点编码成本，却为以后的维护埋下了隐患。例如，如果后续代码在某些方面有能力增强，那么其他的副本要不要一起跟着修改？如果两段代码看起来很相似，仅有一点点不同，会不会增加阅读者的负担？一般来说，需要对代码进行复制-粘贴才能进行的所谓"复用"，是复用能力不足的表征。

清晰的设计职责和设计契约

可靠的复用必须满足两个条件。第一，被复用模块的职责必须清晰，这样别人才可以知道该不该复用、能不能复用。第二，被复用模块的实际行为必须和承诺的职责相一致，这样才能被可靠地复用。这就是清晰的设计职责和设计契约。本书第 6 章和第 7 章将深入讨论设计职责，第 10 章将讨论更为严谨而有效的契约式设计。

很好地管理依赖

在大多数情况下，软件模块需要依赖其他模块才能正常工作。拔出萝卜带出泥，是影响复用的一个很常见的问题。

我曾经见过一个软件系统，它早期基于微软的技术栈开发，代码中各处都充满了对微软的某个编程框架的依赖，如随处可见的 AfxMessageBox[①]。后来，当尝试把这个系统迁移到 Linux 环境中时，就不得不在各处做改动。

在软件设计中，很好地管理依赖是优秀软件工程师的基本功。例如，尽量依赖抽象的接口而不是具体的实现、依赖设计小而聚焦的接口而不是大而全的接口等。本书的第 6 章将会介绍依赖倒置、接口分离等设计原则，它们都是提高复用能力的有效手段。

1.6 小结

软件设计和编码首先服务于业务价值和业务目标。好的设计和代码，其最终的评价标准还是要回到外部特征上来。

本章介绍了优质代码的 5 个重要外部特征，其中前两个特征是关于当前价值的：需要满足当前的业务诉求，同时尽量减少缺陷，或减少缺陷造成的影响。后面 3 个特征聚焦长期价值，即通过提升可理解、可演进和可复用能力，让代码未来的维护成本、演进成本尽量小，并通过高效复用提升其作为软件资产的能力。

图 1.4 总结了本章的核心内容。

―――――――――――――

① AfxMessageBox 是早期 Windows 编程框架提供的一个消息提示 API。

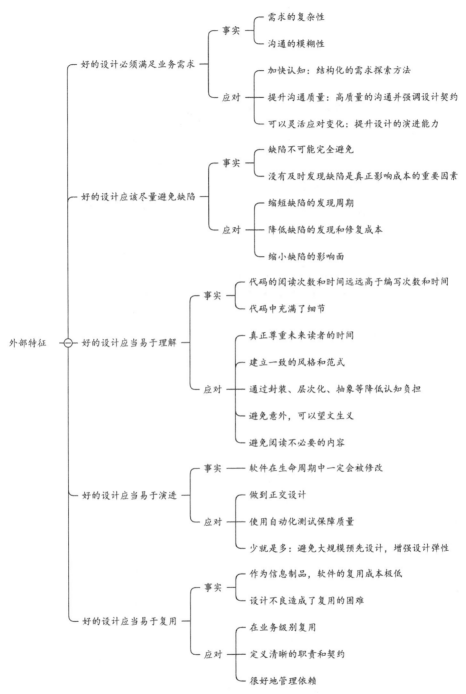

图 1.4 高质量设计的外部特征

第 2 章 优质代码的内在特征

对于真正懂得如何写代码的高手来说，一段代码是否高质量，往往是一目了然的。之所以能做到这一点，是因为优秀的代码具有显而易见的特征。关注代码的这些特征，不仅能够快捷分辨优质代码和有问题的代码，也有助于推动设计质量的持续改善。这些特征，我称它们为优质代码的内在特征。

本章选择了 7 个典型的优质代码的内在特征进行介绍。这些特征都是明显特征，即"一目了然"。也正因为这些特征如此简单而明显，所以它们对设计改善具有明显的杠杆效应。下面按照由基础到略微有些高级的顺序列出了这些特征。

(1) 一致的编码风格。

(2) 有意义的命名。

(3) 简洁的行为实现。

(4) 高内聚和低耦合的模块化结构。

(5) 没有重复。

(6) 没有多余的设计。

(7) 具备自动化测试。

其中第 (1) 条是对代码最基本的要求：代码应该整齐一致。第 (2) 条和第 (3) 条强调代码的可理解性：好代码要如同好文章一样，清晰、优雅。第 (4) 条至第 (6) 条反映了代码对变更和演进的支持能力。第 (7) 条强调了自动化测试。自动化测试是重要的代码资产，是代码质量的基础，也是代码演进的基础。

和第 1 章类似，本章我们仍然关注特征本身，说明为什么它们是重要的，目的是让大家学会"鉴赏"，就"什么是美、什么是丑"达成一致的认知。至于"如何达到美"这个问题，我们留在后续章节深入讨论。

2.1 一致的编码风格

风格一致是对代码最基本的要求，门槛不高。在养成好的编程习惯、建立好的编程规范之后，风格一致是很容易做到的。形象地说，风格一致指的是"代码看上去像同一个人写出来的"。

2.1.1 需要一致的编码风格

为什么把一致的编码风格列为第一条呢？这是因为，代码是软件开发活动中最基本的信息媒介。没有人希望看到一段代码是一种布局，换一段代码就变成了另外一种布局。也没有人希望看到在一个地方是一种异常处理方式，在另外一个地方又是另一种。类似的情况还有很多。

从空间维度讲，绝大多数软件组织的软件开发是以团队为单位进行的，需要许多开发者同时参与。从时间维度讲，一段代码的生命周期往往会跨越很长的时间，甚至会持续十几年、几十年。如果代码的风格不一致，那么很难想象开发者能在不同的代码风格之间无障碍地工作。不一致的编码风格会对代码的可理解性、可维护性产生非常大的影响。此外，从心理角度讲，风格不一致的代码会给人一种"敷衍"的感觉，使他们很难静下心来精心打磨设计。

2.1.2 通过编程规范约束编码风格

我们通常以编程规范的形式约束编码风格。编程规范是一个团队对代码风格做的约定。要想有效实施编程规范，需要注意如下 3 个方面。

- 有成文的编程规范。
- 团队成员对编程规范的约定有深刻的理解。
- 编程规范是团队资产的一部分，会被刻意关注并持续演进。

"有成文的编程规范"是一个非常基础的要求。这正如法律条文一样，首先得"有法可依"，才能做到"执法必严"。大公司往往拥有非常体系化的编程规范，如《阿里巴巴 Java 开发手册》[6]，该文件不仅在阿里巴巴内部具有重要影响，也影响了许多外部企业的开发者。对于一些尚未建立编程规范的企业和团队而言，选择一个与自己技术栈类似的大企业的编程规范作为基础，常常是一个好的起点。

编程规范并不是一堆刻板的条文，而是最佳经验的总结。例如，在《阿里巴巴 Java 开发手册》的"集合处理"一节中，约定了 hashCode 和 equals 的重写必须一致、建议使用 entrySet 遍历 Map 而不是用 keySet 遍历等，这些要么和代码的正确性相关，要么和代码的执行效率相关。开发者除了要遵循编程规范，更要懂得编程规范背后的逻辑。只有理解了逻辑，才能真正地做到有效实施，并且保持编程规范的持续演进。

2.1.3 编程规范也要持续演进

既然编程规范体现了团队的经验总结，那么随着时间的推移，团队必然会积累新的经验和教训，这时编程规范也应该同步演进。

扩展阅读

《阿里巴巴 Java 开发手册》从 2017 年 2 月发布第一个正式版本开始，到 2020 年 8 月，短短的 3 年半时间，就先后发布了 12 个版本，特别是在 1.4.0 版本、1.5.0 版本、1.6.0 版本和 1.7.0 版本中均增加了数量可观的规范（分别新增 14 条、21 条、34 条和 14 条）。这些增加的规范，往往来自团队认知水平的提升，这种提升以编程规范的形式获得了沉淀，从而为后续的开发活动提供支持。

2.1.4　通过代码评审和结对编程统一编码风格

编程规范在统一编码风格方面具有重要的作用，但它毕竟不可能覆盖代码的方方面面。在实践中，更多的统一是团队在日常的开发活动中逐渐形成的。例如，代码评审和结对编程就是两个统一编码风格非常有效的活动。

代码评审是一个大家普遍认为非常有效的活动，但落地实施需要很多技巧。结对编程来自极限编程[7]，是一种非常有效的编程实践，尽管不少人对它持有怀疑态度，可是一旦能成功在团队中实施，收益还是非常明显的。结对编程不只是统一了编码的风格，也不只是一种"即时"的代码评审，其更重要的意义在于由它引发的密集交流，必然能更好地传播知识、产生更少的错误和编写出更易读的代码。本书的 10.4 节会进一步介绍代码评审和结对编程。

2.1.5　编程规范示例

约定编程规范本身是一个专门的工作。本书仅给出典型的编程规范示例，更多具体的编程规范，请读者参阅相关技术书籍。

统一编码风格

风格类的编程规范，重点在于保证代码的可读性和风格的一致性。例如，如何使用空格、如何命名、如何使用大小写、是使用驼峰还是下划线、如何使用大括号，等等。比如在《阿里巴巴 Java 开发手册》中，关于在代码中应该使用 Tab 字符还是空格做了如下约定。

【强制】采用 4 个空格缩进，禁止使用 Tab 字符。

这个约定背后的考量，是 Tab 字符对应的空格数可以在编辑器中自定义。有些程序

员可能把它设置为 4 个空格，有些程序员可能设置为 8 个。如果混用空格和 Tab 字符，那么在 Tab 字符对应 4 个空格的编辑器中正常显示的代码，在 Tab 字符对应 8 个空格的编辑器中会显示混乱。还有些编程规范中约定仅允许使用 Tab 字符，不允许使用空格，也能达到相同的效果。

传播最佳实践

在编码过程中会持续碰到一些典型情况，如前文提到的 hashCode 和 equals，如果不成对出现就可能出现问题。这些情况能否得到正确处理和代码质量密切相关。为了保证编程规范的最佳实践能够得以实施，我们常常以编程规范的形式把它们总结成文，这类编程规范的例子有抛出异常的策略、日志记录的策略等。

我们仍然以《阿里巴巴 Java 开发手册》为例，来看其中的一条约定。

> 【推荐】使用 JDK8 的 Optional 类来防止 NPE 问题。

NPE 指的是空指针错误（Null Pointer Error）。Optional 类的核心目标就是避免 NPE 问题。类似这样最佳实践的问题，手册中常常使用"推荐"这个级别的编程规范进行约定。另外，该编程规范中的约束和建议还包括如何处理集合、如何使用数据库、如何构建项目的工程结构和二方库依赖、如何编写合格的单元测试等众多最佳实践和团队级约定。编程规范不仅体现了编码风格的一致性，也让团队成员积累的经验以编程规范的形式成为了团队资产。

2.2 有意义的命名

在编程规范中，肯定会提到命名。不过，命名仅仅出现在编程规范中是不够的。命名问题远远超出了"风格一致性"可以概括的范畴。好的命名能反映领域模型的概念（详见 4.1 节），同时也是意图导向编程的重要基础。

2.2.1 一个糟糕的例子

我们先来看下面这段示例代码。它节选自一个名为 Yhsj.java 的文件，这是一次大学课堂作业的学生作品。如果不继续向下看，我相信很多读者会和我一样，完全猜不到这个文件的内容是什么意思。

```java
public class Yhsj {
    public int[][] yanghui(int r) {
        int a[][] = new int[r][];
        for (int i = 0; i < r; i++)
```

```
 5          a[i] = new int[i + 1];
 6      for (int i = 0; i < r; i++) {
 7          for (int j = 0; j < a[i].length; j++) {
 8              if (i == 0 || j == 0 || j == a[i].length - 1)
 9                  a[i][j] = 1;
10              else
11                  a[i][j] = a[i - 1][j - 1] + a[i - 1][j];
12          }
13      }
14      return a;
15  }
16 }
```

代码清单 2.1　一个不好的杨辉三角形的实现

类似这种代码，在大学作业中，甚至是在一些教材中都不算罕见。这段代码有很多问题。其中，类似于格式或者命名的问题是最显而易见的。例如，将 Yhsj（杨辉三角）这样的拼音缩写作为类名，是很多编程规范明确禁止的。更进一步，方法名 yanghui 也是一个有点别扭的命名。或许有读者会问，杨辉是一个中国人，不叫 yanghui 那叫什么？

如果代码的作者在编写这段代码的时候能略仔细一点，那么仅需简单查阅就可以知道：杨辉三角的英文名是 Pascal Triangle。显然，尊重一个领域的通用说法才更合理，也能大大降低理解代码的成本。

类名和方法名都和本节要讨论的命名有关。不过我们的分析还得更进一步。这段代码还有一个更严重、也更隐蔽的问题，就是应该出现的概念没有出现在代码中。

2.2.2　命名应该反映业务概念

具有一定编程经验的程序员都会明白，命名是软件开发中最重要和最困难的事情之一。不过，一旦掌握了命名逻辑，就会发现——为命名犯难不应该在编程的时候才发生，它应该被前移到问题分析阶段。命名困难的本质，是没有对业务概念建立正确的理解。

在代码清单 2.1 中会出现 Yhsj、yanghui 这样的命名，是因为编写者不了解 Pascal Triangle 这个数学领域的通用概念。此外，代码中出现了大量的 a[][]、i、j 变量，变量名是简单了，但是业务概念丢失了，代码的可理解性自然不可能太好。

糟糕的命名会伤害代码的可理解性

不好的命名等于是在给代码加密。有一定开发经验的读者可能听说过代码混淆（Obfuscated code）。在一定的业务场景下，出于保护源码的目的，可以对发布的编译后二进制代码进行混淆处理。例如，在 Java 语言中，如果没有进行代码混淆，那么可以反编译为 Java 字节码，得到近乎完整的源码。但是，如果代码经过混淆，那么即使反编译成功，也很难分析出程序的真正语义，这样就提高了逆向破解应用的难度。

那么，代码混淆是如何做到的呢？重命名标识符就是最基本的混淆手段。经过重命名，代码标识符和业务概念已经完全没关系了，代码自然会变得非常难以理解。换句话说，在该使用业务概念的地方使用 a、b、c 这些变量，和混淆后的代码效果差不多——大幅提升了理解的难度。

让我们回到杨辉三角形的例子，先从纯粹数学的角度来理解一下背后的逻辑。杨辉三角形打印出来应该是下面这样的[①]。

```
1
1 1
1 2 1
1 3 3 1
1 4 6 4 1
```

它包含如下规律。

- 规律 1：第 n 行的数有 n 个。
- 规律 2：每行的第一个数和最后一个数为 1。
- 规律 3：每行的其他数是它正上方的数和左上方的数之和。

让我们记住这些规律，然后来看下面的代码。

```java
public class PascalTriangle
{
    public int[] dataOf(int row) {
        int[] data = new int[row + 1];
        for (int col = 0; col <= row; col++) {
            data[col] = valueOf(row, col);
        }
        return data;
    }

    private int valueOf(int row, int col) {
        if (isFirstOrLastElement(row, col)) {
            return 1;
        }
```

---

① 杨辉三角形有两种打印形式，分别是等腰三角形和直角三角形。在本例中我们选择了较为简洁的直角三角形形式。

```
15       return valueOfUpper(row, col) + valueOfUpperLeft(row, col);
16   }
17
18   private int valueOfUpper(int row, int col) {
19       return valueOf(row - 1, col);
20   }
21
22   private int valueOfUpperLeft(int row, int col) {
23       return valueOf(row - 1, col - 1);
24   }
25
26   private boolean isFirstOrLastElement(int row, int col) {
27       return (col == 0 || col == row);
28   }
29 }
```

代码清单 2.2　杨辉三角形的更优实现

代码清单 2.2 中的第 3 行至第 9 行反映的是规律 1，这部分代码只是完成了数值的拼装，它把如何计算数值的逻辑委托给了 valueOf 方法。第 11 行至第 16 行反映的是规律 2 和规律 3。isFirstOrLastElement、valueOfUpper、valueOfUpperLeft 都是为了表达规律 2 和规律 3 中的语义而引入的方法名，虽然这三个方法的实现代码都只有一行，且看起来多了一次方法调用，但是从可理解性的角度看，理解 isFirstOrLastElement 显然要比理解 col == 0 || col == row 更容易。如果不愿关心更多细节，甚至可以直接忽略第 17 行以后的代码。

这是一个最简单的来自数学领域的小例子。在规模更大的业务系统中，情况其实也高度类似。一旦识别到了业务概念，那么代码的命名就有了清晰的业务概念作为基础，不会太困难。

领域模型是对业务概念更规范的表述。本书的第 4 章将会介绍如何发现领域模型，第 8 章还会进一步介绍如何把领域模型映射到代码中。这些方法对提升代码的命名质量具有非常重要的指导意义。

2.2.3　避免从开发视角命名业务概念

从业务视角而不是开发视角命名代码，是程序员努力的方向。我们同样看一个简单且非常普遍的例子，请对比下面两段代码。

```
1 class Customer {
2     Address address;
3     void setAddress(Address address){
4         this.address = address;
5     }
6 }
```

代码清单 2.3 从开发视角命名方法

```
1 class Customer {
2     Address address;
3     void changeAddress(Address address){
4         this.address = address;
5     }
6 }
```

代码清单 2.4 从业务视角命名方法

setAddress 这个方法名反映的是程序员思维：Customer 类有一个成员变量叫 address，setAddress 用来改变这个变量的值。changeAddress 这个方法名反映的则是业务思维：存在一个业务概念叫客户（Customer），客户可以变更自己的地址（changeAddress）。

如何才能写出更有业务意义的代码呢？提升编码时的业务意识只是一个方面，还需要一些较为高级的技巧。在第 9 章我们将会讨论由外而内的设计，这种实现方式配合第 8 章介绍的领域驱动设计的战术模式，能产出质量更高、更契合业务概念的代码。

2.2.4 面向设计意图进行命名优化

或许有些细心的读者已经注意到了，代码清单 2.2 中的一些代码命名和常见的约定有所不同。例如，在许多命名规范中，类名一般是名词，方法名一般是动词，或者动词＋名词形成的动宾短语。例如，代码清单 2.4 中的 Customer 就是一个名词，changeAddress 是一个动宾短语。但是，为什么在代码清单 2.2 中，方法名出现了类似于 dataOf(row) 的词呢？

确实，在大多数时候，一个合格的方法名应该是动宾短语。不过，在更好的设计中可以以更灵活的方式优化命名。形如 dataOf 的命名，是一种基于业务概念的进一步优化，其目的是提升代码的可读性。我们来看一段调用 dataOf 方法的代码。

```
1 class Main {
2     public static void main(String[] args) {
3         int rows = 5;
4         PascalTriangle triangle = new PascalTriangle();
5         for (int row = 0; i < rows; i++){
6             print(triangle.dataOf(row));
7         }
8     }
9 }
```

代码清单 2.5 面向意图表达的方法命名示例

请读者重点关注第 6 行的语句：print(triangle.dataOf(row));。把这条语句逐字翻译成文字，就是"打印三角形的第 row 行的数据"。如果僵化地遵循"方法名应该是动词或动宾短语"，那这条语句就要写成 print(triangle.calculateData(row));。仔细体会这两种写法，会明显感觉到前者的可读性要优于后者。

好的代码，应该让人读起来像在阅读文章一样。在现代的框架、工具或者流行的项目中，有大量类似的写法。例如，在早期的 JUnit 测试框架中，仅提供了一种写断言的形式，类似于 assertEquals(0,result)。而现在，我们可以使用 assertThat(result, is(0)) 这样的断言形式。从本质上讲这两个断言的写法是一样的。但是，从可读性上讲，明显后者要优于前者。

把这种更接近业务语义的命名方式应用到接口定义上，就形成了一种更加有趣、也更加易用的接口定义方式，我们称之为流畅接口（Fluent Interface）。对比如下两段代码。

```
1 Person person = new Person();
2 person.setName("name");
3 person.setGender(Gender.Female);
4 person.setAge(10);
5
```

代码清单 2.6 使用 setter 的对象构造

```
1 Person person = Person.builder()
2         .name("name")
3         .gender(Gender.Female)
4         .age(10)
5         .build();
```

代码清单 2.7 使用流畅接口的对象构造

这两段代码都是创建了 Person 对象并初始化其数据。对比来看，显然后者的表达力更强，代码也更为简洁优雅。

2.3 简洁的行为实现

无论是易于理解，还是易于演进，都意味着要编写更为简洁的代码。简洁，就是"少""清晰""简单"。简洁的反面是繁复，意味着"多""烦琐""复杂"。本节将从代码特征的角度，介绍简洁的行为实现的三个重要方面。

(1) 代码元素（方法、类等）要尽量简短。

(2) 代码的表达要清晰，抽象层次要一致。

(3) 方法的实现复杂度要尽量低。

这三个方面经常是彼此促进的，做好其中一个方面也会为另外两个方面带来提升。

2.3.1 代码元素要尽量简短

没有人喜欢看长长的代码。在工作环境中，我经常看到程序员把一个横着的显示器竖起来放，这往往是一个不太好的信号：代码太长了。

不过，"代码元素（方法、类等）要尽量简短"这句话存在一定的歧义，需要加以解释。在 2.2 节的例子中，代码清单 2.1 中定义的 Yhsj 类的长度是 16 行，却只包含 1 个方法，这个方法占 14 行。在代码清单 2.2 中，PascalTriangle 类的长度达到了 29 行，包含 5 个方法，最长的方法占 7 行。可这两段代码实现的功能是完全相同的，那么在这种情况下，哪段代码算是更简短的呢？

简短是指"认知"层面的简短

要正确回答上面的问题，需要回到"认知"这个理解代码的核心维度上来，并不是哪段代码的总长度更短，哪段就更简洁。从认知层面讲，类、方法各是一个抽象层级。当代码阅读者理解一个类的时候，更关心方法这个层级，对于方法是怎么实现的则并不关心。更进一步，如果类的方法声明中区分了 public 和 private，那么代码阅读者首先会关心 public 方法。只有当理解了一个方法的时候，查看的才是实现方法的代码行这个层级。

按照这种逻辑，当理解 Yhsj 类时面对的是 1 个方法；当理解 PascalTriangle 类时面对的也是 1 个方法，所以从类层级看二者没有本质区别。至于 PascalTriangle 类的另外 4 个 private 方法，代码阅读者只在需要分析 PascalTriangle::dataOf 方法时才会关心。这再次说明在类层级，这两个类的简短程度相同。

当理解 Yhsj::yanghui 方法时，面对的是 14 行代码；当理解 PascalTriangle::dataOf 方法时面对的是 7 行代码，所以从方法层级看，代码清单 2.2 的实现更为简短。

设置一个关于简短的警戒值

在方法层级，尽管严格约定每个方法的长度是不现实的，但是设定一个警戒值还是有着重要的实践意义。过长的代码往往是设计不良的信号。Martin Fowler 在《重构》[8] 中，将过长的方法列为代码的"坏味道"之一。至于多长才算是过长，在不同的语言、不同的业务上下文中可能有不同的解释。较好的处理办法是设定一个警戒值。例如，我会把警戒值设为 10 行，只要一个方法达到 10 行，我就会比较警惕：是不是这个方法过于复杂了？由于 10 行很容易感知，所以将它作为警戒值就很直观，并不需要一个代码统计工具作为辅助。

表 2.1 展示了一些开源代码的相关数据。我统计了包含的方法数量，同时计算了这些方法的代码行数的均值、中位数和最大值，供读者参考。

表 2.1 一些开源代码的相关数据

开源代码	方法数量（个）	均值（行）	中位数（行）	最大值（行）
JUnit5[①]	2 500	2.7	2	36
JUnit1[②]	187	6.3	3	165
Depends[③]	977	5.4	3	66
Spring-core[④]	3 104	5.7	2	819
Netbeans[⑤]	441 006	6.9	2	7 213

在统计代码行数量时使用了开源工具 javancss[⑥]。其中，特别值得注意的是如下这些数据。

- JUnit5、Spring-core 和 NetBeans 的代码行数量中位数都是 2，JUnit1 和 Depends 的代码行数量中位数都是 3。也就是说，大多数方法的代码行数量在 2、3 行以下。
- 在 Spring-core 和 NetBeans 中存在一些特别长的方法。如果读者去查看这些方法，就会发现它们确实较难阅读。
- JUnit 非常优秀。从代码简短性的视角看，JUnit1 已经很不错了，但是 JUnit5 更加优秀，可见一直在持续改进。

如果读者去翻阅早期的技术书籍，就会发现对代码长度的要求曾经非常宽松。例如，在《代码大全》中，作者认为超过 200 行的程序才比较难以容忍。今天的技术环境已经很不一样了，不建议再参考这类数据。

设定一个代码行数量的警戒值有助于编写更高质量的代码。之所以会有过长的方法，很多时候是因为在一个方法中做了太多事情。有意识地减少代码行（如抽取一个新方法）有助于发现不够内聚的设计，或者抽象层次不足等问题。一般来说，对复杂的方法进行简化就能得到更好的设计结果。这也是在 11.3 节将会介绍的核心策略。

---

① 著名的 Java 单元测试框架（https://github.com/junit-team/junit5），基于版本 5.7.2 统计。

② 第一个 Java 单元测试框架。

③ 一个开源的代码依赖分析工具（https://github.com/multilang-depends/depends）。

④ 著名的 Java 开发框架（https://github.com/spring-projects/spring-framework）。

⑤ 一个知名的早期 IDE（https://github.com/apache/netbeans）。

⑥ http://www.kclee.de/clemens/java/javancss/。

2.3.2 代码的表达要清晰，抽象层次要一致

在 2.2 节讨论命名问题时，我们讲到了"好的代码，应该让人读起来像在阅读文章一样"。高质量的命名和一致的抽象层次，共同组成了这样的好代码。

代码清单 2.2 就是这样的代码。它在任何一个方法中，都保持着同一个抽象层级。例如，在 valueOf(int row, int col) 方法中，它仅把注意力集中在杨辉三角形的规律 2 和规律 3 上，没有细化到实现层次，如判断某数是不是第一个数或最后一个数，也没有去关心如何获取正上方和左上方的数。作为对比，代码清单 2.1 中的 yanghui 方法做的事情就太复杂了，它把各个抽象层级的代码放到了一个方法中，既破坏了代码的可理解性，也让代码行变得冗长臃肿。

在编码中做到"一致的抽象层次"并不是太困难，核心是要采用正确的编码顺序，也就是本书第 9 章将讲到的由外而内的设计和实现方法。我们可以先预览一段基于该方法编写的代码。

```
 1 public void moveDown() {
 2     if (isFallenBottom()) {
 3         piledBlock.join(activeBlock);
 4         piledBlock.eliminate(widthOfWindow());
 5         fallDownIfPiledBlockHanged();
 6         checkGameOver();
 7         createActiveBlock();
 8     } else {
 9         activeBlock.moveDown();
10     }
11 }
```

代码清单 2.8 俄罗斯方块游戏中收到下落信号时的处理程序

这是俄罗斯方块游戏中收到下落信号时的处理程序，这段代码的抽象层级就较为一致。许多类似的处理程序都没有达到如此好的抽象层级，例如下面的代码。

```
 1 public void moveDownBadExample() {
 2     if (collisionDetector.isCollision(activeBlock, borderBlock, MOVE_DOWN) ||
 3         collisionDetector.isCollision(activeBlock, piledBlock, MOVE_DOWN)) {
 4         piledBlock.join(activeBlock);
 5         piledBlock.eliminate(widthOfWindow());
 6         if (piledBlock.size() == 0) return;
 7         while (!collisionDetector.isCollision(piledBlock, borderBlock, MOVE_DOWN))
 8             piledBlock.moveDown();
 9         if (piledBlock.size() > 0) {
10             Cell c = piledBlock.getAt(piledBlock.size() - 1);
11             if (c.x == 0) {
12                 ui.notifyGameOver();
```

```
13              }
14          }
15          activeBlock = nextBlock;
16          createNextBlock();
17      } else {
18          activeBlock.moveDown();
19      }
20  }
```

代码清单 2.9　抽象层级不够好的处理程序的实现

这段代码和代码清单 2.8 实现的功能是一模一样的，只不过二者的抽象层级不一致：这段代码一会儿检测下落块是否和底部堆叠的方块重叠，一会儿连接底部堆叠块，一会儿又判断游戏是否已经结束，继而计算底部堆叠块的大小。代码阅读者的思维同样没有办法停留在一个抽象层级，他们被迫在"做什么"和"怎么做"之间反复跳转。

关于由外而内的设计和实现方法，以及如何更好地实现一致的抽象层级，我们在第 9 章会进一步深入分析。

2.3.3　方法的实现复杂度要尽量低

计算机非常善于处理条件判断和循环逻辑，不过对人类来讲，条件语句和循环语句的组合及嵌套实在复杂。复杂了就容易出错。

对比代码清单 2.1 和代码清单 2.2，前者包含一个两层嵌套的循环语句（第 6 行至第 13 行），第二层循环内部还有一个条件语句；后者包含的最深嵌套也只有一层循环（第 5 行至第 7 行）。因此，从可理解性上及出错的可能性上看，后者显然更优。

针对控制代码结构的复杂性，有一些专门的度量指标，如本书 10.5 节将介绍的圈复杂度（McCabe 复杂度）和认知复杂度。不过，在日常的编码场景中，并不需要依赖度量指标来感知复杂度，只要多留意嵌套控制结构的数量即可。一旦超过两层，就应该非常警惕：是不是设计已经变得过于复杂了？复杂的控制结构，是非常容易识别的代码坏味道。一旦识别出这种问题，就需要关注控制结构的业务逻辑，重新组织代码结构，如提取方法或者进行抽象，以获得更为简短的代码。

2.4　高内聚和低耦合的结构

现实世界中的项目规模往往相当庞大。例如，一些大型项目可能有数十万行，甚至上百万、上千万行代码。如何才能在这样的项目上良好工作？模块化就是提升代码可理解性、可演进性、可复用性的关键。

即使是只有几百行代码的程序，高质量的模块化和低质量的模块化带来的影响也截然不同。从设计层面看，模块化分解的最高指导原则是高内聚，模块间协作的最高指导原则是低耦合。

> 高内聚、低耦合是提升代码可理解性、可演进性、可复用性的关键。

2.4.1 高内聚

高内聚描述了一个代码元素①边界内内容的紧密程度。高内聚意味着以下两点。

- 凡是紧密相关的东西，都应该放在一起。
- 凡是被放在一起的东西，都是紧密相关的。

图 2.1 是一个关于内聚的示意图，能方便读者对高内聚建立更深刻的印象。

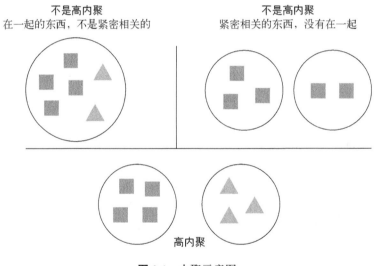

图 2.1 内聚示意图

低内聚代码的不良影响

为什么要强调高内聚呢？因为内聚性密切影响了第 1 章要求的易于理解、易于演进、易于复用的特征。不内聚的代码会增加理解难度、降低演进能力、降低复用的可能性。我们先来看一段真实代码，这段代码具有明显的内聚问题。

---

① 代码元素视划分粒度的不同而不同，如子系统、模块、类、方法等。

```
1  public AccountService {
2      public LoginResultDTO login(String accountName, String securedPassword) {
3          Account account = getAccount(accountName, securedPassword);
4          if (account == null) {
5              throw new RequestedResourceNotFound("账号或密码不正确!");
6          }
7          LoginResultDTO r = new LoginResultDTO();
8          if (AccountType.STUDENT.equals(account.getDomain())) {
9              List<RecordConsumptionDTO> consumptionRecords = consumptionService
10             .getByAccount(account.getId());
11             if (consumptionRecords != null && consumptionRecords.size() > 0) {
12                 // 存在消费记录, 代码略
13             } else {
14                 // 不存在消费记录, 代码略
15             }
16         }
17         String token = buildSession(account);
18         r.setToken(token);
19         r.setAccount(helper.toAccountDTO(account));
20         return r;
21     }
22 }
```

代码清单 2.10 一段低内聚的代码

代码清单 2.10 是低内聚的, 它的问题非常容易分辨。从方法名上看, 这个方法和登录 (login) 相关。这段代码的第 3 行至第 7 行、第 17 行至第 20 行确实都是处理和登录相关的内容。比较奇怪的是: 从第 8 行开始, 这个方法做了一些别的工作, 它会根据账户类型去查询消费记录。出现这种情况的原因很可能是在登录功能开发完成后, 收到了在登录成功界面上根据消费记录展示某些信息的新需求。

需求固然没有问题, 但是不应该这样设计。把和消费记录相关的逻辑加入 login 方法中, 会产生以下几个显而易见的后果。

- 从易于理解角度看, 代码的可理解性下降了。代码阅读者的本意只是搞懂登录的逻辑, 却不得不了解和消费记录相关的问题。

- 从易于演进角度看, 代码变更的可能性增加了。登录逻辑的变化频率一般较低, 但是消费记录的逻辑, 以及消费记录的展示是否要和登录动作放在一起都有更多变化的可能。一段代码多了一个变化源, 代码变更的可能性必然也会增加。

- 从易于复用的角度看, 登录功能本来是一个通用资产, 可在各种场景下使用, 但是加入了和消费记录相关的信息后, 就只能在本系统中使用了。

尽管在某个特定的业务场景下, 消费记录和用户的登录动作会被组合, 但是从概念上看, 这样的设计是不内聚的, 它们至多是相关的概念, 很难说是 "紧密相关"。

如何才能优化代码清单 2.10 的内聚性呢？一个可能的改造方法如下。

- 让 AccountService::login 方法聚焦登录相关的业务逻辑；
- 新建或复用消费记录相关的类 ConsumptionRecordService，提供和消费记录相关的服务；
- 在外围增加一个面向特定应用场景的类 UserLoginService，组合 AccountService 和 ConsumptionRecordService 的能力。

图 2.2 展示了重新分配职责之后的结果。这样的设计让登录模块的职责变得内聚，相应地也增强了这一模块的可理解性、稳定性、可复用性。

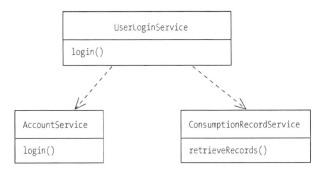

图 2.2 通过职责分解提升内聚性①

更高标准的高内聚

内聚性差一般是显而易见的。如代码清单 2.10 这样的代码，只要阅读者稍微有点内聚性的意识，就不难判断这是低内聚代码，存在改进空间。但是，有大量设计处于内聚性差和内聚性好的中间地带，这才是设计的难点所在。

代码清单 2.11 就是一段较难判断内聚性好坏的代码，作用是打印特定目录下的 Java 文件名。

```
1  import java.io.File;
2  import java.util.Arrays;
3  import org.apache.commons.io.FilenameUtils;
4
5  public class JavaFileNamePrinter {
6      /**
7       * 入口方法 打印出所有以 .java 结尾的文件名
8       * @param rootPath - 需要查找的根路径
9       */
```

———————————

① 在 UML 类图中，方框代表类，虚线箭头代表类之间的依赖，空心三角虚线箭头代表实现关系。

```
10    public void printJavaFiles(String rootPath) {
11        File dir = new File(rootPath);
12        printJavaFiles(dir);
13    }
14    /**
15     * 实际执行的可递归调用的打印 Java 文件名的方法
16     */
17    private void printJavaFiles(File node) {
18        if (isJavaFile(node))
19            System.out.println(node.getAbsolutePath());
20        // 遍历子节点（包含文件和目录），递归调用 printJavaFiles
21        if (!node.isDirectory()) return;
22        File[] subnodes = node.listFiles();
23        Arrays.asList(subnodes).forEach(subnode->printJavaFiles(subnode));
24    }
25    private boolean isJavaFile(File node) {
26        if (!node.isFile()) return false;
27        return FilenameUtils.getExtension(node.getName()).endsWith("java");
28    }
29 }
```

代码清单 2.11 一段较难判断内聚性好坏的代码

从表面上看，无论编写规范性、命名规范性，还是方法的简短性，这段代码都是合格的。同时它的功能也不复杂，职责看起来也比较相关。那这段代码有没有内聚性问题呢？其实，这是没有唯一答案的。在有些场景下，这是合格的代码。换一种场景，这段代码就可能需要改进。

特别关心答案的读者可以查看 2.5 节的讨论和另外一个版本的实现（代码清单 2.16）。它们均源自一个重要的设计概念：关注点分离。之所以在这里要特别提到这种更高标准的高内聚，是希望读者能留意软件的高内聚、低耦合和上下文强烈相关，设计不足和过度设计都是不可取的。一分不多一分不少是程序员在设计方面需要追求的目标，而演进式设计的思想在这一目标的达成上扮演了关键的角色，本书将在第 11 章展开讨论。

2.4.2　低耦合

内聚反映了设计单元内部的相关性，耦合则是设计单元之间相关性的表征。如果两个设计单元之间存在某种关系，使得当一个设计单元发生变化或者出现故障时，另外一个设计单元也会受到影响，那我们就说这二者之间存在耦合。

内聚和耦合是彼此影响的两个因素。不然的话，只要简单地把所有代码都写在一个模块里面，那耦合自然就消失了。但是这样的模块不可能是高内聚的。

耦合不可避免。只要是模块化设计，就必然会出现耦合——设计单元之间的协作是实现丰富功能的基础。但是，不同设计产生的耦合是不一样的。过度耦合是软件设计不稳定、不健壮的根源。如何才能避免过度耦合的设计呢？

避免过度耦合的设计

要理解耦合，必须先理解依赖。耦合和依赖有着紧密的联系。一般来说，管理好了依赖，也就解决了大多数耦合问题。图 2.3 展示了几种不同情况下的依赖示例。

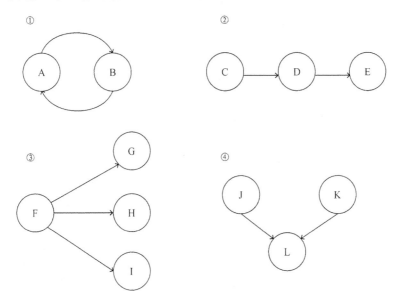

图 2.3 几种不同的依赖

图 2.3 中的每一个圆圈都代表一个设计单元，它可能是类，也可能是模块或者系统。箭头代表设计单元之间的某种依赖关系，如 A 使用了 B 的方法或者数据，甚至 A 只是简单地共享了 B 的知识，那么 A 就依赖于 B。

下面分别介绍这四种依赖形态对耦合的影响。

(1) 循环依赖造成紧耦合。图 2.3 中的①表示 A 和 B 之间存在循环依赖。循环依赖是一种非常紧的耦合。因为 A 的变化会引起 B 的变化，B 的变化也会引起 A 的变化，所以 A 和 B 本质上是一个整体，而不是两个不同的设计单元。

循环依赖往往意味着设计不合理，或者依赖粒度过大。图 2.4 是一个真实场景的案例，其中包 domain 和包 infrastructure 之间存在循环依赖。如果仔细分析，就会发现只是类 InvoiceRateService 依赖了 StringUtils，类 InvoiceRepoImpl 实现了

InvoiceRepo 定义的接口。只要重新调整包 infrastructure 的粒度,把它划分为包 lang 和包 database,循环依赖就消失了。调整后的结果如 图 2.5 所示。

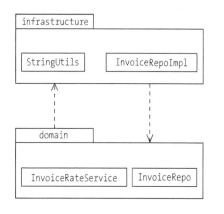

图 2.4 模块分割过大,造成循环依赖

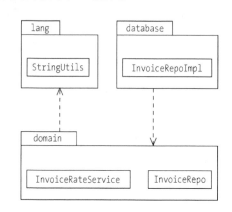

图 2.5 调整模块粒度,消除循环依赖

(2) 依赖层级越深,耦合越紧。图 2.3 中的②表示 C 依赖 D,D 依赖 E。当 E 变化时,不仅 D 会受到影响,C 也会。所以,在这种依赖中,C 和 E 也存在耦合关系。依赖链越长,耦合影响的范围就越广。尽管链式依赖在设计中无可避免,但是存在许多能够减少依赖链长度的方法。

图 2.6 展示的是一种链式依赖,AccountService 要用到数据库封装 DBWrapper,DBWrapper 又依赖于第三方代码库 ThirdPartyLibrary。当 ThirdPartyLibrary 更新时,AccountService 也可能受到影响。

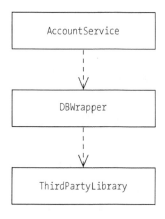

图 2.6 非必要的链式依赖

让我们分析如何解决这个问题。`AccountService` 真正关心的并不是 `DBWrapper` 如何实现,而只是需要它提供的数据库访问服务。那把这种服务封装成接口 `AccountRepos-itory`,然后让 `DBWrapper` 实现这个接口,`ThirdPartyLibrary` 的更新就不会影响 `AccountService` 了,如图 2.7 所示。这种通过接口解耦依赖的方式,就是著名的依赖倒置。在 6.1 节还会对依赖倒置做更详细的介绍。

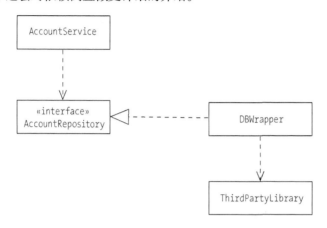

图 2.7 通过依赖倒置断开链式依赖[①]

(3) 依赖范围越广,耦合越严重。 图 2.3 中的③表示 F 依赖于 G、H、I。在这种情况下,只要 G、H、I 中的任何一个发生变化,F 就会发生变化。所以,和依赖范围更小的设计单元相比,F 的稳定性相对较弱。此时如果能想办法降低 F 依赖的设计单元的数量,它的稳定性就可以得到增强。

依赖范围过大,往往也和设计单元承担的职责过多有关。下面是代码清单 2.10 中类 `AccountService` 的部分声明。

```
1  public class AccountService {
2      AccountRepository repo;
3      SesssionManager sessionManager;
4      StudentService studentService;
5      ConsumptionService consumptionService;
6      // 其他
7      public LoginResultDTO login(String accountName, String securedPassword)
8      {...}
9  }
```

代码清单 2.12 职责过多引起依赖范围过大

---

① 带有空心三角箭头的虚线代表接口的实现关系。在本例中,是 `DBWrapper` 实现了 `AccountRepository` 接口。

代码清单 2.12 中的 StudentService 和 ConsumptionService 的依赖显然是有问题的。造成这种问题的原因，是原来 login 方法的职责不够内聚，增加了不必要的功能。图 2.2 通过职责分解调整了 login 方法的职责，把和消费记录相关的内容移到了别的类中，自然也就消除了 AccountService 对 StudentService 和 ConsumptionService 的依赖。

(4) 全局依赖和隐式依赖让耦合难以管理。 图 2.3 中的④代表 J 和 K 同时依赖 L。根据 L 类型的不同，会导致 J 和 K 之间出现不同类型的耦合。

- 当 L 是一个全局变量时①，J 和 K 会建立一种严重的耦合。因为 J 和 K 的状态会在缺乏设计可见性的情况下互相影响，所以要尽量避免这种耦合。
- 当 L 是一个外部模块时②，J 和 K 会同时受到 L 变化的影响，形成共同变更的耦合关系。当 J 和 K 对 L 的外部耦合可能发生变化时，更好的处理方案是建立一个 L 的封装层，让 J 和 K 依赖于该封装层。
- 当 L 是一个隐含的知识，J 和 K 都与 L 没有实际的代码联系时，J 和 K 会产生隐式依赖。最典型的情况是，J 和 K 为两段重复的代码，一旦这份代码背后的逻辑发生变化，J 和 K 往往需要同步修改。
- 当 L 是一个稳定的接口时，J 和 K 之间没有耦合关系。

(5) 对内部状态和数据的依赖是严重的耦合。 对内部状态和数据的依赖在传统设计耦合理论中被称为内容耦合（Content Coupling）[9]。虽然内容耦合不能简单地用图形表达，图 2.3 中也没有相应的依赖，但是内容耦合会破坏封装性，是严重的耦合。下面是一个内容耦合的例子。

```
1  public double getArea(Sector s){
2      double result = s.getAngle() * s.getRadius() / 360;
3      return result;
4  }
```

代码清单 2.13　对内部数据直接操作造成内容耦合

这个例子虽然看起来比较正常，但是它隐含地让 getArea 方法指定了扇形对象 Sector 的内部结构表示方式。（扇形中圆心角的表示方式一定是角度吗？可不可以是弧度呢？）良好的面向对象设计原则可以消除内容耦合。更合理的做法是把 getArea 方法的职责赋予 Sector 对象。

---

① 这类耦合在传统设计耦合理论中被称为共同耦合（Common Coupling）。
② 这类耦合被称为外部耦合（External Coupling）。

```
1  public double getArea(Sector s){
2      double result = s.getArea();
3      return result;
4  }
```

代码清单 2.14　通过面向对象封装解决内容耦合

在实际项目中常见的设计反模式，如 Smart UI[①] 和贫血模型[②]，都是封装不足导致的内容耦合的结果。针对这种问题，最行之有效的做法是：除了纯粹的数据类，都应该尽量少暴露 getter/setter 方法。当一个对象对外暴露了 getter/setter 方法时，很容易引入不必要的对内部状态和数据的依赖。

耦合不局限于代码层面，它可以发生在设计的任何粒度上。例如，如果两个系统之间是通过一组 API 定义进行通信，那这两个系统之间就基于这组 API 形成了耦合，当你开发的系统使用了某种第三方框架，或者使用了某种消息通信的基础设施时，同时也在你开发的系统和该第三方框架以及消息通信基础设施之间建立了耦合。框架、通信基础设施或者 API 的变化都会影响依赖这些内容的模块。

2.5　没有重复

重复是一种特殊的耦合。有经验的开发者会对代码中的重复特别敏感，因为重复代码不仅会影响到代码的易于理解、易于维护特征，往往也意味着拥有改善设计的机会。从设计角度看，重复代码具有以下特点。

- 重复代码增加了理解难度。重复代码必然会增加代码量，也就增加了阅读代码的工作量。而且，如果这些重复代码存在细微的不同，那这些不同很容易被忽视，从而导致重复代码更加难以理解，甚至因此引入错误。
- 重复代码加大了维护难度。如果重复代码中存在缺陷，那么很可能需要逐一修复每个重复实例。如果不了解系统中存在哪些重复实例，就很容易造成遗漏。更进一步，由于重复代码自身存在的差异以及所处的上下文环境有所不同，往往需要分别分析每个重复实例，这又加大了维护的工作量。
- 重复代码往往隐含着改善设计的空间。重复代码本质上是一种重复的概念。如果以重复代码为表象，对重复概念加以识别和抽象，就有希望通过消除重复来改善设计。

---

① Smart UI 指把一切业务逻辑都写到界面层（或相当于界面层的地方，如接口层）的实现中。
② 一种面向对象的反模式。所谓的模型层没有任何逻辑，仅仅是对数据的写入（setter）和读取（getter），所有的逻辑都在上层通过对数据的操作实现。

2.5.1　DRY 原则

对于代码中的重复问题，Andy Hunt 和 Dave Thomas 提出了著名的 DRY（Don't Repeat Yourself）原则[10]，也就是"不要重复你自己"。DRY 原则背后的逻辑是：

> 在一个系统中，每一块知识的表达，都应该是唯一、无歧义和权威的。

这句话和 2.4 节讲到的基于知识的隐式依赖是同一个着眼点。只要在两个地方存在对同一个知识的表达，那么一旦这个知识改变了，这两个地方就需要一起改变。而且，既然这个知识可以被单独改变，就意味着这是一个单独的关注点，应该被分离出来，成为一个内聚的模块。

2.5.2　造成重复的原因

重复代码的引入，可能有多种原因。我们从一个最常见的场景开始分析，假如我们已经实现了列出指定目录下的 Java 文件名的代码（代码清单 2.11），现在有了一个新的业务需求：打印指定目录下的所有文本文件的内容。这是两个看起来有点类似，但是不尽相同的需求。

如果项目进度恰好紧张，需要尽快实现该功能，那么对于正在完成这项工作的程序员而言，他下意识的反应很可能是复用代码清单 2.11 中的代码。于是，复制并修改就产生了以下代码。

```java
1  import java.io.File;
2  import java.io.IOException;
3  import java.nio.file.Files;
4  import java.util.Arrays;
5  import org.apache.commons.io.FilenameUtils;
6
7  public class TextContentPrinter {
8      /**
9       * 入口方法 打印所有的以 .txt 结尾的文件内容。
10      * @param rootPath - 需要查找的根路径
11      */
12     public void printTextFileContents(String rootPath) {
13         File dir = new File(rootPath);
14         printTextFileContents(dir);
15     }
16     /**
17      * 实际执行的可递归调用的打印 *.txt 文件内容的方法
18      */
19     private void printTextFileContents(File node) {
```

```
20          if (isTextFile(node)) {
21              Files.readAllLines(node.toPath()).forEach(line->System.out.println(line));
22          }
23          //遍历子节点（包含文件和目录），递归调用 printTextFileContents
24          if (!node.isDirectory()) return;
25          File[] subnodes = node.listFiles();
26          Arrays.asList(subnodes).forEach(subnode->printTextFileContents(subnode));
27      }
28      private boolean isTextFile(File node) {
29          if (!node.isFile()) return false;
30          return FilenameUtils.getExtension(node.getName()).endsWith("txt");
31      }
32  }
```

代码清单 2.15 `TextContentPrinter`：复制-修改自代码清单 2.11

仔细对比代码清单 2.15 和代码清单 2.11，会发现这两段代码看起来差不多，但是又不完全一样——这是重复代码最典型的表现。在软件设计中，下面几类①都属于重复。

- 完全相同的代码。
- 模式一致的代码。
- 模式一致，夹杂一些差异的代码。
- 功能相同，实现方式不同的代码。

产生重复的原因有很多。有时候是时间压力导致的复制-粘贴式编程方式，有时候是程序员担心在既有的方案上直接改动可能会破坏原有的功能，有时候是原来的代码关注点分离得不好，还有时候是需要改动的代码的所有权属于其他开发者或组织，自己没有办法直接修改。更多时候，重复是上述多种原因综合作用的结果。

一旦不正确地接受了形如代码清单 2.15 和代码清单 2.11 的重复，就给未来的维护者带来了不好的范例，代码的腐化速度会逐渐变快。例如，当出现了一个新的需求——统计指定目录下的所有文件的个数时，会以更快的速度创造出一个新的代码重复副本。有句话叫"习惯成自然"，一旦某种编码风格形成习惯，久而久之，也就没人觉得这种重复是一种问题了。

2.5.3 通过消除重复改善设计

大多数时候，重复可能会引起维护问题，但是并不一定有害。例如，如果一段重复的代码从来都没有需要修复的缺陷，也从来没有演进的需求，那么在代码中保留这些重复，也很难说有根本性的问题。

①在学术研究[11、12]中，这几种重复分别被称为 I～IV 类代码克隆。

但是，无论重复是否真正有害，关注代码中的重复都能带来有价值的收益。最大的收益就是启发程序员注意关注点分离。我们分析一下代码清单 2.15 和代码清单 2.11 中的关注点，可以很容易得到如图 2.8 所示的结果。

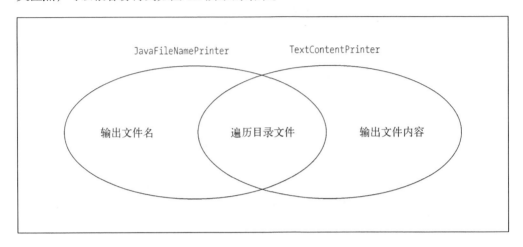

图 2.8 从重复现象中发现关注点分离的机会

根据图 2.8，容易把通用职责从两段代码中分离出来，得到代码清单 2.16。它把代码清单 2.11 中的职责拆分为两个关注点：(1) 遍历目录文件；(2) 判断遍历到的每个文件的类型，并输出文件名。

```
1  public class FileTraversal {
2      private FileVisitor visitor;
3      public FileTraversal(FileVisitor visitor){
4          this.visitor = visitor;
5      }
6      public void travers(String path) {
7          File dir = new File(path);
8          travers(dir);
9      }
10     public void travers(File root) {
11         File[] files = root.listFiles();
12         Arrays.asList(files).forEach(f->visitor.visit(f));
13     }
14 }
15
16 public interface FileVisitor {
17     void visit(File file);
18 }
19
20 public class JavaFileNamePrinter implements FileVisitor {
```

```
21      @Override
22      public void visit(File file) {
23          if (isJavaFile(file))
24              System.out.println(file.getAbsolutePath());
25      }
26
27      private boolean isJavaFile(File file) {
28          if (!file.isFile()) return false;
29          return FilenameUtils.getExtension(file.getName()).endsWith("java");
30      }
31
32      public void printJavaFiles(String rootPath) {
33          FileTraversal fileTransversal = new FileTraversal(this);
34          fileTransversal.travers(rootPath);
35      }
36 }
```

代码清单 2.16 基于 Visitor Pattern 的文件遍历并打印 Java 文件名

其中，FileTraversal 和 FileVisitor 是一个设计单元，它们负责完成目录文件的遍历，并对外部用户提供扩展点 FileVisitor。JavaFileNamePrinter 是一个设计单元，基于 FileTraversal 提供的遍历能力完成需求中的打印 Java 文件名的功能。图 2.9 是代码清单 2.16 对应的类图。

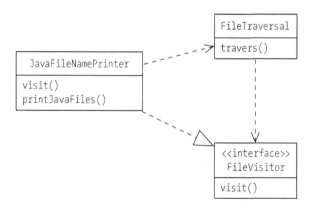

图 2.9 分离通用职责

对比两段代码，可以看出，代码清单 2.16 的内聚性要比代码清单 2.11 的好。通过分离关注点，我们还提升了代码的可复用性。利用代码清单 2.16 的设计，在遇到新的需求，如输出某个目录下的所有文本文件的内容时，我们就没有必要再像代码清单 2.15 那样冗余，可以直接非常简洁地写出如下代码。

```java
 1  public class TextContentPrinter implements FileVisitor {
 2      @Override
 3      public void visit(File file) {
 4          if (isTextFile(file)) {
 5              Files.readAllLines(file.toPath()).forEach(line -> System.out.println(line));
 6          }
 7      }
 8
 9      private boolean isTextFile(File node) {
10          if (!node.isFile()) return false;
11          return FilenameUtils.getExtension(node.getName()).endsWith("txt");
12      }
13
14      public void printTextFileContents(String rootPath) {
15          FileTraversal fileTransversal = new FileTraversal(this);
16          fileTransversal.travers(rootPath);
17      }
18  }
```

代码清单 2.17 基于 Visitor Pattern 的文件遍历并打印文本文件内容

和代码清单 2.15 相比，这段代码不仅减少了 8 行，更重要的是我们无须知道如何实现遍历目录文件，只需要关心在遍历到具体的文件时做什么事情。

顺便提一下，这是一个已经被实践检验过的设计。从 Java 7 开始，Java 的 nio 类库已经内建了名为 Files.walkFileTree 的方案，应用的就是刚才提及的关注点分离原则。在实际的工程项目中，程序员已经无须编写 FileTraversal，直接应用 nio 类库的 Files.walkFileTree 方案即可。

2.6 没有多余的设计

几乎所有的人都知道"画蛇添足"的寓言故事，也都知道"如无必要，勿增实体"的哲学逻辑。对于软件设计也是一样的，代码绝非越多越好，每一行代码在写出来之后，都意味着在未来会有理解成本和维护成本。如果一些代码没有存在的道理和价值，它就不应该存在，或者应该被及时移除。

要想避免或者移除多余的设计，核心是要知道造成多余的原因。概括来说，大概有如下几种常见原因。

- 刻板地遵循某种设计范例。
- 代码曾经有用，但是后来变得无用。
- 为未来预留了实现或者扩展点。

下面让我们依次分析这几种原因。

2.6.1 避免刻板地遵循某种设计范例

设计范例很有用，但如果应用不当或者理解不充分，程序员也容易受到困扰。

我们曾经在 2.2 节使用杨辉三角形的例子，这里继续使用这个例子。代码清单 2.5 定义了一个打印杨辉三角形的业务场景。不过，我相信有些读者可能见过下面这样的代码（请注意第 4 行和原来代码的差别）。

```java
 1 class Main {
 2     public static void main(String[] args) {
 3         int rows = 5;
 4         IPascalTriangle triangle = new PascalTriangle();
 5         for (int i = 0; i < rows; i++){
 6             print(triangle.dataOfRow(i));
 7         }
 8     }
 9     private static void print(int[] data) {}
10 }
11 interface IPascalTriangle {
12     int[] dataOfRow(int i);
13 }
14 class PascalTriangle implements IPascalTriangle {
15     // 代码略
16 }
```

代码清单 2.18 面向意图表达的方法命名示例

和代码清单 2.5 相比，代码清单 2.18 中改为使用接口 IPascalTriangle。在我见到的更极端的场景中，一个项目中的每个类都自带一个接口声明。出现这个现象的原因是：程序员见过许多遵循 IoP（面向接口编程，Interface oriented Programming）[13] 的范例代码，却没有深刻理解 IoP 的根本驱动力。写出这种代码，往往是"照着葫芦画瓢"的结果。

本书第 6 章会讲解 IoP，现在我们先简单介绍它。

IoP 的本质是定义和实现的分离。定义指的是契约的定义，用接口承载。由于实现更容易变化也更难管理，所以通过接口形式建立的依赖关系更稳定也更容易管理。

因此，应用 IoP 是一种基于投资回报的理性决策。举个例子：如果订单系统需要发送一个消息，那么依赖一个 Message 接口是很自然的决策。但是如果订单包含的订单项也要被定义为抽象接口，就显得非常奇怪和盲从了。因为，无论在未来怎么调整设计，订单和订单项都始终在同一个设计边界内，也不存在一个订单会有多种不同的订单项的实现方案。在这里机械地模仿一个面向接口的设计，只是白白增加了复杂性，没有任何益处。

刻板遵循设计范例的现象比较常见，例如，我还见过某个团队，因为设计一般是分成若干层，如三层架构的 Controller、Service 和 DAO，所以即使自己的项目不是一个典型的数据库相关的项目，也要硬性分出这些层次，其实每个类都只是简单地向下一级传递了一次调用而已，这就属于典型的多余设计。

如何避免这类设计问题呢？核心就是要明白：所有的设计范式，本身都是为了解决某个问题，它的权衡点在于投资回报。如果发现投资回报不合理，这时候就要做到"如无必要，勿增实体"，果断地把不该存在的设计删除。

2.6.2 及时删除已经不再有用的代码

相信许多读者都在代码中看到过"死代码"，就是那些根本不会被用到的代码。造成"死代码"的原因很多，例如业务逻辑发生了变化，原有的代码自然就没有用处了。或者是调整了设计，导致原来的一部分代码不再用得上。一次次阅读这些已经无用的代码，是一种不必要的成本。应该把它们及时删除。

有一些工具可以帮助我们发现"死代码"。第一种是使用自动化测试，在具有比较完备的自动化测试的项目中，如果一些代码无法被测试覆盖，那它们大概率就是死代码。第二种是使用依赖分析工具，如 depends[14]，利用它能发现和所有代码都不存在依赖关系的设计单元，它们很可能也是死代码。

有些程序员从心理上不舍得删除自己的代码，总感觉这段代码在未来会用得上。就算动手，也舍不得真正删除，而是把这些代码用注释符号包起来，最后这些代码变成了一大段看起来很凌乱的注释。这种做法和想法是不合适的，和打扫房间的时候舍不得扔掉一些已经两年不用的杂物是一样的道理。一个东西已经两年没用了，那在未来三年不用它的可能性也很高。"断舍离"是对待这些东西和这些代码最正确的态度，它们其实不是资产，而是债务。更进一步，几乎所有的规范项目，都应用了版本管理系统，如 git 工具，因为有这些工具的存在，所以任何历史上曾经存在的代码，都可以方便地找回。总之，如果某些代码真的有必要删除，就果断删除它们吧！

2.6.3 避免为不可预见的未来编写代码

代码应该具备扩展性，这毋庸置疑。但是，"为未来预留实现或者扩展点"并不可取。"未来"并不那么容易预测。一个常见的事实是：预期发生的没发生，不预期发生的发生了。

面向不确定的未来，最好的方法是反脆弱[15]，反脆弱是塔勒布在同名书籍中提出的观点：因为未来的变化很难预测，会出现大量的黑天鹅事件，所以真正稳定的系统应该是那种具有高度适应性的系统。对应到我们的代码主题上，就是：应该编写具有高度适应性的代码，而不是预先假定代码在未来的演进方向。因为代码具有适应性，所以一旦有新的功能需求，总是能比较容易地适配。

预留的扩展点在某种程度上已经假定了代码未来的演进方向，所以不是反脆弱的。相反，因为这些扩展点可能在相当长一段时间（甚至永远）都用不上，所以反倒会影响代码的可理解性和可维护性。真正反脆弱的代码，是那些高内聚、低耦合，和业务的本质概念关联紧密、对应良好的代码。当然了，还应该具备良好的自动化测试。

如何避免不必要的预先设计是一个重要话题，本书还将在 11.1 节和 11.2 节深入探讨它。

2.7 具备自动化测试

应该没有任何读者会否定自动化测试的价值。自动化测试的价值远远不止"质量保障"那么简单，它几乎和优质代码的每一个外部属性紧密相关。

2.7.1 保障功能正确

测试的原始目的就是保障功能正确。不过，如果只有手工测试，那么不仅质量保障所需的成本很高，也无法达到质量保障的目标。特别是在敏捷开发模式下，软件开发被分成许多次迭代。每次迭代不仅要测试当前的功能，还要面向已经存在的功能进行回归。迭代越多，越频繁，历史功能越多，回归测试的重要性和复杂性就越高。只有不知疲倦、自带记忆、精准执行的自动化测试，才能胜任这一工作。只依靠人工，几乎是不可能的。

2.7.2 提升代码可理解性

当面对一段陌生的代码时，我已经养成了一个习惯，先看一下是否存在自动化测试代码。如果存在，那我一般不会先看产品代码，甚至不会看产品文档，而是直接开始阅读测试代码。这是一个非常有效的技巧，之所以有效，是因为：编写良好的自动化测试代码，是最好的产品文档。下面请看一段选自真实项目的代码示例。

```
1  class TestIdentifierSplitter {
2      static IdentifierSplitter  splitter;
3      @BeforeClass
4      static void createSplitter(){
5          splitter = new IdentifierSplitter();
6      }
7
8      @Test
```

```
 9     void camelCaseShouldBeSplitted() {
10         List<String> result = splitter.split("HelloWorld");
11         String[] expected = {"Hello","World"};
12         assertArrayEquals(expected, result.toArray());
13     }
14
15     @Test
16     void continueUpperCaseShouldBeTreatAsOneWord() {
17         List<String> result = splitter.split("DNAReader");
18         String[] expected = {"DNA","Reader"};
19         assertArrayEquals(expected, result.toArray());
20     }
21
22     @Test
23     void continueUpperCaseWithUnderscoreShouldBeTwoWords() {
24         List<String> result = splitter.split("FONT_SIZE");
25         String[] expected = {"FONT","SIZE"};
26         assertArrayEquals(expected, result.toArray());
27     }
28
29     @Test
30     void preDefinedWordShouldNotBeSplitted() {
31         splitter.addPredefinedWord("JUnit4");
32         List<String> result = splitter.split("JUnit4Runner");
33         String[] expected = {"JUnit4","Runner"};
34         assertArrayEquals(expected, result.toArray());
35     }
36 }
```

代码清单 2.19　从测试代码中可以很容易地了解代码功能

代码清单 2.19 测试了 IdentifierSplitter 类的 split 方法。它可以拆分代码中的标识符，是一段对代码进行语义分析的基础程序。我们可以把代码清单 2.19 看作测试代码，也可以看作 IdentifierSplitter 类的用法说明书。

从这段代码中可以了解到 IdentifierSplitter 类的 split 方法具有如下能力。

- 接收一个字符串（标识符）作为输入，返回一个字符串列表（单词数组）作为输出。
- 能够基于下划线或者驼峰（CamelCase）拆分标识符为单词数组。
- 当连续出现大写字母时，自动判定除最后一个大写字母外的部分为一个单词。
- 当大写字母和下划线连在一起时，以下划线作为分隔符。
- 支持预定义词汇。当标识符中出现预定义的单词时，优先保证拆分出该单词。

无须阅读代码，无须阅读文档，自动化测试清晰地描述了代码的功能，而且提供了如何使用这段代码的示例。

用测试作为文档的一个特别大的优势是它不会过时。而一般的文档，甚至是代码中的注释，都可能会过时。有时候程序员更新了代码，但是忘记了更新文档，这种情况下文档系统不会有任何告警。但是，测试就不一样了。如果更新了代码，使得功能改变了，但是忘记了修改对应的测试代码，那么在执行测试时就会报错。所以，测试能够始终保持和代码同步，这是一个非常重要的优势。

2.7.3 保障软件系统的持续演进

软件开发是一个持续的过程，代码在生命周期中会多次被修改，以优化其结构（也就是重构），或增加新的功能或能力（支持新功能）。软件系统演进的一个特别重要的关注点，就是要确保过去能正常工作的功能，现在也能正常工作。如果有完备的自动化测试，那么只要一个命令，执行一下所有的自动化测试，哪些功能失败就一目了然了。所以，自动化测试是重构的防护网，在支持新功能时保护既有功能不被破坏。

2.7.4 用契约和资产的观点看待自动化测试

自动化测试代码和产品代码具备同等重要的地位，它也是软件资产的一部分。但是，在许多团队中，大量的代码仍然缺少完备的自动化测试。即使是对测试覆盖率提要求，也不一定能获得优质的测试。

之所以存在上述问题，是因为团队对测试的本质了解不足。测试的本质绝不仅是"测试"，它更本质的属性是"契约"。在实践中，更有效的自动化测试开发是测试先行。本书将在第 7 章探讨测试先行的重要性，还会在 10.3 节讨论自动化测试的具体技术。

2.8 小结

软件设计和编码需要体现"专业性"。本章讨论的 7 个内在特征都是高质量设计的专业表现。我把它们按照受关注程度的不同进行了排列。同时，排列顺序也符合多数人的认知，即从最基础的编码规范到具备完善的自动化测试。

值得说明的是，本章所讲的内在特征和外部特征具有密切的联系。尽管彼此联系的程度可能有所不同，但是为了便于读者理解，我在表 2.2 给出一个大致的映射关系，[①]供读者参考。

---

① 功能正确性指代"实现了期望的功能"和"缺陷很少，发现及时"。

表 2.2 设计的内在特征服务于外部特征

内在特征	功能正确性	易于理解	易于演进	易于复用
一致的编码风格	+	+++	++	
有意义的命名	+	+++	++	++
简洁的行为实现	+++	+++	++	
高内聚和低耦合的结构	++	+++	+++	+++
没有重复	+	++	+++	
没有多余的设计	+	++	+++	
具备自动化测试	+++	+++	+++	+++

图 2.10 总结了本章的核心内容。

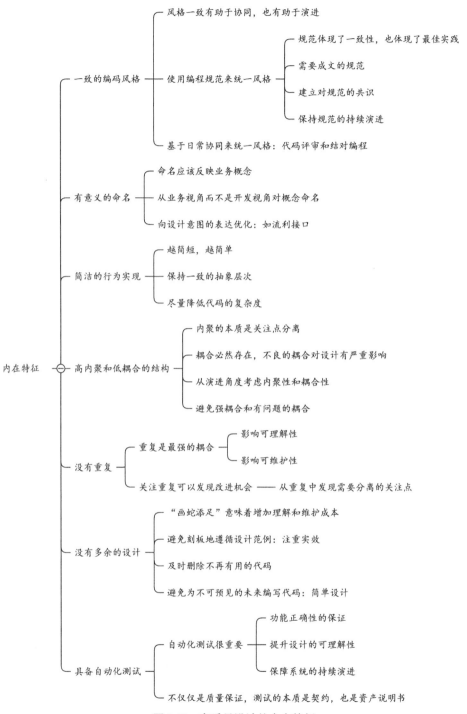

图 2.10　高质量设计的内在特征

专业篇

建立扎实功底

第 3 章　高质量的需求

程序员不仅仅要专注于编码，还应该关心开发活动的源头：需求。真正专业的程序员，会积极地投入到需求活动中，而不只是被动地接收来自产品经理或需求分析师的需求输出，因为他们知道：在"正确地做事"和"做正确的事"中，"做正确的事"更加重要。如果努力的方向错了，肯定是越努力，越糟糕。

实践一再证明：在一个项目中，如果程序员没有积极投入到需求活动中，而只是被动地接收需求进行开发，那么往往会错漏百出，即使产品经理或需求分析师的能力很强，也无法改变这个结果。关于这一点，事件风暴（Event Storming）的发明人 Alberto Brandolini 有一句很精确的表述：是程序员的理解，而不是产品经理的设计，成为系统最后的功能。

本章关注需求分析的关键结构和技能。掌握需求分析的技术，不仅可以让开发活动更顺畅，还将为第 4 章关于领域模型的讨论奠定基础。本章内容的组织结构如下。

- 用结构化的方法分析需求。
- 定义业务目标。
- 探索业务流程，定义系统功能。
- 完善操作步骤，澄清业务规则。

3.1　用结构化的方法分析需求

需求分析的本质是探索和发现。同时，沟通和确认是需求分析活动中的重要环节。在本节中，我们将首先介绍需求工程定义的三大活动，并在此基础上介绍需求分析的本质——探索和发现；然后介绍支持需求探索和发现的三层金字塔模型；最后介绍沟通和协作在需求探索和发现以及需求确认活动中的重要作用。

3.1.1　需求工程的三大活动

要顺畅启动软件开发，首先需要明确应该开发什么。这意味着要正确理解业务目标，即为什么做；要定义清晰的产品需求，即如何做；要让业务相关方对前两点达成共识。

上述三点，恰恰就是需求工程定义的三大活动。

- 需求获取：正确地捕获业务方的诉求，对应达到的结果建立正确的预期。
- 需求分析和定义：把业务方的诉求成功转换为对软件系统的需求，并进行清晰的表述。
- 需求澄清和确认：让相关涉众（如开发人员和测试人员）都正确地理解需求，并达成一致。

需求获取

需求获取[①]是一个问题导入的过程。在这个阶段，需要理解的核心问题是：要解决谁的问题？为什么要解决这个问题？只有明确了目标，才能做出正确的解决方案。业务目标并不一定宏大，但是再小的需求也必然有期望达到的业务目标或者要解决的具体问题。

假如我们要开发一个餐饮外卖的业务系统，在初始阶段的目标可能是：通过开发的系统，让用户无须亲临餐馆就可以吃到美味的食物，既方便了顾客，也扩大了餐饮企业的服务范围，自己则可以从餐饮企业增加的收益中获取部分佣金。如果已经进入业务的日常运作和改进阶段，那么需要解决的问题往往更为具体。例如，需要通过新增发红包的功能来促进销售，或者用户的常用地址管理功能不好用，需要增加新的常用地址推荐功能。

需求分析和定义

需求分析和定义是生成解决方案的过程：为了解决特定的问题，系统应该提供什么功能？这些功能包含哪些操作步骤？有哪些业务规则？例如，发红包这个业务可能需要包括管理员设定红包发放对象、为红包发放对象发红包、提醒用户使用红包消费、对红包进行核销等关键的功能。在管理员设定红包发放对象这样的业务功能中，还需要包含设定红包发放对象选择规则、根据选择规则圈定用户等更具体的业务步骤。如何设计这些功能，才能更好地达成业务目标，是在需求分析和定义阶段需要解决的问题。

需求分析和定义需要专业的方法。用例分析、事件分析等都是在需求分析和定义过程中常用的方法。3.3 节将会介绍与此密切相关的技术。

需求澄清和确认

需求获取、需求分析和定义往往以产品经理或需求分析师为主体。但是，他们设计的方案是不是满足了业务方的诉求，有没有遗漏某些需求或者方案与需求是否存在不一

[①] 需求获取这个术语带有时代的印记。它发源于软件工程的早期，那个年代的开发团队和需求方往往隶属不同的组织，"需求获取"是站在开发视角的一种说法。今天"获取"一词已经不太精确，在需求发现过程中要更加积极地探索。

致，是需要进一步确认的。此外，由于开发人员、测试人员往往和需求分析师是两拨人，所以还需要确认他们是否正确理解了这些需求方案并达成了一致。这些都是需求澄清和确认阶段需要做的工作。

需求澄清和确认的核心挑战是细节。3.4 节将探讨如何通过实例化需求等方式高质量地澄清和确认需求。

3.1.2 探索和发现用户的真正需求

需求描述的是客户（或用户）的期望，那是不是"你说我听"就可以了？如果只是请客户描述一下需求，然后把这些描述的内容记录下来加以整理，最后形成文档就完成了需求分析，那事情就简单多了。

现实远没有这么理想。大多数时候，客户自己在项目早期对目标的认知是模糊的，无论他们表达的时候有多么自信，具体的需求细节更是不可能一开始就很清晰，而需求分析就是要把这些问题逐步清晰化、明确化。如果做不到这一点，就很可能像图 1.1 展示的那样，开发的软件和客户的实际需求天差地别。

> 需求分析的核心是探索和发现：通过持续探索，发现并确立真正的业务目标，从而设计出真正合理的方案，包括系统需求、操作步骤和业务规则等。

3.1.3 需求分析金字塔

需求分析是一个探索和发现的过程。在需求分析过程中一个常见的问题是：基本的问题尚未真正得到澄清，就匆忙开始了关于细节的讨论。可想而知，在业务目标、业务流程没有被正确理解时，过多地讨论细节只会偏离正确的方向，掩盖真正的问题。由粗到细、逐步展开显然是一个经济的方法。

图 3.1 展示的是需求分析的金字塔模型，它形象地表达了由粗到细、逐步展开的需求分析过程。

不断质疑，澄清业务目标

金字塔的第一层是业务目标，这是所有需求分析和讨论活动的起点。它致力于搞懂需求获取阶段的核心任务：为什么要做这个功能？有时候这个问题还可以反过来：如果不做这个功能，又会怎样？通过这样反复地质疑，往往能把需求背后的思考表达得更为清晰。业务目标和基于业务目标的共识是后续开发活动的前提，这个前提必须非常清晰，才可以进行后续的工作。

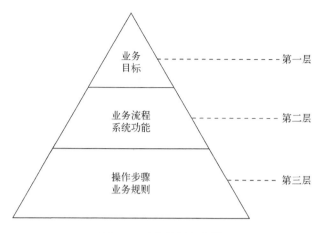

图 3.1　需求分析金字塔

要澄清业务目标并不困难，只要持续、积极地挑战，就肯定能得到想要的答案。真正重要的是不要忽视它，因为目标在第一时刻常常不是以它本来的面目出现。许多时候，急于动手的开发团队往往会假定客户或者产品经理的描述是正确的，丝毫不加质疑就开始后续的详细分析工作。但是，有不少案例表明，通过对业务目标进行质疑和确认，业务分析人员经常会发现业务目标中存在未澄清或者不合理的部分。

探索业务流程，定义系统功能

金字塔的第二层旨在在功能概要的粒度上解决系统应该实现什么功能这个问题，我们称之为系统功能或系统责任。但是，不应该直接从业务目标跳到系统功能。在系统之外，一些外部系统、各种业务参与者也参与了业务活动，他们之间的交互共同构成了业务流程。

业务流程的设计显然需要服务于业务目标。不过，这个设计往往不是简单地复制现实世界的业务流程。如果发现正在运作的业务流程不合理，就需要探索新的流程方案。因此，这一步的关键是"探索"，而不是"描述"。

在业务流程分析清楚之后，系统功能就变得非常清晰了。系统功能就是业务流程中那些和软件系统有关的功能。例如，前述的发红包业务的管理员设定红包发放对象、为红包发放对象发红包等功能，都是在金字塔的这一层进行探索的结果。

设计操作步骤，澄清业务规则

金字塔的最下面一层关注的是需求的细节：具体的操作步骤和业务规则。例如，前述的设定红包发放对象选择规则等具体的步骤和规则，都是在这一层进行探索的结果。

越往金字塔的下层，细节越多，对于讨论的清晰程度的挑战就越大。当然，越往金字塔的上层，细节虽然越少，但是一旦发生错误，影响是最大的。

> 需求分析的过程，是一个持续探索和发现的过程。这个过程应该遵循金字塔结构，由粗到细，逐层展开。

3.1.4 共创、沟通和共识是需求分析活动成功的关键

用文档记录结果，不要用文档作为驱动

传统的需求分析方法特别强调文档的作用。例如，需求获取阶段需要产出业务需求的描述文档，需求分析和定义阶段需要产出产品需求的设计文档等。甚至有些开发团队，只要需求文档没有完成，就拒绝参与项目开发。这种做法是不合适的。

需求分析的核心是探索与发现。尽管写文档能梳理思路，让人有所发现，不过总体来说既不有效也不高效。尽可能早地引入需求沟通，进行群体性的共创活动，有助于更早地发现问题，提升需求分析的质量。

在协作空间讨论和完善需求

图 3.2 展示的是某团队中成员们进行需求讨论的场景。在协作空间中讨论是一个创造性的活动，与此相对的是比较正式的、类似于需求评审的活动。

图 3.2 在协作空间中讨论和完善需求

在评审和共创活动中，参与者的心态是不同的。在评审活动中，需求和参与者是"被评审的内容"和"被动确认者"，然而在共创活动中，需求和参与者是"待完善的内容"和"积极参与者"。

因此，协作空间中的主要工具不是投影仪（它只是偶尔被用来演示相关的信息和输入），而是报事贴、白板等适合共创的工具，以及便于协作的空间环境——例如，要尽量避免使用椅子摆放得整整齐齐、中间有大会议桌的会议室，这种会议室天然塑造了一种严肃的氛围，对讨论是不利的。

共创离不开参与者角色的多样性。尽管需求的负责人一定是需求分析师或产品经理，但是开发人员和测试人员常常可以提供另外的视角，这对于完善需求分析的视角是有好处的。因此，在协作空间中，需要需求相关人员、开发人员、测试人员等不同角色共同参与需求分析，这样有助于得到高质量的分析结果。

既然多种角色共同参与到了需求分析的共创活动中，那么需求工程定义的三大活动中的第三个活动——需求澄清和确认的形态也就有了变化，它不再是一个单独的阶段，而是会伴随着需求分析金字塔的探索，在共创空间中同步进行。这最大化了需求分析的反馈速度，同时提高了沟通质量。

最大化发现能力，不畏惧需求变化

软件需求分析的本质是一个持续探索和发现的过程，在这个过程中充满着不确定性。需求分析的复杂性常常来源于如下三个方面。

(1) 需求问题本身很复杂，该分析清楚的需求没被分析清楚。

(2) 需求沟通不充分，开发人员和需求分析人员在对需求的理解上存在偏差。

(3) 业务环境发生了变化，或者在开发和业务运营过程中，相关人员产生了新的业务认知。

其中，第 (1) 点和第 (2) 点可以使用高效的需求分析方法解决。通过采取积极的探索和发现策略，如结构化的需求分析方法、群体性的需求分析活动等，可以提升需求分析和沟通的质量，使发现能力最大化，避免问题的产生。

第 (3) 点是软件开发特有的重要特征。面对变化，采取类似于传统的"冻结需求"方案是徒劳的。有效的方案是采取正确的软件工程实践，建立反脆弱①的系统，如采用敏捷的迭代开发方法[16]，和利用高质量的领域建模（本书第 4 章会讲），提升软件系统对需求变化的适应性。

---

① 反脆弱是一种应对复杂系统的理论，更多细节请参见 2.6 节。

> 需求分析既需要高质量的分析框架，也需要积极的探索策略和及时演进的心智模式。采用正确的分析方法，能够避免遗漏问题，进行良好的沟通，达成共识。通过打造反脆弱能力，可以避免产生对错误的恐惧，做到与时俱进，持续演进。

3.1.5　案例——高校食堂餐品预订

为了把概念形象化，从本章开始，我们引入一个大学校园的餐品预订软件作为案例。这个案例的背景如下。

虽然目前外卖订餐服务已经非常普及，但是多数大学生的常规选择仍然是在食堂就餐。餐品安全、价格实惠、距离较近等，都是高校食堂的优势。

食堂就餐的问题在于在就餐高峰时段，人员非常拥挤。学生数量多、下课时间集中、部分餐品需要现场制作会比较耗时等，都会让队越排越长。此外，由于缺乏信息的输入，食堂只能根据既往的销量准备食材，有些学生可能买不到喜欢的餐品，这也是一个常见问题。

为此，高校后勤管理部门决定开发一款软件，通过餐品预订、提前付款、取餐点直取等方式，节省排队时间，提升同学们的满意度。

3.2　定义业务目标

本节我们将介绍需求分析金字塔的第一层：定义业务目标。

3.2.1　目标要反映关键利益方的诉求

需求不是"业务方告诉我怎么做，我就怎么做"，而是要理解"为什么做这件事情"。正如福特汽车公司的创办者亨利·福特的名言：

（在汽车发明之前）如果你问客户需要的是什么，客户会告诉你，我需要的是一匹"更快的马"。

理解需求背后的业务目标非常重要。在上面的名言中，受限于认知水平，客户给出的并不是最恰当的解决方案——毕竟客户没有见过汽车，只知道骑马这样一种在当时相对较好的交通方式。但是，客户的诉求——能很快抵达目的地则是比较确定的。相对于客户，汽车生产商拥有更全面的知识，于是可以给出正确的解决方案。

这个例子固然有点极端，但是在现实中因为没能把客户的关键诉求理解到位，只是"照章办事"而导致的问题屡见不鲜。最后即使功能开发出来了，也可能因为没有解决最关键的问题，导致项目没有达到期望的目标。

回到我们要开发的餐品预订软件，如果它的核心诉求是提供更快捷的取餐体验，那么功能上要考虑在教学楼、宿舍等地点设置取餐点；如果核心诉求是更低的运营成本和更低的餐品价格，那么设置取餐点的需求优先级就会比较低；如果核心诉求是减少外卖包装导致的污染，那么可能需要提供不锈钢餐具及回收服务。可见，对同一个系统而言，不同的核心诉求对应的功能设计以及需求优先级可能是完全不同的。

> 业务目标反映了系统的关键利益方（后文统称为业务方）对"通过某个业务过程，达成某种业务目标"的期望，这些业务方往往是业务所有者、项目发起人等。

识别谁是业务方

大多数时候，项目发起人就是最关键的业务方。在不同类型的团队里，需求分析面对的业务方也可能有所不同。例如，在开发一款业务支撑型的内部软件时，开发团队面对的业务方是本团队的业务部门；而对于软件承包商或者外包商来说，业务方往往是外部客户。

达成关于业务目标的共识

任何需求都必然有一个业务目标。在编写需求文档时或者在非正式沟通中，业务方或需求分析人员大多数时候会介绍需求背后的业务目标。不过，成熟的开发团队一定会积极地挑战业务目标，而不只是把业务目标作为背景知识被动地接受。之所以称"积极地挑战"，是因为这种挑战的动机是非常良好的，绝对不是为了使对方难堪，而是为了贡献更多思考，更好地探索和发现。

在讨论业务目标的过程中，常常会出现下列问题。

- 为什么要做这个产品（或者功能）？要达到什么样的业务目标？
- 做出了这个产品（或者功能），期望的业务目标能达成吗？不做的话，可以通过其他途径达到业务目标吗？
- 谁将从这个产品（或者功能）中受益？又有谁可能会受到影响？

在着手开发之前，进行挑战是非常重要的。如果最终业务目标没有达成，那么无论是内部客户还是外部客户，无论软件开发团队是不是完美实现了软件需求，无论软件开发团队有多辛苦，都没法认为这样的软件开发是成功的。

在团队层面达成关于业务目标的共识，还有一个重要的积极影响，就是在后续开发中难免会遇到各种细节，这时候团队成员就能先根据上下文做出有效判断，虽然判断结果还需要经产品经理确认，但是比把一切问题都抛给产品经理要快捷多了。

3.2.2 案例

启动一个新项目

假如我们正在启动高校食堂餐品预订这个项目，在这个阶段，最重要的是识别整个项目的启动目的，要优先解决最重要的需求。

高校后勤部门是这个项目的发起方，但评价其是否成功的核心指标不是"做出了一个系统"，而是"供应商和大学生都有了更高的满意度"。所以，如何能通过餐品预订提高满意度，是这个项目成功的关键。

那么，接下来的问题就是：如何提升供应商的满意度？供应商现在有哪些不够满意的地方？如何提升学生的满意度？学生现在有哪些不够满意的地方？例如，供应商不够满意的地方可能有下面三个。

- 没法精准准备食材。采购少了不够卖，采购多了会浪费。
- 在外卖的冲击下，大学生不愿意来食堂就餐，用餐人数减少。
- 餐品的开发和淘汰依据的是经验，缺乏反馈渠道和数字化信息。

学生不够满意的地方可能有下面这两个。

- 食堂在高峰期的排队人数过多，影响用餐体验。
- 为了买齐想吃的餐品，需要到多个窗口反复排队。

注意，这些"可能"的不满并不是"真实"的不满。合格的产品经理，一定会通过访谈、现场调研等多种方式，进一步探索和发现，对"为什么要启动这个项目"获得更深刻的理解。

业务演进中的目标

几乎任何业务都会持续演进，在演进过程中往往要开发新的功能以支持新的业务场景。例如，在基本的餐品预订功能上线之后，就会发现餐品预订软件对后厨加工人员提出了新的要求。如果餐品加工时间过早，那么餐品可能在取餐前就变凉了；如果过晚，又可能导致到了取餐时间，同学却取不到餐品。这时候，就可以引入精益生产中的 JIT（即时生产），增加一个为后厨加工人员制作生产餐品计划的功能。

此外，通过预订数据能够发现，有一些相同的餐品组合在订单中经常出现。那么，为什么不推出优惠的套餐组合呢？套餐是标准品，当套餐的预订数足够多时，也能提升要准备食材和加工时间的可预测性。如果再使用保温箱对餐品进行保温，还能控制取餐时餐品的温度。如果套餐功能上线之后很受欢迎，那么一开始看起来很重要的 JIT 方案，就暂时没那么重要了，增加套餐预订的功能变成了一个优先级更高的需求。

从这个例子中我们可以看出，解决不同的功能需求能够达到相同的业务目标。在这种情况下，应该根据具体的上下文决定开发其中的哪个需求。也就是说，需求开发仅仅是达到业务目标的手段。这一点在开发活动中务必注意。有一些方法可以帮助我们结构化地思考目标和功能之间的关系，例如影响地图[17]，请感兴趣的读者参阅相应的参考书。

3.3　探索业务流程，定义系统功能

从业务目标到系统需求并不是一蹴而就的，联系它们的纽带是业务流程。

业务流程聚焦于业务活动中的主体如何通过一系列业务活动交互，最终达成业务目标。业务交互的主体，也就是参与者，既包含特定的业务角色，如食堂餐品管理员、订餐人，也包含系统以及外部系统等。系统功能是整个业务流程的一部分。

在开始定义系统功能前，先把业务流程定义清楚，让参与者之间能顺畅地协作，在此基础上定义清晰的系统功能，最终达到期望的业务目标。

3.3.1　表达业务流程的方法

我们固然可以使用自然语言表达业务流程，但是这样非常不利于高效沟通。从现在开始，我们将逐步引入以 UML[18]（Unified Modeling Language，统一建模语言）为基础的表示法，来描述业务需求、产品需求、领域模型、软件设计等。

注重实效的 UML

UML 诞生于 20 世纪 90 年代，出现不久后就得到了广泛认同。但是，它的实际使用范围却不太理想。迄今为止，仍然有相当多的开发者认为 UML 过于复杂，无法在工作中顺畅使用。造成这种现象的根本原因是 UML 非常庞大，如果抱着"先学会再应用"的想法，那应用基本上就遥遥无期了。

去除上面的想法，直接开始使用 UML 就可以了——用到什么再学习什么。你会发现，只要使用 UML 大约 5% 的能力，就足以满足日常所需。在讨论和使用一个工具时，不应该脱离它的本质。

统一表示法的本质是利于达成共识。正如建筑、机械等工程领域都有自己的统一表示法一样，软件开发也需要统一的表示法。UML 就是适用于软件世界的统一表示法。与此相对的是线框图。线框图是随意的，在使用时很难达到精确。例如，方框有时候代表的是一个需求，有时候代表的是一个业务概念，还有时候代表的是一个子系统，因为方框没有精确的语义，所以在使用时不得不随时进行解释，这样的效率显然过于低下而且容易造成误解。而 UML 已经为特定类型的事物创建了特定的表示法，这样就不需要进

行烦琐的解释了。而且，由于 UML 建立在大量建模经验的基础上，所以它还有助于提升思考的质量。基于这样的本质认知，合理使用 UML 的方式就变得非常清晰了。

> 把 UML 作为一种表示法，记录或者表达思考和讨论的过程。

在这个基础上，完全没必要掌握 UML 的所有细节，事实上有 80% 以上的 UML 特性并不会在日常工作中遇到。我把这种以沟通为目的、仅仅使用 UML 特征的有限子集来建模的方式，称为注重实效的 UML。

多绘制草图，仅在必要时使用建模工具

多数有经验的软件专家会建议使用手绘 UML [19、20]。我也持有相同的观点。相对于软件建模工具，手绘的草图更适合用于思考和沟通。

软件开发的本质是持续的探索和发现：发现正确的用户、发现正确的需求、发现正确的设计方案等。既然是探索，那么往往需要集体建模。手绘的图当然没有建模工具绘制的图清晰，但是手绘极为便捷，无须操作键盘和鼠标，无须使用投影仪，在白板上可以随意绘制和擦除，能营造出更适合讨论和思考的氛围。

当然，软件建模工具也有它的适用场景，你仍然可以使用它进行个人思考，或者学习建模符号，或者把集体讨论的结果转换为更规范的文档。

用带有泳道的活动图表达业务流程

有好几种 UML 图都适用于需求建模，这里列举三种。

- 用例图：表达系统有哪些功能，执行者会使用系统的哪些功能。
- 顺序图：表达参与者如何彼此交互，完成一个功能或业务。
- 活动图：表达一个功能或业务设计的活动或流程。

本节中我们使用带有泳道的活动图来表达业务流程。在表达业务流程时，很多时候会涉及多方交互，往往还要体现参与者的具体活动。由于带有泳道的活动图是顺序图和活动图的结合体，所以在这种情况下使用它是最合适的选择。图 3.3 是某个需求分析师设计的订餐业务流程，它包括如下几个重要的建模元素。

- 泳道：泳道代表参与该业务流程的角色。
- 起点和终点：业务流程总是从某个点开始，到某个点（终点可能有多个）结束。实心圆圈代表起点，环形实心圆圈代表终点。
- 活动和流转：圆角矩形代表参与者的活动，箭头代表活动的流转方向。如果需要，还可以在活动图中插入条件判断符号（图 3.3 中未出现）。

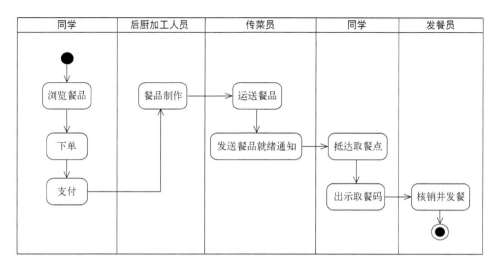

图 3.3 订餐业务流程

刻意地省略——抓住主要问题

可能有读者会有疑问：业务流程的粒度究竟要多小？例如，在图 3.3 中，"下单"是否应该细化到"打开购物车""勾选餐品""点击下单按钮"这些活动？"支付"是否应该细化到"点击支付按钮""弹出支付页面""扫描二维码"或"打开支付宝"这类活动？

建模要注重实效。UML 有一个非常好的机制——允许刻意地省略。在现实世界中我们也常常如此，例如，在给朋友讲述自己的旅游经历时，肯定不会事无巨细地把坐车、吃饭这类事情全部讲出来，别人也没有兴趣听，重要的是把关键信息传递到位。同样，在业务流程阶段，要能充分反映关键的业务节点，不要陷入操作细节，更为具体的流程可以在后续的操作步骤澄清阶段再进行细化。

3.3.2 积极地挑战业务流程

业务流程的合理性对成功的商业活动来说至关重要。把业务流程显式化之后，就很容易基于流程进一步展开讨论。

观察图 3.3，我们可能会发现一个问题：传菜员是在把餐品运送到取餐点之后，才发送餐品就绪通知，那同学抵达取餐点这个活动必然会延迟发生。这个问题值得思考：这个流程设计得是否合理呢？有没有更好的设计方案呢？经过思考，可能会得到如下优化方案：在手机端实时显示订单的当前状态，在订单对应的餐品开始运送时就给同学发送通知，这样同学就可以自行估算抵达时间，缩短实际取餐的等待时间。

在开发活动初期，积极地挑战业务流程是非常有必要的。不合理的业务流程在产品发布之后必然会影响客户满意度，最终既影响业务结果的达成，也浪费宝贵的开发资源。根据缺陷成本递增曲线（图 1.2），问题发现得越早，总成本就越低。把流程显式化，进行集体讨论和建模，有助于在早期发现潜在的问题。

3.3.3 使用业务事件推演业务流程

业务流程的设计可以有多种方法，正向的设计思路比较自然，也就是从同学浏览餐品和下单开始，到最终取到餐品结束。从前向后符合人类的思考习惯，不过这不见得是最好的探索与发现方案。经验表明：正向的思考过程往往容易遗漏关键步骤。

本节我们介绍一个行之有效的业务流程设计方法：事件驱动的业务分析（EDBA，Event-Driven Business Analysis）。EDBA 源自领域驱动社区关于业务事件重要性的发现，并通过精益思想放大了这一发现。Alberto Brandolini 注意到了业务事件的核心价值，并在此基础上发明了事件风暴（Event Storming）[21] 这一在领域驱动设计社区中广为使用的工作方法。

本章介绍的需求分析方法就是从事件风暴演化而来的，但是鉴于二者在应用范围和关注重点上的不同，为避免和事件风暴的标准做法混淆，本章所述的方法将使用 EDBA 作为名字。EDBA 的核心成功要素是：以业务事件为核心、以终为始、逆向思考。通过使用 EDBA，我们能更容易地发现合理的业务流程，避免遗漏关键问题。

业务事件

首先我们引入一个新概念：业务事件。

> 业务事件指的是应该被关心的、具有业务价值的事件。

事件重于动作。事件并不是一个很容易让业务人员理解的术语。但是，为什么要使用业务事件，而不是业务活动来讨论需求分析呢？这是因为业务事件比业务活动具有更明确的业务意义。

让我们用一个实例来解释这一概念。在我们引入的案例中，什么才是真正的业务结果？读者不难想到：同学已经取到餐品，或者稍微抽象一点的订餐交易完成才是餐品预订业务的真正目标。对于正处在设计阶段的业务流程而言，哪怕其他事情都没有确定，这个最终的结果也是可以确定的。同学已经取到餐品或者订餐交易完成就是一个典型的业务事件。

和事件相对应的是动作。取餐动作未必意味着取餐成功，所以从确定性上说，事件的确定性比动作的确定性更高，它有助于让我们更加关注业务流程的结果。无论前面的流程设计得多么合理，只要最终没有达成同学取到餐品这样的业务目标，整个业务流程的设计就是失败的。

基于业务事件进行讨论，可以让需求讨论更聚焦、更清晰。这是因为事件实际发生了，才是业务流程的真正目标。只要事件没发生，业务流程就没有实际意义。相反，事件发生了，那相应的活动反而是可以变通的。例如，在取餐之前往往需要设计取餐人身份验证这样的活动。至于如何验证，可以让同学扫描取餐二维码，也可以让同学出示一个 4 位数的取餐码，还可以让同学出示学生证。业务动作可以多种多样，不好确定，但是业务结果往往更容易确定，也更容易达成一致。

为了能达到同学取到餐品这样的业务目标，必然还需要一些重要的中间业务节点。例如，已下单、已支付、餐品已经制作完成、餐品已经送至取餐点等。当然，这些节点的顺序不像最后的事件那样具有确定性，是否需要它们以及它们的先后顺序都和业务流程的设计相关。例如，在"货到付款"这样的业务流程中，支付动作可以在流程的最后进行，但是在一般的业务流程中，支付动作在下单之后就要完成。

基于事件探索业务流程

对业务流程的探索常常是集体活动。所以，开放的空间、报事贴这类物理建模工具在需求探索中非常有用。为了区分不同的内容，还可以使用不同颜色的报事贴代表不同的实体。例如，可以遵循事件风暴的规则，使用橙色报事贴代表事件，使用黄色报事贴代表操作者，使用蓝色报事贴代表动作。

最基本的业务流程探索过程如下[①]。

(1) 首先确定代表业务结果的事件，这是最重要的业务事件。用报事贴把它贴在墙面的最末端。

(2) 围绕正在关注的业务事件，思考"为了让这个事件发生，哪件事必须先发生"，然后把这件事贴在业务事件的前面。

(3) 持续进行第 (2) 步，逐级向前寻找前序业务事件，直到找到第一个事件。这时候就获得了如图 3.4 所示的业务流程。

图 3.4 EDBA 示例——主流程

---

① 为了帮助记忆 EDBA 的操作方式，我创造了一个 16 字口诀：事件优先，由后向前，关注例外，整理推演。这四部分分别对应步骤 (1)、(2) ~ (3)、(4) 和 (5)。

(4) 从第一个业务事件开始，逐个查看在每一个事件跳转中，可能出现中断吗？只要无法正常进行后续步骤，就把当前步骤记录下来，记录结果如图 3.5 中上面一行框里的内容所示。这样做对业务流程异常场景的识别非常重要——因为它们可能导致最终的业务目标无法达到。

(5) 整理业务流程。思考"是谁做了什么事"导致产生了这个业务事件。从业务事件逆向推导出活动，就得到了最终的业务流程设计示意图，如图 3.5 所示。

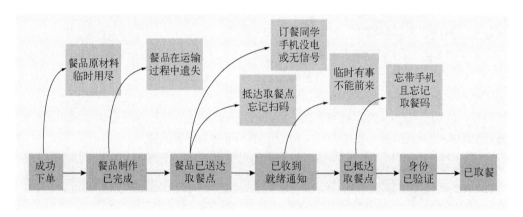

图 3.5 精益业务流程探索示例——异常业务场景

在实践中使用 EDBA 往往会取得非常好的效果，例如，会快速产生合理的业务流程、发现以前未曾想到的关键遗漏等。这种方法之所以有效，是因为它解决了以下几个关键问题。

- 如何聚焦讨论：业务事件把讨论聚焦到结果和实际发生的事情这样具有确定性的内容上。
- 如何推导：通过逆向思考，让流程设计在思考的过程中自然浮现。
- 关注异常：异常是导致结果不能达成的一个因素，通过在早期发现异常场景，并予以正确应对，有助于业务流程设计的完整性。
- 延迟决策：业务流程需要我们暂时忘记系统，首先关注事件。系统功能的设计是业务流程设计完成后自然而然就可以推演出来的。

3.3.4 从业务流程到系统需求

梳理业务流程的最终目的是软件开发，也就是要确定系统需要实现哪些功能。现在回顾图 3.4，可以很容易地发现系统需求已经呼之欲出了：在图 3.4 中，第一个业务事件是成功下单事件，那么是谁做了什么事才能让这个事件发生呢？于是我们可以得到系统需求——下单，这个需求的操作者是用户。

> 系统需求是把"软件系统"作为研究对象，定义软件系统应该做什么，确定清晰的输入和输出。

用例和相关概念

系统需求的分析对象是软件系统。用例（use case），顾名思义就是"谁使用系统做什么"。用例是一种非常有效的用来表达系统需求的方法[18]，起源于 Ivar Jacobson 在爱立信的工作，后来成了 UML 标准的一部分，它可以清晰地表达复杂的系统需求，并顺畅过渡到后续对操作步骤、业务规则的讨论和软件设计活动。

首先让我们了解几个重要概念。

- 系统边界：明确哪些工作是在软件系统内完成的，哪些是在软件系统外完成的。用例的执行者处在边界外，用例处在边界内。
- 执行者：用例的发起者，经常是业务角色。涉及多系统交互时，执行者也有可能是外部系统。如果涉及定时任务，那么也可以把定时器作为一个特殊的执行者。
- 系统用例：执行者在系统边界上对系统进行的操作。
- 用例图：表达执行者、系统用例、系统边界之间关系的 UML 图。

从业务流程到系统用例

业务流程的关注点是业务，系统用例的关注点则要低一个层级，它关注系统。设计业务流程必然要依靠系统能力。所以，图 3.3 或图 3.4 中的这种业务流程是分析系统用例时的输入，基于这两个业务流程，就可以提取出系统用例，用例图如图 3.6 所示。

当然了，尽管从原理上看，从业务流程到系统用例的转换过程很完美，但是考虑到业务流程的设计也是一个持续探索和发现的过程，因此第一次分析业务流程时很难做到完全精确。在实际分析系统用例时，往往会对业务流程做进一步优化，还会考虑如何组织用例以体现良好的结构。在本案例的分析过程中，就曾经进行过如下精化和整理。

(1) 从已知用例中拓展。在图 3.3 中存在一个浏览餐品的用例。那么，我们很自然就会想到：餐品从哪里来？于是会去分析餐品管理相关的用例，之后就增加了增加餐品、删除餐品等和餐品列表管理相关的工作。

(2) 完成系统边界上的跨越。不可能所有的工作都发生在线上。例如，图 3.3 中的餐品制作和运送餐品都是线下发生的软件系统外工作。那么，如何让软件系统知

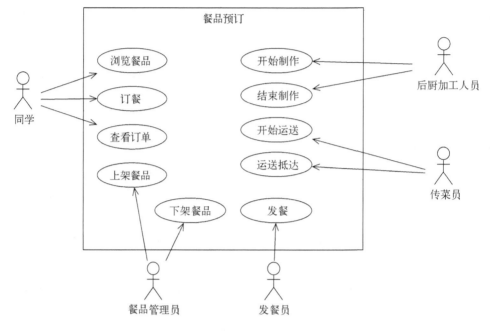

图 3.6 餐品预订系统的部分用例图

道线下动作的状态呢？我们可以为后厨加工人员和传菜员提供一个界面，这个界面能让系统感知到图 3.4 中的两个事件（餐品制作已完成和餐品已送达取餐点）的发生，从而将订单转换为相应的状态。今后如果有了物联网的支持或具备了机器人送餐能力，也只要更改一下这个界面就可以了，其他部分不受影响。

(3) 合并细节，保持粒度一致。可以从出示取餐码推导出系统功能——生成取餐码和查询取餐码，不过相对于其他用例，这二者的粒度更细，事实上可以把它们作为下级用例合并在下单成功和查询订单下。

图 3.6 提供了一个良好的初始版用例图，不过仅从这张图中并不能挖掘出一些关键的业务细节，如刚才提到的查看订单应该可以显示订餐的取餐码，发餐的同时应该完成对于订单的核销等。如何把这些细节表达明白，是需求分析的重点所在。

3.4 完善操作步骤，澄清业务规则

现在让我们进入金字塔的第三层，讨论如何完善在第二层分析出来的系统需求，包括操作步骤、业务规则等。

3.4.1 问题隐藏在细节中

有开发经验的人都知道：有大量需求问题出现在细节上——要么是遗漏了关键的细节，要么是对细节的理解不一致。所以，在开始开发之前，就要做好对需求的分析和澄清工作。分析需求是为了发现细节，澄清需求为了达成共识。

发现细节

要避免"一句话需求"。在有些团队中，开发团队收到的需求往往是诸如支持用户订餐这样的很泛泛的需求描述，在怎样才是一次成功的订餐、操作步骤应该是怎样的、有什么业务规则这样的细节上却语焉不详。于是，开发团队开始基于自己的理解"脑补"。可以想象，这样开发出的功能一般并不能达到真正的业务目标。

一般来说，细节包括两个重要部分。

- 操作步骤：完成一个任务需要执行的步骤。在我们的案例中，可能需要执行的步骤包括添加食品到购物车、确定取餐时间、选择取餐点、确认订单等。
- 业务规则：从业务视角出发的行为约束。在我们的案例中，可能会约定取餐时间不是任意选择的，而是以 15 分钟为一个时间单位，且仅覆盖就餐时间。

建立共识

图 1.1 形象地展示了因为缺乏需求共识而在信息传导过程中发生的错误传播。用户真正想要的是秋千，但他自己没表达清楚，再经过产品经理、需求分析师、开发人员的一层层解读，最终做出的产品和真实的目标相差十万八千里。

让参与者对需求达成共识非常重要。共识意味着以下两点。

> 1. 所有参与者都对将要做的事情有一致的理解，没有歧义。
>
> 2. 所有参与者都知道还有哪些问题尚未澄清。

在第 1 点中，"所有参与者"指的是一切和将要开发的功能有关的人员，一般包括业务分析人员、产品经理、开发人员和测试人员等。"有一致的理解"则是从为什么（Why）、是什么（What）、如何做（How）、何时做（When）等角度要求所有参与者对需求的理解没有歧义。

- 为什么：对为什么实现需求、要达到什么样的业务目标达成共识。
- 是什么：对需求是什么、在整个产品中的上下文达成共识；对需求背后的业务流程、操作步骤、业务规则等理解清晰，没有歧义。

- 如何做：对应该把需求分成哪些小的迭代来实现达成共识，要把需求拆分为可开发的粒度。
- 何时做：对完成需求的整体路线图达成共识。

第 2 点说的是刻意地忽略。不是所有需求都必须马上得到澄清，一开始就澄清所有需求只是一厢情愿，既没有必要，也不符合渐进认知的规律。敏捷开发方法倡导"合适的详细"这一原则，意味着可以刻意地忽略以下需求。

- 近期不会开发的低优先级需求。
- 某些尚未得到澄清，且不影响即将开发的功能的需求。

"刻意地忽略"意味着大家知道哪些事情是暂时被忽略的，这很重要。正是知道"已知的未知"，在遇到这些问题时，开发人员、产品人员和测试人员才会自发地凑在一起互相讨论，避免了大家都以为自己已经知道，于是自行其是，进而造成不必要的错误。

3.4.2 表示法

一图胜千言。本节介绍两种常用的表示操作步骤的 UML 符号体系：UML 顺序图和 UML 活动图。

用 UML 顺序图表示操作步骤

UML 顺序图擅长表示多个参与者之间存在互动的操作步骤。图 3.7 中的 UML 顺序图表示的是订餐用例的操作步骤。

UML 顺序图包括如下重要元素。

- 参与者：图 3.7 中的同学、餐品预订系统和校园一卡通都是参与的角色。角色前的冒号遵从 UML 对象的命名惯例，冒号前是对象的名称，冒号后是对象的类型，即"对象名称：对象类型"。在图 3.7 中，由于对象名称不重要，所以予以省略。箭头代表了参与角色之间的交互情况。
- 交互：在图 3.7 中，从一个参与者指向另一个参与者的箭头反映了二者之间的交互。站在参与者角度，所有指向自己的箭头均反映了自己的职责或操作步骤。例如，餐品预订系统的职责就包括选择食堂、添加餐品到购物车、确认餐品列表等。如果分析的是系统，那这些职责多数会呈现为系统的一个用户界面，也可能作为一种接口接受调用。
- 参数列表：图 3.7 中的订餐成功（取餐码）中的（取餐码）就是参数列表。在分析过程中，写明参数是一种好习惯，因为它可能会启发出更多细节，如选择食堂（食堂 ID）、添加餐品到购物车（餐品 ID、餐品数量）等。

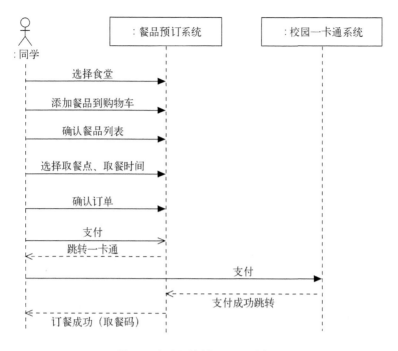

图 3.7 订餐用例的 UML 顺序图

UML 规范中还有一种和顺序图完全等价的图——UML 通信图。两者表达的内容一模一样，但是通信图特别适用于参与者很多的场景。在本例中，参与者只有三个，即同学、餐品预订系统和校园一卡通系统，因此顺序图就可以承载。可如果参与者特别多，那顺序图就会很长，通信图则能较好地避免这个问题。更多的细节，建议读者参阅《UML和模式应用》[19]。

当然，对 UML 顺序图或通信图的使用肯定不限于需求分析阶段，在架构设计等阶段同样可以使用。例如，把图 3.7 中的餐品预订系统展开为同学手机端、服务器、餐品加工端、餐品配送端等，就成了架构描述。

用 UML 活动图表示操作步骤

我们已经在图 3.3 中见过活动图，而且是一个带有泳道的复杂活动。图 3.7 中的信息也可以用 UML 活动图来表示，如图 3.8 所示。

对比图 3.7 和图 3.8，我们会发现，二者表达的内容基本类似，但是强调的重点不同。UML 活动图适用于重点不在交互而在执行者所做动作的场景中，用来表示分支等更高效。UML 顺序图或 UML 通信图则适用于重点强调执行者和系统之间的交互的场景，虽

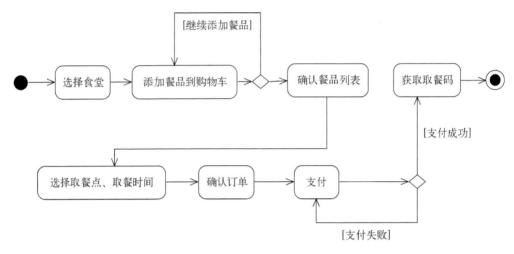

图 3.8 订餐用例的 UML 活动图

然它们也能表达分支，但是直观性要比活动图弱，在实践中更加常见的是用不同的交互图表达各自的分支。

3.4.3 用实例化的方式澄清需求

在需求分析和沟通中，错误很常见，本节我们介绍一种非常有效的澄清需求的方法：实例化需求。实例化需求不仅可以让需求讨论更深入，还可以自然而然地创建出测试用例，为自动化测试用例的开发奠定基础，增强质量守护的能力。

实例优于抽象

我们先用一个非常简单的实例来说明，为什么具体的例子比抽象的概念更容易触发思考，提升沟通质量。

在我们的案例中，有一个看起来非常简单的需求：在每个月末，都基于餐品的风味分类进行销量统计，以了解不同风味餐品的受欢迎程度。那把餐品的销售详情按照餐品的风味分类直接汇总不就可以了吗？如果不深入思考，确实是这样。但是，如果多用点儿心，就可能发现：某种餐品在上个月调整了一次风味分类。那么，这样一个需求就存在模糊性：销量统计究竟是基于销售时刻的风味分类，还是最新的风味分类？诸如此类的例子不胜枚举。一个暗含的规律是：在泛泛地讨论概念时觉得没有什么问题的需求，在用具体场景分析时就会出现各种问题。这其实是有必然原因的。

> 人类对于具体事物的感知，要优于对抽象概念的感知。

人们理解世界几乎都是从具体到抽象，正如数学课本往往不会直接给出抽象的概念，而是用实例将概念导入。当我们讨论"餐品预订"这个业务时，也可以使用一个具体的场景，例如，同学小王早上在第二教学大楼上课，他想预订一份第五食堂的午餐，计划下课后在第二教学大楼的取餐点取餐，这比探讨一个抽象的支持订餐功能更容易触发思考。

其实我们已经不自觉地使用了这种方式，在讨论有些复杂的需求时，如果感到需求说不清，就会说："我举个例子吧。"

Gojko Adzic 基于这个朴素的想法，提出了实例化需求（SBE, Specification By Example）[22]，也就是通过举例来阐述和澄清需求。这是一个非常好的方法，既有助于发现细节问题，也有助于让所有参与者达成一致。

以终为始地进行思考和讨论

要把需求说清楚，一个比较有效的方案是先想好：假如这个需求已经开发完成了，我该怎么测试它？如果能想好怎么测试，那需求应该做成什么样也就变得很清晰了。这就是以终为始的思考方法。而测试必然会用到测试用例，这就让例子成了讨论需求和讨论测试的一个有效桥梁。

用图来表达测试、需求和例子的关系，就是图 3.9 所示的这样。

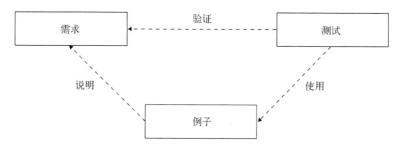

图 3.9 实例化需求活动中需求、测试和例子的关系

实例化需求方法把这种做法变成了正式的策略。

> 在讨论需求时，用测试用例解释清楚需求规则，并把这些测试用例作为后续阶段的输入。

在实例化需求方法中，测试用例不仅用于测试，也是业务规则说明的输出，这就有效地保证了对应的需求规则都能被清晰地表述。

实例化需求的本质是沟通

典型的实例化需求活动最好引入多种角色。这是因为业务分析的视角和测试的视角常常是互为补充的。业务人员、开发人员、测试人员的共同参与，不仅能降低后续的沟通成本，更有助于对即将开发的需求建立更全面的认知。所以，在实践中建议通过工作坊的形式组织实例化需求活动。常规的做法是：在每个迭代开始之前，都组织实例化需求工作坊，就即将开发的需求进行讨论，并写出需求的关键实例。

3.4.4　实例化需求的步骤

采用实例化需求方法澄清需求的步骤如下。

1. 澄清目标。
   - 产品经理或需求负责人讲解业务目标，并介绍将要分析的需求和业务目标的关系。
   - 参与者对目标进行积极的挑战，以进行澄清与精化。
2. 发现场景。
   - 讨论需求的业务场景。推荐使用前述的精益业务流程的探索方式。
   - 界定系统责任，明确用例列表。
3. 澄清细节。
   - 讨论实现需求的步骤。
   - 写出关键实例，澄清业务规则。

澄清业务规则

对于订餐这样的系统功能，尽管图 3.7 已经展示了清晰的操作步骤，但还是有一些细节没有说清楚，例如下面这些。

- 选择取餐时间的选项是否允许跨越就餐时间段？提前几天就可以订餐？
- 选择取餐点时，是否要提供推荐的取餐点以加快操作？是根据学生的当前位置推荐取餐点，还是根据选择的食堂推荐取餐点？每个食堂都可以把餐品送到每个取餐点吗？
- 如果添加的餐品恰好能构成套餐，那是否应该自动转换为套餐，从而让学生可以享受优惠？
- ……

这一类信息统称为**业务规则**。业务规则反映了在具体的需求场景中，对特定问题的决策。例如，对于"选择取餐时间、取餐地点"这个细节步骤，可以约定：取餐时间的候选项以 15 分钟为一个时间单位，仅覆盖食堂提供服务的时间段，最多可以提前 3 天订餐。

这类业务规则通常用作用例的补充说明，以文本形式体现。不过文本形式的说明比较容易造成误解。下面我们来介绍如何使用测试用例清晰地说明业务规则。

Given-When-Then 模式

一个好的测试用例，应该遵循前置条件（测试准备）、动作和期望的后置条件（验收条件）这 3 个基本元素。采用测试用例来描述需求，特别是复杂的业务规则类需求时，最好也采用类似的方案。下面以候选取餐时间的选择规则为例进行介绍。

业务规则

- 取餐时间的候选项以 15 分钟为一个时间单位，仅覆盖食堂提供服务的时间段。
- 时间单位以 00 分、15 分、30 分、45 分为界。如果提供服务的时间段中，开始时间不包含在前述时刻内，就自动向前或向后取整。
- 当校区内多个食堂的服务时间不一致时，以最早和最晚的服务时间定义取餐时间段。

如何清晰地表达和讨论这样的规则呢？我们可以使用前置条件、动作和期望的后置条件这 3 个基本元素，实例化需求中称这为 Given-When-Then 模式，即使用实例来说明业务规则。

实例 1

    如果   只有一个食堂（第一食堂），

    而且   第一食堂服务时间段为 16:45 ~ 18:15，

    当   同学 A 在选择取餐时间时，

    那么   候选取餐时间区间为：16:45 ~ 17:00，17:00 ~ 17:15，……，18:00 ~ 18:15。

实例 2

    如果   只有一个食堂（第一食堂），

    而且   第一食堂服务时间段为 16:50 ~ 18:10，

    当   同学 A 在选择取餐时间时，

    那么   候选取餐时间区间为：16:45 ~ 17:00，17:00 ~ 17:15，……，18:00 ~ 18:15。

实例 3

  如果 有两个食堂（第一食堂、第二食堂），

  而且 第一食堂服务时间段为 16:45 ~ 18:00，

  而且 第二食堂服务时间段为 17:00 ~ 18:15，

  当 同学 A 在选择取餐时间时，

  那么 候选取餐时间区间为：16:45 ~ 17:00，17:00 ~ 17:15，……，18:00 ~ 18:15。

把测试用例列成表格

  当类似的示例比较多时，Given-When-Then 模式也可以采用表格的形式来表达。这里以注册或更改密码时的密码强度限制规则为例，如表 3.1 所示。

表 3.1 使用表格表达实例化需求用例

业务规则	密码	验证结果
包含字母、数字和特殊字符	1111!a	注册成功
密码长度要大于等于 6 位	123!a	失败：无效密码
密码要包含字母	11111!	失败：无效密码
密码要包含特殊字符	11111a	失败：无效密码
密码要包含数字	abcdef!	失败：无效密码

  这样的测试用例可以把需求规则显式化，使之变得清晰具体，更容易引起参与者的讨论，在实践中是非常有效的需求澄清手段。

  此外，这些测试用例在后续的开发中也将扮演关键角色。开发人员和测试人员可以使用这些用例思考软件设计、编写自动化测试等。把测试前置，也是"测试先行""把测试作为设计契约"的一种开发方式，形成了"行为测试驱动的开发"或"接收测试驱动开发"方法。本书的第 7 章还会结合开发活动，再一次讨论"测试先行"的策略。

随时随地展开实例化需求讨论

  一般每次迭代，或者实例化重点需求时，都会组织一次实例化需求工作坊。但是，这不意味着只有正式的工作坊才能开展实例化需求活动。在软件开发过程中，在对某些需求有疑问时，应该随时随地召集相关人员进行讨论，这就是所谓的"三剑客"模式。三剑客指的是需求人员、开发人员和测试人员，只要出现了关于需求的歧义，三剑客就可以使用实例化需求的方式进行澄清。

恰当地使用界面原型

大多数系统有交互界面，界面原型是一种进行需求探索的方式。不少团队喜欢使用界面原型来澄清需求。界面原型固然更为形象，但不是效率最高的澄清方法。界面原型需要较大的前期投入，而且不如需求金字塔那样有结构。

建议的方案是：使用界面原型作为补充工具，或者是在业务流程已经基本确定的情况下，再使用界面原型进行需求探索和设计，千万不要把界面原型作为唯一的需求探索工具。

3.5 小结

需求分析是软件研发活动的起点，对于提升开发的效率和质量至关重要。同时，高质量的需求分析也是本书将要讲到的领域建模、测试先行、由外而内以及演进式设计的基础。本章介绍了需求分析的基本思维模式和结构化方法，图 3.10 总结了本章中需求分析的关键概念和实践性方法。

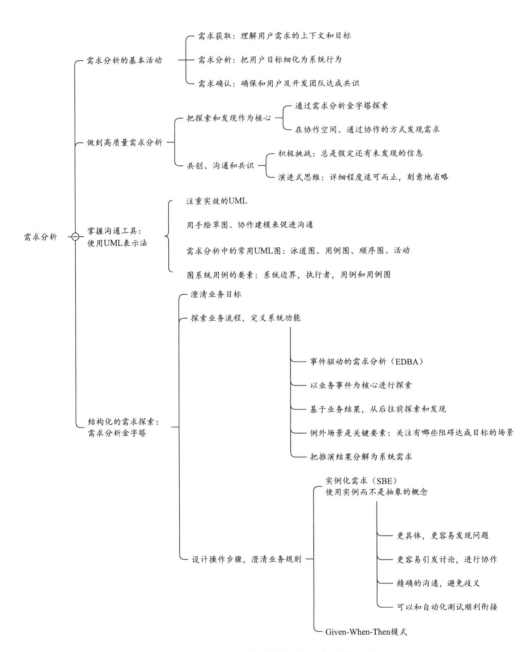

图 3.10 需求分析的关键概念和实践性方法

第 4 章　领域建模

软件开发解决的是现实世界的问题。如果不能正确理解现实世界，也就不可能产出高质量的软件。

对业务的概念、概念间的关系及概念本质的认知，就是领域模型。领域模型是高质量软件开发和持续演进的基础，也是领域驱动设计方法的核心，还是微服务和云原生时代重要的基础概念。可以说，没有良好的领域模型做基础，就很难做好软件开发。

本章将从三个方面介绍领域建模的相关知识和方法。

- 领域模型的概念。
- 如何获取高质量领域模型，以及领域模型的持续演进特征。
- 如何把领域模型应用于需求分析和开发活动。

4.1　领域模型的概念

如果你正在开发一个模拟物体运动的软件，那么最起码要懂牛顿第二定律。如果开发的软件和航空航天等领域相关，那么还要懂万有引力、空气动力学、流体力学甚至相对论的知识。如果不懂这些知识，那开发出来的软件一定是谬误百出，无法使用。

在商业领域也是一样。例如，开发一个零售系统，就需要对采购、物流、销售、客服等领域的知识有深入的了解。行行皆学问。不管开发什么系统，不重视对应领域的基本概念和业务知识，都是不行的。

4.1.1　领域模型是什么

首先我们给出领域模型的定义。

> 领域模型定义了问题空间中的关键概念，以及这些概念之间的关系。

领域模型和问题空间密切相关

领域模型之所以有意义，是因为它在解决特定领域的问题。例如，当说到"应收账款"时，显然是在讨论财务领域，更具体地说是会计领域的问题。离开了特定领域去泛泛地讨论概念，是没有意义的。还有一种情况是，一个概念具有的意义需要有领域的限定才能说清楚。例如，当说到"轨道"时，它可能是天文学领域的行星运动轨道，也可能是铁路领域的火车轨道，只有先限定领域，这个概念才有真正的价值。

领域模型反映的是认知

一个好的领域模型，必然承载了有用的知识。对于不熟悉某特定领域的人来说，理解该领域的概念，往往是进入它最快的方式。例如，有这样一首儿歌。

> 太阳大，地球小，地球绕着太阳跑。
>
> 地球大，月亮小，月亮绕着地球跑。

其中就隐含着一个关于太阳、地球和月亮的领域模型。对于年龄尚小，不了解日心说的儿童而言，他可能会和古人一样仅凭直觉认为地球处在宇宙的中心。而通过背诵这个儿歌，他可以在脑海中建立全新的认知。这个儿歌暗含着一个领域模型，它承担了传承知识和升级认知的责任。

这个例子还反映了很重要的一点：领域模型不拘泥于是一张图、一段文字，也可能是一首诗歌，它的表达形式并不重要，关键是能不能清晰反映认知，建立关于某个领域的共识。当然，选择一个好的表达形式，有助于传递认知、激发讨论和建立共识。

领域模型反映的是认知，认知通过概念以及概念之间的关系表达。

4.1.2 使用 UML 类图表达领域模型

在大多数场景下，UML 类图是表达领域模型时的合适选择。图 4.1 和图 4.2 展示了使用 UML 类图表达的两个领域模型。

图 4.1 领域模型——债务和债权

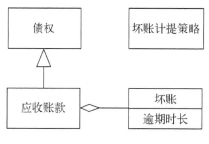

图 4.2 领域模型——坏账

这两张图表达的概念都非常清晰。其中，图 4.1 表达的概念是：应付账款和预收账款都是一种债务，而应收账款和预付账款都是一种债权。图 4.2 表达的概念是：应收账款中可能存在一些坏账，坏账有一个逾期时长的属性，对于坏账应该基于坏账计提策略进行计提。即使对于不熟悉财务领域知识的人，只要熟悉 UML 工具的通用表示方法，就能很容易地看懂这两张图表达的意思。

这是因为，UML 的类图虽然名字是 "类图"，但是这个 "类" 并不只是软件代码中的 "类"，而是 "概念"。而且，UML 已经约定了概念和概念之间的关系，例如，类、属性、关联、关联的多重性、聚合、组合、泛化等，这些恰好也是我们在表达业务概念以及概念之间的关系时要用到的。

熟悉常见的概念间关系

类和属性的概念自然无须多加解释。最常用的关系的解释如下。

- 关联：关联指两个概念之间存在联系。例如，"教师" 和 "学生" 这两个概念之间存在 "教学" 关系。关联可以是单向的，也可以是双向的。教师和学生在教学场景中是双向关联，在两个方向上分别是 "教" 与 "学" 的关系。如果只强调 "教"，那这个关系只需要从教师指向学生。如果只强调 "学"，那这个关系只需要从学生指向教师。在这两种场景下，双向关系退化为了单向关系。

- 多重性：这是指某个关系对应的两端的概念实体的数量对应关系。例如，教师和学生之间一般是多对多的关系。如果是家庭教师，就可能变成一对一。而如果是过去的私塾教育，又会变成一对多。识别关联的多重性有时候对业务分析来说特别重要。

- 聚合和组合：聚合是一种特殊的关联，组合又是一种特殊的聚合。这两者表达的是归属关系或者所有关系。教师和学生之间虽然有关系，但是不包含归属或所有。教师和学校、学生和学校之间就存在归属或所有关系，即学校有教师、学校有学生。这种关系在 UML 表示法中被称为聚合。①组合关系比聚合关系还要紧密，如"学生"和"学生成绩"之间的关系。学校和教师的关系并不是独占的，教师可以从一个学校调动到另一个学校，也就是二者的关系可以重新建立。但是学生成绩完全依附于学生，把一个学生的成绩连接到另外一个学生是完全不合理的，所以学生对学生成绩具有独占性，UML 表示法称之为组合。

- 泛化：泛化反映了概念的抽象。最好按〈概念〉是〈抽象〉的形式读这种关系，如应付账款是一种债务。泛化对于简化概念认知来说非常重要。
- 依赖：依赖指一个概念和另外一个概念有关。例如，坏账计提策略和坏账有关。"有关"是一种比"关联"弱得多的关系，是否需要在领域模型中表达这种关系取决于业务场景是否需要。

多样化的表达

UML 类图并不是领域模型，领域模型是认知本身。我们不应该一味地选用 UML 类图，而是应该根据场景选用恰当的工具。

例如，虽然图 4.1 给出了若干业务概念，但是对于不熟悉财务领域的人，还是要解释什么是应收账款、应付账款等。表 4.1 详细地解释了这几个业务概念。

表 4.1　对"债务和债权"领域模型中业务概念的解释

业务概念	解　　释
应收账款	货物已经发给对方，但是尚未收到货款
应付账款	已经收到对方货物，但是尚未支付货款
预收账款	已经收到对方货款，但是尚未发货
预付账款	已经支付对方货款，但是尚未收到货物

此外，刚才举例的那首儿歌，其中的领域模型也不太适合使用 UML 类图表达，因为其业务概念不是某一类事物，而是某一个。这时使用对象图更为合适（图 4.3 中的太阳、地球、月亮下面的下划线代表它们是一个对象，而不是一类对象）。

图 4.3　用对象图表达业务概念

---

①注意 UML 的聚合概念和第 8 章领域驱动设计中的聚合概念不同。第 8 章有进一步澄清。

对象图虽然可以用于理解问题，但是最终的软件系统开发还是要回到抽象的业务概念上来。使用 UML 类图对图 4.3 进行抽象的结果如图 4.4 所示。

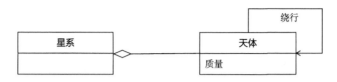

图 4.4 从对象图抽象出的业务概念

多视图和刻意忽略

图、表、文本等都只是一种表达形式，它们提供的是一种视图，而非领域模型本身。因此，既不可能，也不需要使用一个视图面面俱到地反映业务概念。例如，图 4.2 中并没有显示所有和财务领域相关的信息，而只是集中于坏账的计提。既然如此，我们就可以选择多个视图来表达同一组业务概念。图 4.1、图 4.2 和表 4.1 就是用不同视图表达同一个领域模型。

此外，如果读者有比较丰富的面向对象的经验，那么可能会纠结要不要对"方法/操作"进行建模。在"领域模型"是一种"业务概念"这个上下文中，方法/操作是开发人员的概念，没有必要在业务分析阶段进行建模。它们不是领域模型的一部分，可以在实现阶段再予以扩充。

4.1.3 领域模型反映了认知

领域模型的本质是业务认知。它在业务发展的过程中逐步演进，不断沉淀业务知识。更重要的是，它在一定时期内是较为稳定的。有没有高质量的领域模型，是企业是否可以持续沉淀业务竞争力的重要体现。

领域模型沉淀认知

一个在某领域深耕多年的企业，和一个新入该领域的企业，差距是什么？差距可能是多方面的，但最大的差距应该是"认知"。

正因如此，我们经常看到，新企业追赶成熟企业的一个常用手段，就是高薪"挖角"。按理说，挖来的这些人既不能把原企业的客户带来，也不能把原企业的系统带来，那他们能带来什么呢？其实他们对新企业最大的帮助，就是能带来对特定领域的认知。

在业务领域，认知是非常值钱的，而且非常稳定。我们也常常看到，一些在某领域建立了竞争优势的企业，会长期保持领先。这方面表现最突出的就是咨询类企业，因为这类企业唯一的竞争优势就是领域知识。通过提供业务领域的知识咨询服务，咨询类企业往往可以得到非常可观的收入。那认知沉淀在哪里呢？如果有维护良好的领域模型，那么领域模型就是沉淀认知的最佳位置。

领域模型在一定时期内保持稳定

领域模型的重要度还体现在它的稳定性上。尽管业务常新，但是领域模型相当稳定。例如，在财务领域，客户类型、交易形态、记账规则都可能发生变化，但是核心概念往往非常稳定。当然，真正的领域模型要比这些概念复杂得多，可这个规律是普遍适用的。

领域模型并非一成不变，它会持续"生长"甚至跃迁

领域模型的稳定不等于一成不变。人类最早期的认知并不是太阳大、地球小，而是和这恰恰相反。优秀的领域模型一定会持续"生长"，这往往需要业务能力的积累。

领域模型甚至会发生本质的跃迁，如同从"地心说"发展到"日心说"。一个领域模型被推翻，往往代表发生了重大的认知升级，也往往会从根本上影响软件的各类活动，此时如果应对得当，那么和那些仍然采取旧领域模型的企业相比，将会拥有巨大的竞争优势。

4.1.4　建立高质量的领域模型

本节将使用我们在第 3 章引入的餐品预订案例，结合刚提及的领域模型的表达形式，说明如何建立高质量的领域模型。

领域模型反映了关键的业务认知，但是认知并不会凭空建立。能够一上来就洞悉一切本质的场景只有两种：第一种是针对天才，这种非常罕见；第二种是面对的领域已经非常成熟，无须探索和发现。不过，成熟的领域一般也不是软件企业的核心业务及竞争力所在。认知往往来自业务场景的启发，所以领域模型的建立过程往往和需求分析同步进行。

要建立好领域模型，关键是要做好"捕获、辨析、演进"。

- 捕获：指的是能从需求分析和业务表述中，及时捕获可能是业务概念的信息。
- 辨析：业务概念往往具有模糊性。要能清晰地分辨出：这个业务概念表达的是什么？它需要被分解吗？它能够被抽象吗？它和其他业务概念之间是什么关系？
- 演进：人对业务概念的认知不是一蹴而就的，是渐进的。要随时留意，新的业务场景产生了哪些新的业务概念？加入了新的业务概念后，原有的领域模型是否需要调整？

下面我们分三节讲解这 3 个关键概念及对应的实践方法。

4.2 捕获业务概念

最常用的从需求分析和业务表述中捕获业务概念的方式是"灵敏地听"。无论是文字描述，还是口头交流，在分析需求和表述业务时都必然会涉及业务概念。

例如，图 3.8 表达了一个餐品预订的业务场景。在沟通这个场景时，可能会使用如下业务陈述：

"订餐同学选择一个食堂，浏览食堂的菜单，选出希望的餐品并添加到购物车。"

这个业务陈述中出现了哪些业务概念？我们发现，其中的名词就是业务概念，有下面几个。

- 订餐同学
- 食堂
- 菜单
- 餐品
- 购物车

不过，自然语言往往是不精确的。对于提取到的业务概念，一般都需要在脑海中迅速分析：它是不是一个新业务概念？它和既有业务概念有什么联系？它的名字合适吗？它的意义清晰吗？这些就是定义、分解和抽象业务概念时需要关心的问题。

4.3 辨析业务概念

我们已经获得了若干业务概念。平时应该养成一个好习惯：在捕获到业务概念的那一刻，就立即定义这个概念。如果需要分解，就立即进行业务概念的分解；如果需要抽象，就立即进行业务概念的抽象。

4.3.1 定义业务概念

我们首先来看如何定义业务概念。例如，当看到"订餐同学"这个业务概念时，脑海中可能会冒出一连串问题。比如用订餐同学称呼这个角色合适吗？教工会不会使用这个系统？如果教工现在不用，那将来会不会用？把这个角色称作订餐人是不是更合适？

再例如，当同时看到"菜单"和"餐品"这两个业务概念时，会疑问："菜单和餐品是什么关系？它们是不是一件事情？"或许很快就会发现，"菜单"并不是一个新的业务概念，它就是"餐品列表"。

继续分析刚才的业务表述"订餐同学……选出希望的餐品并添加到购物车"，由此引发的疑问有：餐品可以选择多份吗？这样的问题会启发你想到添加到购物车的不是"餐品"，而是"餐品 + 数量"，我们可以把它概括为"购物项"。根据类似的思路，我们还可以推导出订单和订单项等业务概念。

根据这个例子，相信大家很快就能发现定义业务概念从本质上讲是人类怎么认识现实世界的问题。定义的本质就是"是什么"。经过定义，我们把获得的业务概念精化为了订餐人、食堂、餐品、购物车和购物项。此外，我们进一步分析了下订单的场景，增加了订单和订单项的业务概念。复数业务概念，如"餐品列表"，则一般没有必要在业务概念中出现。对业务概念进行定义之后，我们获得的领域模型如图 4.5 所示。

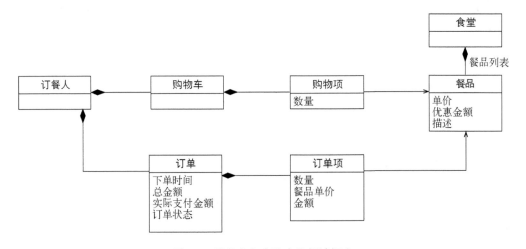

图 4.5　捕获业务表述中的领域概念

4.3.2　分解业务概念

我们在定义时可能会遇到难题。这是因为我们误把"本来不是一个事物"的概念理解成了一个事物。看下面的例子。

1. 在餐品列表上增加餐品的风味分类。如"粤菜""川菜"，以方便订餐人的选择。
2. 食堂在每个月末都会基于风味分类进行销量统计，以了解不同风味分类的餐品的受欢迎程度。

这两个是新增需求，都不复杂。其中出现了一个新的业务概念——风味分类，这只是对既有业务概念的扩充，影响不大。所有需求到目前为止看起来都很正常，直到把产品上线后的某一天，餐品管理员想尝试一下新的风味分类会不会对餐品销售造成影响，所以把"川菜"改为了"改良川菜"和"传统川菜"，并对餐品进行了重新分类。

新的问题产生了。餐品管理员发现，即使是对重新分类前的餐品进行统计，也只剩下了"改良川菜"和"传统川菜"，原来的"川菜"类型消失了。本来期望通过统计获得的信息是分类精化会不会给餐品销售带来变化，结果现在的数据都变成了新的，期望的结果已经没法计算了。

警惕模糊的业务概念带来的问题

产生上述问题的根本原因在于业务概念的模糊。模糊的业务概念会带来一些问题，有些团队把这类问题解释为实现缺陷，并进行修复。例如，在每个月末都基于风味分类做一个统计的快照，这样看起来每次的统计结果都是基于当时的分类得到的，以为问题得到了解决。但是，这样的修复解决不了本质问题。如果把统计周期换成周，或者调整分类的时间不在月与月的边界上，问题就依然存在。

其实，餐品的展示分类和餐品销售时刻的分类是两个概念。餐品的展示分类是在浏览餐品的业务上下文中，订餐人看到的即时分类，它永远是最新的。餐品销售时刻的分类是下单时刻的历史分类，即使后续餐品分类进行了重新调整，这个历史分类也应该保持不变。而经过辨析，在领域模型中不仅加入了餐品的分类信息，还明确区分了历史分类和当前分类两个更细粒度的业务概念。精化后的领域模型的一个局部如 图 4.6 所示。经过调整之后，餐品风味分类的历史得到了记录，同时因为订单中存在下单时间，所以根据记录的历史和下单时间，在任何时候都能知道下订单时的餐品风味分类是什么。

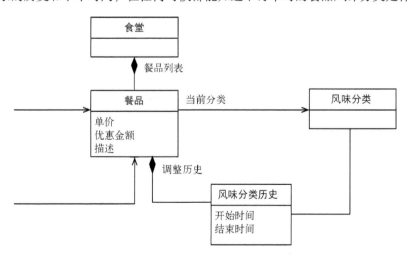

图 4.6 对领域概念中的概念进行分解

请注意在这个例子的业务概念辨析和调整中，我们并没有简单地在每个订单中记录当时的餐品风味分类，而是记录了餐品的风味调整历史。大家可以自行比较二者的区别。

及时分解看起来相似、事实上不同的业务概念

相似业务概念的辨析是领域建模中最困难的部分。要想识别那些看起来很相似，事实上不同的业务概念，是需要技巧和经验的。这既需要一定的敏感性，又不能过度纠结，以免陷入分析瘫痪。

保持一定的敏感性意味着要关注那些在概念表达上具有模糊性、二义性的内容，特别是如果发现业务概念之间存在矛盾，可能会"按下葫芦浮起瓢"，就往往需要认真考虑业务概念的定义以及业务概念之间的关系。

不过度纠结意味着如果暂时没有更多的证据表明业务概念需要分解，就耐心等待新的业务场景。只有在具体场景中实践，才能对业务概念进行真正的检验。缺乏场景的空想，往往是不必要的。

4.3.3　抽象业务概念

抽象简化了认知。人类文明之所以能发展到今天，人类的抽象能力功不可没。可以说，没有抽象，就不可能完成对复杂系统的认知。在餐品预订的示例中，我们已经不自觉地应用了抽象，例如，把具象化的订餐同学抽象为更具备概括性的订餐人。这样，无论订餐的是同学，还是教工，甚至是更为广泛的对象，在订餐人这个抽象粒度上都是一致的。

如何抽象取决于特定的业务场景

对抽象最直观的理解，就是分类归纳。例如，我们可以把正方形和圆形都抽象为形状，把熊猫和猴子都抽象为哺乳动物。不过，在软件设计中，一个经常被忽略的问题是：抽象是为了解决特定场景下的问题而存在的，抽象的视角和抽象的层次与待解决的问题密切相关。

事物具有多种不同的抽象视角。例如，图 4.7 中所示的形状，在逻辑推理类智力测验中经常出现。每个形状都有多种不同的抽象视角，可以按照形状的类型分类：正方形、圆形和三角形。也可以按照大小分类：小、中、大。还可以按照颜色分类：白、黑、灰。又或者按照位置属性分为上、中、下和左、中、右。根据要解决的问题上下文的不同，对同样事物的分类的视角可以很不相同，也就形成了不同的抽象。

示例

图 4.7 只是一个启发性的示例，因此不做过多解释。我们还是使用餐品预订的例子来解释在领域建模过程中如何抽象。在 3.2 节曾经讲到，经过一定时间的运行，意识到

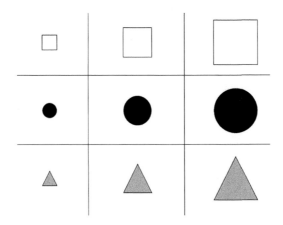

图 4.7 具有不同特征的形状

在订餐业务中要引入套餐这种业务模式。我们来看在引入套餐这个概念后，会对业务概念产生哪些影响。

首先，套餐是一个新的业务概念，所以要在领域模型中加入这个业务概念。其次，套餐一般包含多个单品，所以再新增一个概念——单品，这个单品和原来的餐品在事实上等价。接着，我们对比分析一下订单场景和餐品加工场景的区别。站在订单视角看，现在订单项指向了餐品。换句话说，现在还有必要区分套餐和单品吗？如果没有必要，那么只要看到餐品就够了。于是在订单场景这个上下文中，就可以用餐品作为套餐和单品的抽象。再看餐品加工场景。无论是套餐还是单品，餐品都是需要在单品粒度上加工的，所以，这个视角看到的只能是单品，而不能是经过抽象的餐品。

把上面的业务概念体现到领域模型中，就得到了如图 4.8 所示的领域模型。

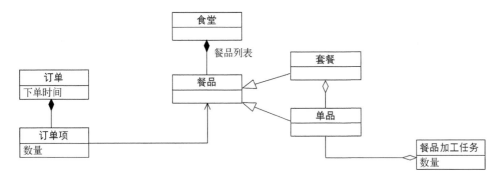

图 4.8 加入套餐之后的领域模型的局部

其中，餐品是对套餐和单品的抽象，套餐又由单品组成，菜品加工任务管理的是待加工的单品及数量。在建模过程中，合理抽象、及时抽象是很重要的活动。其关键思路就是：当出现若干看起来可能有一定共性的业务概念时，要明确思考如下问题。

> 这些相似的业务概念，在所处的上下文中是否具有共性？有的话，可否利用这个共性简化认知？

只要答案是肯定的，就存在对业务概念进行抽象的机会。在抽象过程中，要始终思考业务概念所处的上下文，能够有效避免过度抽象。举个极端一点的例子，我们当然可以把餐品和订单都抽象成"事物"，但是这样必然意味着我们失去了在特定上下文中解决问题的能力。

分解和抽象业务概念的能力是需要刻意训练的。这也是在领域建模过程中，虽然强调对象是业务概念，但是如果有软件开发人员的参与，那么常常能达到更好的效果的原因之一。因为软件设计，特别是面向对象的软件设计，对提高分解和抽象业务概念的思维能力很有帮助，所以如果具有相关经验的开发人员参与了领域建模，那么往往可以获得质量更高的领域模型。

4.3.4 子域

优先按照业务领域进行分解，自然而然地就会导出子域的概念。在 Eric Evans 的经典著作《领域驱动设计》[23] 中，把子域当作了一个重要的战略模式，其核心思想就是按问题域进行分解。

根据子域通用程度的不同，我们把子域进一步划分为核心域、通用域和支撑域。

- 核心域：核心域和产品的核心业务逻辑相关，决定了产品的核心竞争力，产品的差异性和特殊性体现在这种域中。例如，在我们的案例中，餐品目录、订单、餐品加工、取餐等都属于核心域。
- 通用域：通用域是那些包含在大多数不同类型的产品中的子域。这种域往往没有太多个性化的诉求。例如，用户管理和评价等就属于通用域。
- 支撑域：支撑域的通用水平尚未达到通用域，也不像核心域那样能决定产品的核心竞争力，但确实是一个完整产品所必须的。例如，一卡通支付业务在一定时期内就属于支撑域。支撑域有两种不同的演化方向：当它变得越来越重要时，就可能会演变出新的业务方向，此时便成为了核心域；当使用这个领域的业务越来越多时，它就逐渐成为通用域。

面向我们的案例，表 4.2 给出了部分子域。

表 4.2　餐品预订业务的部分子域

子　域	类　型	核心目标
餐品目录	核心域	管理餐品列表的维护和展示
订单	核心域	保证订餐交易的全生命周期的准确、高效和顺畅
餐品加工	核心域	及时高效地生产餐品
可售容量	核心域	管理餐品的可售数量，避免超出加工能力
取餐	核心域	快速高效地完成餐品发放
用户管理	通用域	管理用户注册、登录、登录状态和身份表示等能力
评价	通用域	提供通用的反馈评价的能力
一卡通支付	支撑域	提供使用校园一卡通进行支付的能力

子域是为了控制业务复杂性所采取的 分而治之策略的一部分。它还有助于我们理解第 5 章讨论的架构层次的设计和分解。

4.4　持续演进业务概念

领域模型反映的是对业务概念的理解，所以这种认知必然是渐进的。业务场景是业务认知的知识源泉，而领域模型又反过来作用于业务场景，提升认知。图 4.9 展示了领域模型和业务场景之间的这种相互促进的关系。

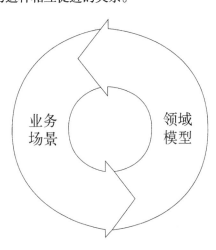

图 4.9　领域模型和业务场景相互促进

这种相互促进，在 4.3 节的例子中已经有所体现。例如，在"定义业务概念"中，通过辨析得到了"订餐人"的业务概念，于是后续的所有表述中都使用了订餐人；在"分解业务概念"中，发展出了"风味"和"风味历史"的业务概念，使得在下订单时，风味历史信息可以得到保留；在"抽象业务概念"中，进化出了"套餐"和"单品"的业务概念，等等。总体上说，持续演进遵循如下基本步骤。

1. 从需求分析和业务表述中捕获业务概念，并对其进行抽象。
2. 把业务概念及时归置到领域模型中，然后利用领域模型中的业务概念，去描述需求。
3. 如此循环往复，在持续探索需求的同时，持续精化领域模型。

下面我们按照这个步骤分析一个下单场景，带大家体会其中的演进思路。如下为场景描述。

订餐人打开购物车，勾选需要的餐品，点击下单。系统显示订单的总金额，提示订餐人选择取餐点，并给出支付链接。订餐人选择使用校园一卡通在线支付，支付成功后系统会给出取餐码信息。

首先，我们注意到出现了"总金额"的业务概念。项目团队就这个业务概念进行了集体讨论。

甲："总金额是各订单项的金额之和，还是需要实际支付的金额？"

乙："总金额看起来有点模糊，我们可以把它定义为优惠前的金额，然后增加一个实际支付金额，让它代表使用各种优惠（如优惠券、满减活动等）后的金额。"

甲："优惠券功能现在要开发吗？"

乙："暂时可以不开发，不过可能很快就会有这个需求。"

甲："套餐的优惠算不算在优惠金额里面？"

乙："套餐的优惠是固定优惠，菜单中会直接显示原价和优惠后的金额，不属于订单级别的优惠。"

（甲把刚才讨论清楚的业务概念，放到了领域模型的相应位置，并试着把优惠金额添加到套餐上。）

甲："单品有没有可能也有优惠？"

乙："有，我们以后会开发这个功能。"

（甲把优惠金额改到了餐品上。）

接着，讨论"取餐点"。

甲："我们需要为食堂增加一个维护取餐点信息的功能，如位置、照片等。"

乙："是的。"

（乙记录下这个功能，以便稍后讨论。）

甲："每次都让订餐人自己选择取餐点吗？"

乙："考虑到高峰时段人会比较多，应该实现根据取餐点人的拥挤程度推荐比较空闲的取餐点。"

甲："那增加取餐点的推荐策略。"

乙："取餐点的推荐策略可能会越来越复杂。例如，要能结合订单所属的食堂、订餐人的位置等信息做进一步优化。"

甲："好的，我们可以把这个推荐策略实现得抽象一些，先基于拥挤程度进行推荐，以后再进行扩充。"

（甲把刚才发现的和取餐点相关的信息加到了领域模型中。）

之后，开始讨论"支付"。

甲："支付有可能不成功。"

乙："是的。我们应该为订单增加状态属性，如待支付、已支付、已发餐等。"

（甲记录下订单状态。）

甲："以后也许还会有其他支付渠道，看起来'支付'这个业务概念和订单是解耦的，我们不妨创建一个支付单的业务概念，以维护它自身的信息。"

乙："好的。"

甲："这个支付单仅仅指实际的支付金额吗？优惠券算不算一种支付？"

乙："哦，看起来有点复杂。这样吧，我们把支付单的概念扩展一下，让它代表总体的支付情况，并新增'支付子单'的业务概念。一次支付包含使用优惠券进行的支付、使用校园一卡通进行的支付等，一种支付类型对应一个支付子单。这样扩展性会非常好，而且也可以把优惠券看作订餐人的一个支付账户，用支付渠道来抽象它。"

甲："好的，这个想法不错。"

（甲把刚才发现的业务概念加到了领域模型中。）

甲："不过，这样刚才讨论的总金额和实际支付金额的区别好像没有意义了？"

乙："还是有一定意义的，虽然总金额只是在订单中的一个显示了，但是让订餐人知道自己获得了优惠。我们的实际支付金额，还是用支付单和支付子单的信息算得的。"

甲："好的。"

（甲看着领域模型上的"订单"，突然有了一个问题。）

甲："现在订单项上的餐品信息是面向之前餐品的,如果以后餐品单价改了怎么办?"

乙："我们应该把下订单时刻的关键信息记录下来,如餐品单价。"

甲："好的。"

……

经过若干轮讨论,领域模型和需求场景都得到了进一步的扩充。图 4.10 展示了更新后的领域模型的局部。

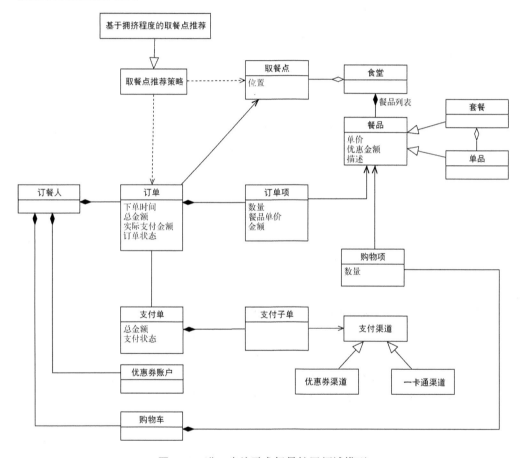

图 4.10 进一步从需求场景扩展领域模型

业务概念并不是显而易见的,是深入沟通、抽象和持续探索的结果。

> 领域模型是深层模型,是在业务演进过程中持续加深认知的结果,它沉淀了关键的业务知识。

错误的认知，必然导致开发出的软件是复杂的，也自然不可能提升开发效率。对领域模型进行讨论，不仅有助于建立正确的认知，也有助于建立完善的业务场景，给业务带来更好的支持。

4.5　用领域模型指导软件开发

领域模型代表对关键业务概念的认知，在业务发展过程中会持续演进。但是，要在实践中像关心需求那样关心领域模型，不是每个团队都能做到的。不能做到这一点的核心阻碍并不是抽象和分解领域模型时的技术门槛，而是没有充分意识到并发挥出领域模型的价值。统一语言以及对应的技术实现策略，不仅可以让领域模型发挥作用，还可以保障领域模型的持续更新。

4.5.1　领域模型和统一语言

在《领域驱动设计》[23] 中，Eric Evans 提出了统一语言的概念。

> 将领域模型作为语言的中心，确保团队在所有的交流活动和代码中都坚持使用这种语言。在画图、写文档和说话时也采用这种语言。
>
> 尝试修改领域模型以及对应的语言表达，来消除不自然的地方（相应地也要修改代码，包括模块名、类名、方法等）。

统一语言具有以下几个优点。

(1) 提升沟通效率：由于整个团队都基于统一的业务概念交流，而这些业务概念都是经过精确定义和澄清的，因此可以大幅减少沟通中的误解，提升沟通效率。

(2) 确保及时更新：统一语言“强迫”整个团队都使用领域模型表达需求，从而保证在需求分析过程中，领域模型能持续演进，不会出现领域模型在创建之后变得过时的情况。

(3) 降低表示差距：通过强调在代码中也使用领域模型中的业务概念，可以缩小代码表达和业务表达的差距，提升代码的可理解性和可演进能力。

把统一语言付诸实践，首先要在团队层面达成共识：任何出现在需求描述中的业务概念，都必须出现在领域模型中。如果需求描述中存在业务概念之间的关系，那领域模型中也必须有这个关系。这个要求看似简单，实践起来却比较困难。特别在刚开始的时候，团队成员可能并不适应这种做法，常常就忘记了这个准则，就需要经常纠正。但是时间一长，大家习惯后，因为所有的业务概念都已经显式化，所以日常交流活动中的误解大大减少，共识更容易达成，结果就是最后团队成员都会非常自觉地维护"统一语言"的做法。

为了能在代码中便捷地使用领域模型，《领域驱动设计》中给出了一组非常有效的战术模式，如实体、值对象、领域服务和领域事件等。本书将在第 8 章介绍这部分内容。

4.5.2 避免领域建模的常见误区

领域模型的概念产生于 20 世纪 90 年代的面向对象社区。在那个时候，业务变化还不像今天这样频繁，迭代的思想也还没有完全成熟，业务人员和技术人员也没有像今天这样交流密集，所以无论是在参考书中，还是在实践中，领域建模都难免会受早年做法的影响。其中有若干误区，是在实践中应该尽量避免的。

避免从开发视角进行领域建模

常常有技术人员问"领域模型和 ER 图有什么关系？"最直接的回答就是"没有关系"。固然，我肯定知道在有了领域模型之后，设计 ER 图会更简单，或者对于一个还缺乏领域模型的遗留系统而言，研究数据库结构可以带来有效的输入，但是领域模型和 ER 图的立足点是完全不一样的。

领域模型一定要站在业务视角看，因为领域模型反映的是认知。一旦领域模型中掺杂了技术的概念，那么不仅会使它不够纯粹，还会严重影响领域模型的质量、问题发现、持续改进。因为没有软件背景的业务人员是不可能去看一个充斥着技术概念的模型的。统一语言无法建立，领域模型带来的价值就已经损失了一大部分。此外，从开发视角进行领域建模，往往会忽视业务人员的参与，而实践一再表明，资深的业务人员在领域建模时，往往能提供深入的洞察信息。总之，从开发视角进行领域建模绝对不可取。

> 领域模型不是数据库模型。不要站在开发视角定义领域模型。

此外，领域模型也不是数据库模型。有不少程序员会把领域模型和数据库模型视作相同的概念，这种观点是不对的。领域模型和数据库模型确实有着紧密的联系，确切地说，领域模型是数据库模型的输入之一，但从根本上讲，它们是不同的概念。

领域模型属于问题域，所以它的重点不在于实现，而在于我们如何认识世界。对于软件开发来说，它在不同的角色之间建立了一个共同认知，如业务人员、开发人员和测试人员。

数据库模型显然属于实现域。所以，除了开发人员以外，大多数角色对数据库模型并不关注。至于数据库模型和领域模型的关系，在第 8 章会有更多讨论。

避免建立庞大的领域模型

当我们说"领域"的时候，并没有限定它应该多大。究竟该把"航空"当作一个领域，还是把"航空"中的"订票"当作一个领域？

此时若能想到"领域模型的核心是认知"，那答案就变得非常清楚了。领域越大，越不利于建立认知和共识。我们应该把大领域划分为小领域，然后逐个建立这些小领域的领域模型。那种"整整一面墙"的领域模型，是非常不可取的。

在我们的案例中，订单、用户管理、优惠券、支付、餐品加工等，都应该作为一个小领域来分析，这也就是《领域驱动设计》[23] 中的子域的概念。

> 把大领域拆分为小的子域，并为每个子域分别建模。

避免只是重视文档，而忽略交流和共识

在 4.4 节，我使用对话的方式讲解了领域建模的过程，在实际场景中其实也是如此。

领域模型的核心在于建立共同的认知，也就是共识。只把领域模型作为一种"制品"，或者某个阶段的"输出"，是非常不合适的。探索和发现最好不要独自进行，更多时候应该进行集体建模。集体建模不仅利于探索和发现，还有助于达成对于关键业务概念的共识。和第 3 章讲到的需求分析类似，作为集体建模的一个更具体化的指引，集体建模时最好的工具并不是 UML 的电子化工具，使用白板和在开放空间中进行讨论往往能够达到最好的效果。

此外，领域模型一定要显式化。很多人认为自己是有业务"认知"的，甚至是有"领域模型"的。但是，如果你问他们领域模型在哪里，那答案要么是他们在某个项目曾经有过一些讨论，现在已经不知所终；要么就是虽然文档还在，但是团队的概念表达依旧混乱。没有显式化，没有把领域模型写下来，没有形成在团队中口口相传的知识，这种模型就并不是真正存在的。

4.6 小结

领域模型是软件开发领域的核心概念，它反映的是认知。没有正确的领域模型，需求就很难表达清楚，设计也会缺乏依据，更难以形成业务沉淀。高质量的领域模型有利于建立更好的业务认知，让需求沟通更为顺畅，给设计实现带来指引。

本章讲解了领域建模相关的概念和技术。领域建模的关键是业务概念的捕获、辨析和精化，这个过程本身也是一个探索和发现、尝试、修正甚至推翻的持续精炼的过程。图 4.11 总结了本章讲到的核心概念和方法。

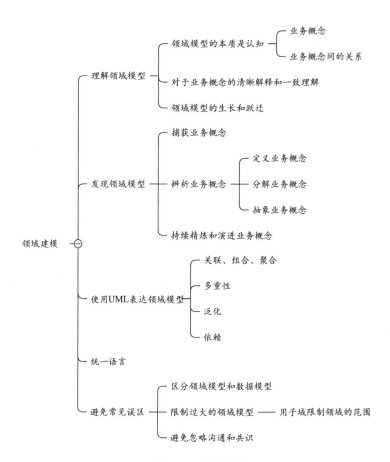

图 4.11 领域建模

第 5 章　设计分解和责任分配

软件设计的本质是设计分解和责任分配，也就是通常所说的模块化。我们已经在2.4 节介绍了模块化设计最重要的原则：高内聚和低耦合。但是，仅仅知道原则是不够的。高质量的软件设计，源于可实际落地的、逻辑清晰的设计方法。

本章聚焦如何通过有效和高效的思考，设计出高内聚和低耦合的软件。具体而言，它包含三个层次的内容。

- 设计的基本概念。元素、责任和协作是最基本的设计语言，分形是最基本的设计策略，UML 有助于清晰地表达设计。
- 设计的基本原则。好的设计有规律可循。人们已经总结了一系列使软件设计达到高内聚和低耦合的有效策略。例如，软件设计的单一职责原则、开放-封闭原则都是在实践中行之有效的提升设计质量的策略。
- 设计模式和范本。在软件设计中遇到的问题大多数会反复出现，没有必要每一次都从零开始思考。基于已有的经验（架构模式、设计模式），可以有效提高思考的层次和效率。

5.1　通过分而治之管理复杂性

在软件开发中，现实世界的复杂性和人类有限的认知能力是一组基本矛盾。为了能管理和控制复杂性，我们需要把"大"的事物划分为"小"的事物，这就是分而治之。

> 分而治之是控制复杂性的有效手段。

5.1.1　组织的复杂性类比

假如你空降到一家规模 500 人的企业担任总经理，此时面对一个新组织，你要怎么做，才能快速了解这个组织的各项情况呢？或许最快捷的办法，就是找来企业的组织结构图，并且请相关的同事结合业务流程讲如下三个问题。

- 包含哪些部门？

- 这些部门的职责分别是什么？
- 部门之间在某个业务上如何协作？

这是在组织管理中，面对复杂问题时，基于分而治之的一种思考模式。在软件设计和一切复杂的场景中，"元素""责任"和"协作"都是非常有效的思考策略和组织策略。这里以 ISO/IEC/IEEE 42010《系统和软件工程-架构描述》[24]中关于架构的定义为例。

> 架构是系统在其环境中的基本概念或属性，体现为元素、关系以及设计和演进的原则。

虽然和前一句的表述略有不同，但不影响我们从其中体会元素、责任和协作的概念。对这三个概念的解释如下。

- 元素反映了分解。指的是在当前设计层次上，有哪些下层的设计元素。
- 责任反映了职责分配。也就是说，分解得到的每个元素分别具有什么样的职责？
- 协作反映了分解后的元素之间的协同。即下层设计元素是如何协同完成当前设计层次上的目标的？

元素、责任和协作是分解的结果，其中责任和协作又可以相互验证。也就是说，元素的分解定义了责任，责任的存在是为了完成协作。如果在协作过程中发现有些责任没有对应的元素，就需要触发责任分配，甚至产生新的元素。它们的关系如图 5.1 所示。

图 5.1 元素、责任和协作的关系图

软件设计的分解结果是软件系统模块化了。这里的"模块"等价于"元素"，是一个非常宽泛的概念，可以指代子系统、类、文件、函数等各个粒度的分解结果，甚至还可以表示用户和系统，以及设计分层等。

软件设计的层次看起来很多，也很复杂，不过一旦理解了它的自相似性，就会发现：在所有设计层次上，基本的设计策略和设计原则都是相通的。也就是说，掌握了基本规律后，实现更高或者更低层次的设计并不困难。

5.1.2 软件设计的自相似性——分形

自然界有许多事物具有自相似性，这种自相似性被称为分形（fractal）。

对于一棵大树，它的每个枝丫也都形如一棵树。一段海岸线，在大比例尺的地图上呈现的是弯弯曲曲的形状。在非常小的比例尺下观察，它的每个局部也仍然是弯弯曲曲的。六边形的雪花，用放大镜观察，会发现它的每个角仍然是一片六边形雪花。

自相似性非常美妙。它意味着只要掌握了简单的规律，就可以创造出非常复杂的系统。图 5.2 展示的是科赫曲线，是由瑞典数学家科赫于 1904 年构造的一个经典分形图形。这个图形是怎么构造出来的呢？

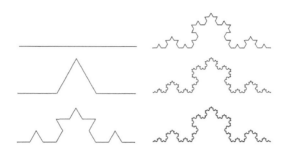

图 5.2 科赫曲线：美妙的自相似性

它的构造规律极其简单。第一步，把一条线段三等分，然后用中间的线段构造一个等边三角形。第二步，对得到的每条线段都进行第一步的操作。循环进行第二步。如果不是从一条线段开始，而是从一个等边三角形开始，那么利用科赫曲线的构造规律还可以完美地模拟雪花的形状，构造科赫雪花。

正如自然界中充满了分形结构一样，软件世界也有各种分形结构。软件世界中的元素、责任和协作在各个设计层次上的体现见表 5.1。

表 5.1 不同设计层次上的分解

元素类型	责任类型	协作描述
系统/子系统	用例、功能	用户和系统之间、系统和系统之间如何交互，以达成期望的业务目标
模块	责任	各模块如何互相协作，实现系统的用例或功能
类	方法	在面向对象设计中，多个类之间如何协作完成子系统或模块的功能或责任

在 5.2 节中，我们将用一个大幅简化的例子，来说明上述各个设计层次之间的关系。

5.1.3 使用 UML 表达软件设计的分解结果

软件设计需要以某种形式被表达。最终这些表达形式会被落实为代码设计、组件封装或者服务部署。但是,在软件设计过程中的一定抽象粒度上进行的思考和沟通常常需要借助草图才能进行。UML 提供了若干种图和元素来表达设计的分解。这里重点介绍其中的 UML 类图、UML 包图和 UML 交互图。

UML 类图

在第 4 章中,我们已经用过 UML 类图。只不过,那里的 UML 类图表达的是领域模型而不是设计元素,只要把领域模型中的业务概念替换为设计元素,表达内容就变成了设计元素和设计元素之间的关系。例如,我们可以使用图 5.3 来表达一个企业的组织结构。如果有需要,我们还可以在这个图中加入每个部门的职责描述,在 UML 类图中可以使用"操作"(operation)来表达职责。

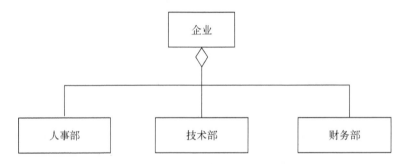

图 5.3 使用 UML 类图表达企业的组织结构

与此类似,我们也可以使用 UML 类图表达系统/子系统层次的设计元素(图 5.4)、模块层次的设计元素(图 5.5)和类层次的设计元素(图 5.6)等。

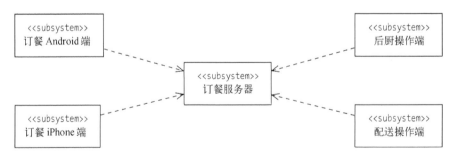

图 5.4 使用 UML 类图表达子系统层次的设计元素

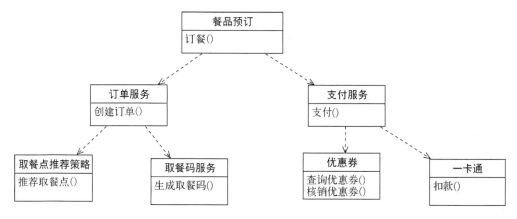

图 5.5 使用 UML 类图表达模块层次的设计元素

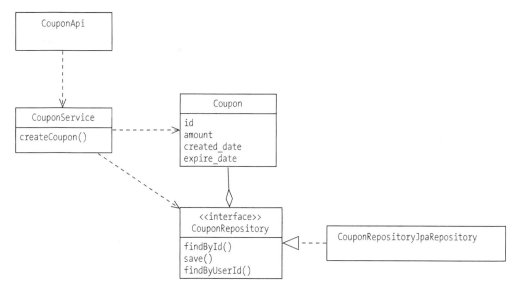

图 5.6 使用 UML 类图表达类层次的设计元素

为了让示例尽可能高效,这三张 UML 类图中分别刻意选择了聚合关系、依赖关系、类的属性等元素,尚不熟悉 UML 表示法的读者需要对这部分加以留意。在参考文献 [18] 中,有更详细的关于表示法的介绍。此外,为了表达订餐 Android 端、订餐服务器等是一个子系统,在图 5.4 中还引入了 <<subsystem>> 符号,这种符号叫作构造型(sterotype),也就是对某种具体设计元素的类型修饰。

UML 包图

从本质上看，UML 包图和 UML 类图并没有特别大的差异，它们都可以用来表达设计元素，只不过 UML 包图更加强调设计元素的容器属性，UML 类图更加强调设计元素的属性和职责。从这个角度，也可以把 UML 包图看作 UML 类图的一种特殊构造型。设计元素大多是具有属性和职责的，此外，除最细粒度的设计元素之外，设计元素同时也是容器。所以在实际沟通中，是选择 UML 包图还是 UML 类图，甚至推而广之，选择更丰富的 UML 元素［如组件（component）、节点（node）等］，都是结合上下文对不同构造型进行的更细致的表达。

UML 交互图

UML 类图和 UML 包图等表达的都是静态的设计结构，不足以表达更具体的交互过程。要想表达交互过程，可以选择 UML 的顺序图、通信图、带有泳道的活动图等，我们在第 3 章中已经使用过这些图，此处不再赘述，仅给出一个使用顺序图表达软件设计的例子，如图 5.7 所示，供大家参考。

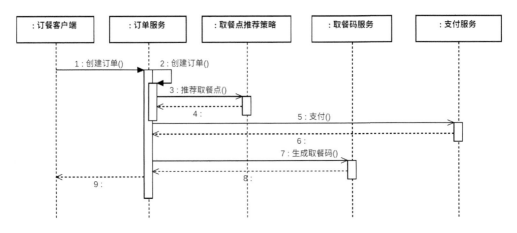

图 5.7 用顺序图表达设计交互的例子

静态结构和动态交互的印证

请读者注意，如图 5.1 所示，设计的静态结构和动态交互之间存在彼此印证、相互促进的关系。如果一个交互消息出现在了交互图中，那在静态结构中应该有一个与之对应的职责。同样，如果在静态结构中存在一个职责，那它必然也要体现在某种业务场景下的交互中，无论是否确实有一张明确描述这种交互的交互图。

这种互为促进的关系，是责任分配中非常重要的概念。正是因为存在这层关系，才让设计单元的职责可以回溯到业务价值和用户功能上。

5.1.4 使用代码结构表达软件设计的分解结果

软件设计的分解结果最终必然会体现在软件制品中。其中，粗粒度的体现是服务化部署、二进制的组件封装等。细粒度的体现是代码结构，如代码中的包、类等可以表达软件结构的元素。

类似于图 5.6 这种在类层次的设计元素，只有少部分比较困难或创新的需要使用 UML 图来构思或讨论，大多数时候是可以直接使用代码结构表达的。代码结构是表达设计分解的有效元素。

5.2 架构分解的原则与模式

软件架构层次的设计分解是大粒度的分解，这种分解需要考虑多种因素，本章重点讲解逻辑结构层面的架构分解原则。

5.2.1 原则 1：优先按照问题领域分解

软件架构层次的设计分解有两个基本入手点：横切和纵切。横切指的是按照设计的层次进行分解，如把一个典型的 Web 系统分解为接口层、应用服务层、领域层或者数据库访问层等。[①] 纵切指的是按照问题领域进行分解，如把前述的餐品预订系统划分为账户管理子系统、餐品管理子系统、订单管理子系统、菜品加工子系统、取餐子系统、优惠活动子系统等。这种基于问题领域的分解方法，恰好和在第 4 章介绍过的子域的概念相匹配。

横切（按照设计层次分解）和纵切（按照问题领域分解）的示意图分别如图 5.8 和图 5.9 所示。

对于中大规模的系统来说，如果按照横切方式分解，那么会遇到一些困难，应该优先选择纵切的方式，也就是按照问题领域分解。原因有以下三个。

- 高内聚和低耦合。属于同一个问题领域的模块之间的联系更为紧密。例如，账户管理子系统的数据库访问层的变更往往会对应用服务层造成影响，如果封装得当，那么完全可以不让订单管理子系统和餐品管理子系统感知账户管理子系统中发生的变更。把问题领域作为分解边界，可以有效实现这种封装。而如果像图 5.8 那样，没有一个和问题领域对应的边界，就很容易破坏这种封装。

---

① 为了表达简单，本节使用三层架构模式，在实际业务系统中更推荐使用领域驱动设计的四层模型，本章会有介绍。

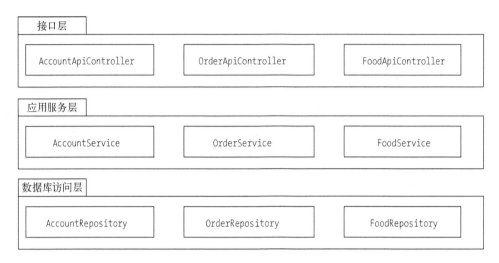

图 5.8 按照设计层次分解

图 5.9 按照问题领域分解

- 易于复用。按照问题领域进行分解可以增加复用的机会。在本例中，订单管理子系统如果实现得好，不仅可以适用于餐品预订，还可以适用于线上购物。同理，餐品管理子系统可能也可以适用于食堂的其他业务场景。账户管理子系统的适用范围就更广泛了。而如果优先按照设计层次分解，那么实现这种粒度的复用就需要做更多的工作。

• 避免混乱。按照设计层次分解，很难约束不期望的依赖，如在 OrderService 中调用 AccountRepository。而如果按照问题领域分解，就能传达非常明确的信号，即 OrderService 和 AccountRepository 是分属于两个边界的，不应该互相依赖。在微服务架构下，按照问题领域分解还能让服务部署具有边界，这种依赖约束可以获得更强的保证。

5.2.2 原则 2：面向质量属性定义架构策略

在架构领域，有一个重要原则是软件架构并不由产品需求决定。不熟悉这个原则的人可能会有点意外，难道不是有了需求之后才会有架构吗？事实上，稍微一想就会明白：业务领域的需求是一直变化的，而软件架构需要具有较好的稳定性。在架构设计中，我们的关注点应该是长期、困难的部分。

有一定软件开发经验的读者都知道，在软件的初始版本开发完成后，在后续版本中增加功能（特别是系统中已有同类功能）时，往往不会有重要的架构决策，重点是理解清楚需求，并在此基础上沿袭既有的解决方案 "照着葫芦画瓢"。那么，什么是长期、困难的部分呢？我们称这部分为质量属性（quality attribute），或者非功能需求（non-functional requirement）。本书第 1 章中介绍的易于理解、易于演进、易于复用都属于质量属性。

> 架构设计主要取决于质量属性。

图 5.10 展示的是 ISO/IEC 25010《系统和需求质量模型》[25] 中定义的质量属性模型。其中，前 6 列可以从外部感知，称它们为外部质量属性；后 2 列仅可以从软件组织内部感知，称它们为内部质量属性。

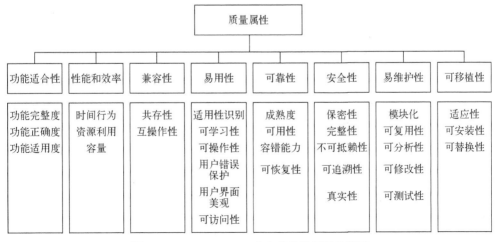

图 5.10 ISO/IEC 25010 中定义的质量属性模型

有相当长的一段时期，在软件开发中，特别是开发复杂的软件系统，满足外部质量属性都非常困难，如性能和效率、可靠性、兼容性等，需要非常深厚的架构设计经验。但是，随着软件基础设施的进步，特别是云原生基础设施的发展，如 Kubernetes 生态的成熟，可伸缩性、安全性、可靠性等质量属性的实现，都已经内建在基础设施中，开发者的负担已经大大减轻了。①

尽管如此，在易于理解、易于演进、易于复用等关键的内部质量属性的实现方面，基础设施依旧无能为力，拥有了良好的架构设计，才能很好地支持它们。不过，人们已经在大量实践中总结了成熟的解决方案，它们可以作为设计的良好起点。这就是原则 3 将要讨论的话题：风格和模式。

5.2.3 原则 3：选用合适的架构风格和模式

风格和模式是既往设计经验的结晶。优秀的设计人员往往会让人感觉"见多识广"，在遇到问题时能更快地找到解决方案，这其实是因为他们积累或形成了大量的风格和模式。

风格和模式

风格和模式都来自建筑领域，它们的概念非常类似，不过也有细微的区别。风格，就如其名称所表达的，是"显而易见的特征"。例如，一谈到"巴洛克风格"，读者就会想到浮华的设计；而说到"哥特式风格"，读者就会想到教堂的尖顶。对于软件开发来说也是如此，分层被看作一种架构风格，此外，管道-过滤器、微服务等也都可以被看作风格。

模式这一概念源自建筑学大师 Christopher Alexander [27]，其核心结构是"上下文—问题—解决方案"。读过《设计模式》[28] 的读者会发现，这也是软件中的设计模式的描述方式。模式的意义是把解决常见问题的经验固化为方案。在实践中，没有必要过度区分风格和模式的差异。例如，既可以把分层看作一种架构风格，也可以把分层看作一种常见的架构模式。

示例：分层架构

图 5.8 和图 5.9 都应用了分层架构，更具体地说，是三层架构（图 5.11）。分层架构有许多变体，除了三层架构，还有我们将在第 8 章介绍的领域驱动设计的四层架构等。有些变体看起来甚至不太像分层架构，如 Robert C. Martin 提出的整洁架构（Clean Architecture）[29]（图 5.12），但是其本质仍然是分层架构。第 6 章中将会介绍的六边形架构，也是分层架构的变体。

---

① 当然，在嵌入式等领域，这些关键质量属性的实现，仍然是重要的话题。关于这部分内容，感兴趣的读者可以参阅相关书籍 [26] 获取更多信息。

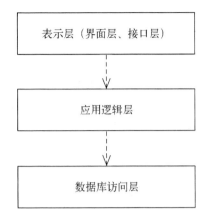

图 5.11 三层架构

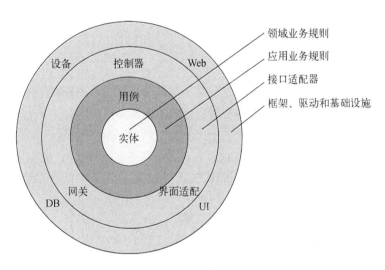

图 5.12 整洁架构

　　虽然三层架构较为传统，在大多数场景下应该被四层架构或整洁架构等方案代替，但是因为其具备简单性，因此依旧是分析设计思路的好方案。了解了它的基本逻辑后，对于更复杂的架构场景，只要举一反三即可。下面我们就以三层架构为例，介绍为什么架构模式有助于实现质量属性，并用它来指导软件开发。

　　三层架构包含接口层（界面层、表示层）、应用服务层、数据库访问层。和所有分层架构一样，它的核心是分离关注点。也就是说，在一个业务系统中，用户界面、业务逻辑、数据库访问是三个独立的关注点。

分离关注点能带来如下三个方面的优势。

第一，隔离变化。用户界面和易用性相关，在设计中经常会因为用户体验进行修改，变化比较频繁。我们自然不希望每次更改用户界面时都影响系统的其他部分，所以把用户界面作为一个独立的关注点，在接口层和应用服务层之间建立标准的接口。同样的道理，数据库存储往往和系统的总数据规模（可能导致分库分表）、数据库系统的类型、存储的数据类型（结构化数据和非结构化数据）等细节相关，隔离数据库访问也有利于隔离这些变化维度。

第二，提升可复用性。有许多业务是多端应用，如移动端、Web 端和 PC 端等同时应用。由于业务逻辑层被封装为单独的一层，因此不同的端可以应用同样的业务层。这样的设计，既有效提升了可复用性，也保证了业务逻辑的一致性。

第三，提升可理解性。由于界面、业务逻辑和数据访问是不同的关注点，因此在软件维护活动中，可以很容易地定位到需要分析或者改动的点，便于让拥有合适技能的开发者负责特定部分的开发。

使用架构模式指导设计分解

了解了架构模式后，就可以很容易地基于架构模式完成设计分解。例如，对于餐品预订业务的订单子域，我们可以这样思考：订单子域确实包含了接口层、业务逻辑层和数据库访问层，所以可以像图 5.9 那样进行分解，并基于分解结果进一步完成职责分配。

架构模式有很多，但基本思路都是"上下文-问题-解决方案"。要成为卓越的设计师，就需要广泛地阅读，学习前人的设计经验，在内心建立丰富的模式库，并将模式灵活运用于实际工作中。

5.3 正确使用语言特性

高内聚和低耦合属于非常高层的原则，在实际执行中往往需要更为具体的原则作为指导。本节我们就看看如何把 2.4 节的原则和策略落实到具体的代码实现中。

如何正确地使用语言特性呢？如何把语言特性和设计原则相结合呢？本节将以面向对象的设计作为基础进行讲解。理解了设计的基本原则后，即使面对的不是面向对象的语言（如 C 语言），也可以很容易地把相同的设计策略映射到对应的语言特性中。

5.3.1 封装、继承和多态

大多数编程语言类书籍会将"封装""继承"和"多态"视作面向对象语言的三大基本特征。从语言特性的角度看，这样的陈述没有问题。不过，若从软件设计的角度看，那么更重要的策略是"分解""组合""委托""抽象"这样的设计概念，封装、继承和多态是在语言层面上对这些设计思想的实现。

封装

封装是现代编程语言的基本特征之一，其本质是内聚性和信息隐藏。封装可以让一个设计单元集中于一个目标，并且向外部调用者屏蔽无关细节，减轻了调用者的负担，增强了未来在内部进行结构调整的灵活性。

继承

继承不是简单的分类法，更不是复用机制，而是抽象[①]在编程语言层面的表达。例如，在一个文件系统中，FAT32 格式的文件系统和 NTFS 格式的文件系统虽然实现方式不同，但是都提供了"文件系统"的通用行为，于是 Fat32FileSystem 和 NtfsFileSystem 都可以继承 FileSystem。

> 继承的本质不是简单的分类法，更不是复用机制，而是抽象。

大多数编程语言显式地区分了接口实现和继承，如 Java 语言中的 implements interface 和 extends class。从本质上讲，接口和继承是两个概念，不过本节讨论的话题是抽象，所以两者在此处大致等价。本节后续的讨论同时适用于接口实现和继承。

多态

多态是非常重要的编程语言基础设施，是继承关系在运行时的行为表现，让抽象在设计层面成为了可能。正如其字面意思，多态反映了同一事物的不同表现。这是一个很强大的能力，可以让潜在的协作者把继承体系里的多个类看作等价物，从而达到抽象和简化的目的。

5.3.2 用继承和多态表达抽象

继承不是简单地表达分类结构，它更重要的作用是表达抽象。下面看一个简单的例子，体会一下继承和多态实现的抽象。

```
1 abstract class Shape {
2     public double getArea();
3 }
```

---

① 本书在 4.3 节已经介绍过抽象，只不过是从领域模型角度讲解的。设计层面的抽象和领域模型的抽象，在本质上并无区别。

```
 4
 5  class Rectangle extends Shape {
 6      public double getArea() { return width * height; }
 7  }
 8
 9  class Circle extends Shape {
10      public double getArea() { return PI * radius * radius; }
11  }
12
13  class Client {
14      public void foo(Shape shape) {
15          System.out.println("the area of shape is: " + shape.getArea());
16      }
17  }
```

代码清单 5.1　使用继承和多态实现抽象

在本例中，Shape 类中定义了一个计算面积的方法 getArea。矩形 Rectangle 和圆形 Circle 均继承自该类，并根据对应的面积计算方法对 getArea 进行了不同的实现，如果某客户端 Client 想要计算面积，那么它可以通过 Shape 引用直接调用 getArea 方法，而无须知道该引用究竟是矩形对象还是圆形对象。这种抽象减少了客户端应该了解的信息，降低了 Client 类和外部的耦合（否则需要了解 Rectangle 和 Circle）。

5.3.3　避免误用继承

"继承不是简单的分类法，更不是复用机制"这一概念非常重要，如果忽视这一点，就会发生继承关系的滥用。

或许有读者会说：在代码清单 5.1 中，形状分为矩形和圆形，这不就是分类吗？为了说明这个问题，我们在代码清单 5.1 的基础上做一个扩展，请看下面的代码。

```
 1  class Rectangle extends Shape {
 2      private double width;
 3      private double height;
 4      public Rectangle(double width, double height) {
 5          setWidth(width);
 6          setHeight(height);
 7      }
 8      public double getArea() { return width * height; }
 9      public void setWidth(double width) { ... }
10      public void setHeight(double height) { ... }
11      public void getWidth() { ... }
12      public void getHeight() { ... }
13  }
14
15  class Square extends Rectangle {
```

```
16    public Square(double side) {
17        setWidth(side);
18        setHeight(side);
19    }
20    public double getSide() {
21        return getWidth();
22    }
23 }
24
25 class Client {
26    void bar(){
27        Square square = new Square(5);
28        Rectangle rect = square;
29        rect.setWidth(3.0);
30        System.out.println("正方形的边长为: " + square.getSide());
31    }
32 }
```

代码清单 5.2 误用继承的例子

代码清单 5.2 在代码清单 5.1 的基础上, 引入了一个新的形状: 正方形。那么, 正方形算不算矩形呢? 从数学定义上说, 是算的。但是, 请注意在这里的 Rectangle 类中, 新加入了两对方法: setWidth/getWidth 和 setHeight/getHeight。此时, 如果 Square 类继承了 Rectangle 类, 那么会出现一些奇怪的事情。

在第 27 行, 我们新建了一个 Square 实例, 并赋值给 square 变量, 传入的参数是 5, 代表边长为 5。然后在第 28 行, 我们把这个实例的引用赋值给了 rect 变量。请注意这个赋值甚至不是距离这么近, 而是距离很远的一个函数。在第 29 行, 很正常地调用了 rect 变量的 setWidth 方法。

单独看每一行代码, 都很正常。但是, 第 30 行的打印操作显然陷入了两难的境地。这个叫作 square 的变量表达的已经不再是一个正方形, 调用 getSide 方法获取边长的数值自然也无从谈起。无论打印结果是 5 还是 3, 其实都不对。

问题就在于 "继承不是简单的分类法"。尽管从数学上讲, 正方形是一种特殊的矩形, 但是, 程序员并不知道第 29 行的变量 rect 背后是一个 Square。也就是说, 程序员脑海中存在一个抽象, 认为无须了解 rect 背后的细节, 但恰好这个细节会对后续的其他代码行为产生不可忽略的影响。所以, 这是一个错误的抽象。

该如何解释 "正方形居然不是矩形" 这个问题呢? 这要回到 "对象的职责" 这个本质上。尽管从数学角度上讲正方形是一种矩形, 但是由于 Rectangle 类定义了 setWidth 和 setHeight 的职责, 而 Square 类无法实现这一职责, 所以从职责上讲, 不能认为 "正方形是矩形"。继承不是关于客观事物的分类法, 而是关于职责的, 也就是面向职责的抽象。

> 面向对象系统的本质不是一个对象系统，而是一个责任系统。

5.3.4 用里氏替换原则指导继承关系的使用

在编程语言和软件设计的发展史上，人们对继承的理解经历了一个漫长且曲折的过程。面对这个容易混淆的问题，Barbara Liskov 提出了里氏替换原则[30]。这一原则也被 Robert C. Martin 收录到了著名的 SOLID 原则[31] 中。里氏替换原则[①]的表述如下。

若每个类型 S 的对象 o_1，都存在一个类型 T 的对象 o_2，使得在所有针对 T 编写的程序 P 中，用 o_1 替换 o_2 后，程序 P 的行为功能不变，则 S 是 T 的派生类型。

这段话使用的是比较学术化的表达，严谨但是略有拗口。仔细阅读就能提取出：继承不是简单的分类法，而是关于职责的约定。Liskov 称这种职责为"行为功能"。根据这个原则，尽管正方形在数学意义上确实是一种矩形，但是因为 Square 类无法完成 Rectangle 类中关于 setWidth/setHeight 方法的约定，自然 Square 类也就不能继承 Rectangle 类。

Square 类不能依赖于 Rectangle 类，还有一个不利的影响是，本质上正方形面积的计算方式和矩形面积的计算方式是一样的，因此编写两次就不够合理。如何解决这个问题呢？站在职责系统的角度，解决方案一目了然，这就是下面介绍的内容：用委托的方式实现复用。

5.3.5 用委托的方式实现复用

我们希望不用在 Square 类中重写 getArea 方法，[②] 就能够复用 Rectangle 的实现。

从责任视角来看，我们可以认为：计算 Square 的面积，本质上是计算长和宽相等的矩形的面积，因此可以委托（delegate）一个已经具备矩形面积计算方法的类来执行这个任务。这样编写出的代码如下所示。

```
1  class Rectangle extends Shape {
2      private double width;
3      private double height;
4      public Rectangle(double width, double height) {
5          setWidth(width);
6          setHeight(height);
```

---

① "里氏替换原则"还隐含了对设计契约的要求，我们将在下一章再次讨论这一原则。
② 当然，getArea 的实现逻辑确实很简单，重写代价也不大，可对于实际业务中的复杂逻辑，复用就显得很重要了。

```
7      }
8      public double getArea() { return width * height; }
9      public void setWidth(double width) { ... }
10     public void setHeight(double height) { ... }
11     public void getWidth() { ... }
12     public void getHeight() { ... }
13 }
14
15 class Square extends Shape {
16     private Rectangle rect;
17     public Square(double side) {
18         rect = new Rect(side, side);
19     }
20     public double getSide() {
21         return rect.getWidth();
22     }
23     public double getArea() {
24         return rect.getArea();
25     }
26 }
```

代码清单 5.3　使用委托实现复用

在新的实现中，Square 类继承了 Shape 类，而不是 Rectangle 类，这说明 Shape 类承诺要承担执行 Square 类定义的 getArea 方法的责任。为此，Shape "雇佣" Rectangle 代为执行，之后当收到 getArea 方法的请求时，Square 就把这个责任委托给 Rectangle。

> 委托是一种非常强大的复用方式。在面向对象的程序设计中，需要复用时应该优先考虑委托，而不是继承。

5.3.6　面向对象的职责视角——抽象、委托和组合

软件是一个责任系统。无论是面向对象语言、面向过程语言，还是函数式语言，其本质都是责任的分解和责任的抽象。

通过分解，让每个设计单元仅承担一部分的内聚责任。由于责任内聚，所以更容易理解、更容易复用、更容易替换。委托和组合是职责分解的两种表达形式。自上而下的职责分解就是委托；自下而上地把若干设计单元联合起来完成一个更大的职责，就是组合。

抽象的本质就是，从职责视角看，若干设计单元可以等价。通过这种等价，设计就可以得到简化，因为责任的使用方无须知道具体的细节。

5.4 关注点分离

设计分解和职责分配的基本原则是 2.4 节中讲过的高内聚和低耦合。尽管在架构层次的设计中也要考虑高内聚和低耦合，但是架构层次的结构划分较为低频，而实现层次的分解却非常高频。同时，相比较而言，实现层次细节更多，对高内聚和低耦合的要求更高，也更难达成。

在实现层面，程序员几乎每时每刻都在做设计决策。无论是新建一个类或接口，还是调整类或接口的职责，都是在进行设计分解和职责分配。高内聚要求把相关的职责放在一起，但这个指导原则相当模糊。从 2.5 节已经看出，初步看起来紧密相关的代码（代码清单 2.11），也可能不那么紧密相关（代码清单 2.16）。因此我们需要更加具体的指导原则。

图 2.8 能让我们有所启发，可以再看一下那张图。

不过，或许有读者会提出如下问题。

- 如何才能更容易地发现代码清单 2.11 中包含不同的关注点呢？
- 代码清单 2.11 中的代码本来也不复杂，这算不算是过度设计呢？

这两个问题都非常重要，我们首先来回答第一个问题。

5.4.1 用单一职责原则指导关注点分离

要检验关注点分离得是否清晰，最好的方法是用变化来检验。当程序员面对若干个可能的划分构想，特别是不怎么有把握时，最快的解决方案就是问问自己：如果发生某变化，将会怎样？

例如，在 `JavaFileNamePrinter` 的例子中，假如打印的文件内容发生了变化，那是不是代码清单 2.11 中的代码都会受到影响？

做完了这样的设计假设后，关注点是不是分离得够清晰，就变得一目了然了。这是因为，根据规律，同一个关注点上的事物的变化频率是一致的。不同关注点上的事物，则可能随着业务要求的变化而变化。

在研究"内聚"这种比较定性的描述时，要像物理学中研究运动一样，先找到一个参照系。软件设计中的这个参照系就是"变化"。Robert C. Martin 提出了面向对象设计的单一职责原则[31]。

单一职责原则

类的职责应该是单一的。所谓单一，是从变化维度衡量的。也就是说：一个类应该只有一个变化的原因。

Robert C. Martin 说的是 "类"，其实这个原则可以适用于所有设计单元。把变化作为单一职责的衡量标准，是一个通用策略。例如，用单一职责原则来衡量 代码清单 2.10 的登录代码，很容易就能发现，账号登录是一个关注点，消费记录是一个关注点，因此这段代码是不内聚的。在代码清单 2.11 中同样包含两个关注点：如何遍历文件，以及遍历到文件之后应该做什么。

以图 2.9 为例，类 JavaFileNamePrinter 实现了接口 FileVisitor。所以，如果 FileVisitor 的定义发生变化，JavaFileNamePrinter 就会受影响，这是一种耦合关系。

5.4.2 如何判断关注点分离和过度设计

现在我们讨论第二个问题：什么时候进行关注点分离是过度设计，什么时候不是呢？

一般来说，只要能识别出不同的关注点，新代码就不会比原有代码复杂。虽然代码清单 2.16 确实比代码清单 2.11 多两个类，但是从理解的难易程度上讲，代码清单 2.16 是更容易理解的。如果有读者对这部分概念有所疑惑，可以参考第 9 页的扩展阅读：面条代码和馄饨代码。代码并不会因为关注点分离而变得更加复杂，所以这算不上过度设计。

但是，或许会有这样的挑战：认为目前的 JavaFileNamePrinter 包含两个关注点，判断一个文件是不是 Java 文件，以及打印出文件名。假设出现了一个 JavaFileContent-Printer，那现在要不要先定义一个 JavaFileVisitor，让 JavaFileNamePrinter 和 JavaFileContentPrinter 都继承它呢？

这样的设计看起来是合理的，但正如我们在论证代码清单 2.11 和 代码清单 2.16 哪个更合理时一样，设计是否合理的终极评判标准是总体收益是否得到了最大化，要同时考量成本和效率。新增的抽象增加了额外的复杂度（新增了只有一个子类的抽象类），但是这个抽象的收益极低。

- 第一，虽然减少了重复，但是并没有减小认知复杂度（新增了一个类，而且 isJavaFile 方法仅有两行代码，同时发生改变的可能性很低）。
- 第二，JavaFileContentPrinter 的需求仅处于假想阶段，这个需求可能永远都不会真实产生，可在每次遇到 JavaFileNamePrinter 时，都要回忆为什么多出了一个父类。

当收益和付出不平衡时，这种抽象就显得没有必要。当然，如果在未来出现了若干针对 Java 文件的处理需求，如打印文件名、打印文件内容、统计文件行数等，那么投资收益就发生了变化，也就不再是过度设计了。

第二个关于关注点分离的难题是 "分析瘫痪"，即总是认为当前的职责分离得还不够好，在猜想还有没有更好的分离方法，但是又没有充分的证据。关于这一点，解决策略也是一样的。既然目前看不出来关注点分离得好不好，那不妨把存疑的关注点当作单一关注点看待。也就是说，如果所有人都发现不了 代码清单 2.11 中存在两个关注点，那就是"此时此刻最优的设计"，仅当真的发生变化时，再如同在 2.5 节中介绍的那样，及时分离关注点，消除重复，也就是合理的设计了。

5.4.3 用开放-封闭原则检验关注点分离

开放-封闭原则（Open-Closed Principle）是检验关注点分离的有效手段，这个原则出自 Bertrand Meyer 的经典名著《面向对象软件构造》[32]。我们先来看一下开放-封闭原则的定义。

开放-封闭原则

设计元素应该对修改封闭，对扩展开放。

先解释一下其中的两个术语，"修改"指的是"打开代码实体进行修改"，"扩展"指的是"增加代码实体"。整个原则的意思是，如果一个设计在每次实现新的需求时都必须打开既有的代码，那它就不是一个好的设计。因为"打开代码"意味着要让这段代码变复杂，会增加出错的风险，同时还必须重新测试所有和这段代码相关的功能。相反，如果在每次实现新的需求时，仅新增代码元素即可，不会显著增加原来设计的复杂性，出错的风险也较低，那这就是一个良好的设计。

开放-封闭原则是一种检验手段，可以检验产出的设计是否高质量。例如，代码清单 2.16 对于扩展是开放的：当新增一个处理文件的需求时，仅需要扩展 FileVisitor 接口。如果缺乏这样的抽象，则可能产生如下代码。

```java
public class FileRecursiveProcessor {
    public void processFiles(String rootPath) {
        File dir = new File(rootPath);
        processFiles(dir);
    }
    private void processFiles(File node) {
        if (isJavaFile(node)) {
            System.out.println(file.getAbsolutePath());
        } else if (isTextFile(node)) {
            Files.readAllLines(node.toPath()).forEach(line->System.out.println(line));
        }
        if (!node.isDirectory()) return;
        File[] subnodes = node.listFiles();
        Arrays.asList(subnodes).forEach(subnode->processFiles(subnode));
    }
    private boolean isJavaFile(File node) {
```

```
17        if (!node.isFile()) return false;
18        return FilenameUtils.getExtension(node.getName()).endsWith("java");
19    }
20
21    private boolean isTextFile(File node) {
22        if (!node.isFile()) return false;
23        return FilenameUtils.getExtension(node.getName()).endsWith("txt");
24    }
25 }
```

代码清单 5.4 对目录下的文件进行处理

从功能上看，这个设计和其他设计完全等价，但是这显然是一个不内聚的设计，也不符合单一职责原则。我们从开放-封闭原则的角度来看看，这样的设计会导致什么后果。

如果现在再有一个新的需求，如打印 Python 文件的内容行数，那你会怎么实现这个功能呢？我相信大多数人最自然的选择，就是在第 16 行增加一个新的条件判断：else if (isPythonFile(node)) { ... }。

这是一个非常典型的开放-封闭原则的反例：对扩展封闭，对修改开放。这样的代码在每次修改后都需要重复测试，还可能影响既有的功能，更重要的是代码将会越来越复杂、越来越臃肿。

开放-封闭原则是关注点分离的有效试金石。凡是关注点分离得不足时，它往往意味着需要在原有的代码上进行修改，而不是扩展。在第一次遇到这种场景时，及时对概念进行抽象，就可以分离关注点，提升设计质量，同时也满足了开放-封闭原则。

5.5 设计模式

我们已经在 5.2 节讨论了架构模式，现在来看一下在设计层次上，设计模式如何支持了设计分解。设计模式是程序员的得力助手，但是对新手来说往往意味着神秘和负担，如果运用不当，还可能导致过度设计。

5.5.1 模式的价值

讲到模式，可以改编鲁迅先生的一句话，得到："世界上本来没有模式。类似的事情做多了，就形成了模式。"模式运动起源于 20 世纪 80 年代 Kent Beck 和 Ward Cunningham 的工作，这些工作发表在软件工程领域的著名软件会议 OOPSLA[33] 上。在软件设计领域，知名度最高的工作是 GoF① 的《设计模式》[28]。此后还产生了一大批有影响力的工

---

① GoF（Gang of Four）常被用来指代《设计模式》的四位作者：Erich Gamma、Richard Helm、Ralph Johnson 和 John Vlissides。

作，特别是 POSA（Pattern of Software Architecture）系列 [34]、Martin Fowler 的《企业应用架构模式》[35] 等。其中不少模式已经成为了软件工程领域开发者日常沟通时使用的术语，以及许多框架中的标准概念。例如，代码清单 2.16 中的 FileVisitor 的概念就来自《设计模式》。Spring 中的 Controller、Hibernate 等持久化框架中的 Unit of Work、Repository 等都源自《企业应用架构模式》。

模式最重要的价值是提升思考的粒度。这如同下围棋，高手在许多场景下，无须计算，只要扫一眼，就能大概知道场上的情况和接下来的发展趋势。这背后就是棋局的模式。尽管在没有模式时也可以从零开始一步步推演，但是思考的粒度会琐碎很多，也很容易造成失误。

模式还有助于便捷地交流。例如，两个开发者正在讨论系统之间接口不匹配的问题，当其中一个开发者说"这个地方我们需要加一个适配器"时，对方马上就知道他表达的是什么，这是因为存在适配器这个模式，且双方都知道这个模式，否则还得针对具体问题画出类图，进行一番烦琐的解释。

5.5.2　用设计模式指导软件设计

熟练掌握设计模式，有利于进行关于软件设计的思考和交流。代码清单 2.16 就是一个好的范例，它使用了一种叫作 Visitor 的设计模式。熟悉这个模式的程序员在遇到适合的场景时，就很容易在脑海中形成模式匹配，选择这个模式，形成解决方案。Visitor 模式就是：定义对象结构的类很少改变，但经常需要在此结构上定义新的操作。这句话援引自《设计模式》一书 5.11 节关于 Visitor 模式的表述，恰好符合我们面临的场景：访问文件夹下的文件，这是一个确定的关注点。但是，对访问到的文件进行什么操作，是可能发生变化的关注点，在这个关注点上，需要定义不同的操作策略。例如，在代码清单 2.16 中，是打印 Java 文件的文件名，在代码清单 2.17 中，则是打印文本文件的内容。

Visitor 模式完美地体现了软件设计的分解和抽象原则：分解指的是把不同的关注点分离，即刚才提到的把如何访问文件夹下的每一个文件作为一个关注点，把打印 Java 文件的文件名或打印文本文件的内容作为另一个关注点；抽象指的是把打印 Java 文件的文件名或打印文本文件的内容抽象为进行某种操作，即 FileVisitor。

许多设计模式是对关注点分离和抽象的应用。下面列举四个模式。

- Iterator 模式是对"遍历执行"这个活动的抽象，也是"如何遍历"和"遍历后做什么"这两个关注点的分离。
- Strategy 模式是对具体操作行为的抽象。
- Composite 模式是对整体和部分的分离，也是对事物自相似性的抽象。

- Decorator 模式是对核心职责和附加职责的分离。

如果熟悉设计模式，在遇到恰当的场景时，就可以快速决定应该如何分离关注点，并快速将它转换为实现。

在实际工作中，常常见到许多读者虽然能熟读《设计模式》，但是并不能灵活运用其中的知识，核心原因在于他们并未非常了解软件设计的关注点分离和抽象这两个视角。换言之，即使你不了解设计模式，只要坚持关注点分离和及时抽象，设计模式也会自我显现。相反，如果没有理解关注点分离的本质，只是生搬硬套设计模式，那结果往往是：不仅没有改善设计，还会导致代码更加晦涩难懂。

5.5.3 在重构中涌现模式

避免生搬硬套设计模式的核心要诀是：仅在需要的时候才进行关注点分离和概念的抽象。前文已经提到，即使是代码清单 2.11 这样的代码（没有关注点分离），在确定出现新的变化方向之前，也不是必须抽象为 Visitor 模式。

让我们介绍一个来自真实项目的场景。multilang-depends 是一个分析代码元素间的依赖的开源项目[14]。在它的早期版本中，有一个叫作 EntityRepo 的类，用于存储所有解析到的代码元素，如类、方法等。最初它仅仅是一个简单的内存数据存储结构，类似于下面这样。

```java
public class EntityRepo {
    Map<String, Entity> allEntieisByName;
    public Entity getEntity(String entityName) {
        return allEntieisByName.get(entityName);
    }

    public List<Entity> resolveImportEntity(String importedName) {
        ArrayList<Entity> result = new ArrayList<>();
        Entity imported = this.getEntity(importedName);
        if (imported == null) return result;
        result.add(imported);
    }
    // 其他代码略
}
```

代码清单 5.5　早期版本的 EntityRepo

其中，第 2 行使用了 Map 结构，以名字为键存储解析到的代码实体。第 3 行至第 5 行的 getEntity 方法用于根据名字查找对应的代码实体。

根据需要分离接口和实现

在迭代了若干版本之后，发现解析到的文件中代码实体的数量非常庞大，占用了许多内存，因此决定采用一个数据库来存储。为此，我们发现了两个不同的关注点：关注点 1 是如何实际存储；关注点 2 是如何对外部表达存储能力。这是一个典型的 Bridge 模式：分离接口和实现。

所以，代码演进为如下这样。

```java
1  public interface  EntityRepo {
2      public Entity getEntity(String entityName);
3      // 其他代码略
4  }
5
6  public class InMemoryEntityRepo implements EntityRepo {
7      Map<String, Entity> allEntieisByName;
8
9      @Override
10     public Entity getEntity(String entityName) {
11         return allEntieisByName.get(entityName);
12     }
13     // 其他代码略
14 }
15
16 public class Neo4jEntityRepo implements EntityRepo {
17
18     @Override
19     public Entity getEntity(String entityName) {
20         // 代码略
21     }
22     // 其他代码略
23 }
```

代码清单 5.6 分离了接口和实现的 `EntityRepo`

根据需要分离查找策略

此外，在代码清单 5.5 中，第 7 行至第 12 行的 `resolveImportEntity` 方法实现了该程序的一个重要功能：根据 import 语句（如 `import java.nio.file.Files;`）找到实际的代码实体。由于 Java 语言中的 import 语句非常直接，提供了全路径名，所以很容易就可以找到，在第 9 行直接进行查找即可。

当把这个方法扩展到也可以分析 C 语言代码时，情况就变复杂了很多，因为 C 语言中需要根据 #include 语句逐级上溯，这时候直接查找就变得不可能了。因此，这部分代码演进为如下这样。

```
 1  public interface ImportLookupStrategy {
 2      /**
 3       * How to find the corresponding entity out of current scope
 4       *
 5       * @param name - the entity name
 6       * @param fileEntity - the current file
 7       * @param repo - the whole entity repo, which could be used when necessary
 8       * @param inferer - the inferer object, which could be used when necessary
 9       * @return the founded entity, or null if not found.
10       */
11      Entity lookupImportedType(String name, FileEntity fileEntity,
12                                EntityRepo repo, Inferer inferer);
13  }
14
15  public class CppImportLookupStrategy implements ImportLookupStrategy {
16      @Override
17      public Entity lookupImportedType(String name, FileEntity fileEntity,
18                                       EntityRepo repo, Inferer inferer) {
19          // 代码略
20      }
21  }
22
23  public class JavaImportLookupStrategy implements ImportLookupStrategy {
24      @Override
25      public Entity lookupImportedType(String name, FileEntity fileEntity,
26                                       EntityRepo repo, Inferer inferer) {
27          // 代码略
28      }
29  }
```

代码清单 5.7 分离 import 查找为策略模式

从上述例子可以看出，责任分解并不总是一蹴而就的，它往往会随着设计的持续演进，发现新的变化方向、新的关注点和新的抽象。这种持续改善代码的设计行为，就是重构。本书 11.3 节还将深入探讨重构的概念。

重构和设计模式之间存在彼此促进的关系。首先，设计模式为重构过程提供了有效的牵引。其次，重构是应用设计模式的最好时机。避免过度设计的一个很难把握的点就是不知道什么情形才是过度设计。重构给出了非常明确的回答。因为代码中已经出现了坏味道，所以必然需要改进设计。那么，在需要时使用设计模式来分离关注点，就成为了一个恰当的选择。最后，根据设计中出现的关注点分离的信号，按需分配职责，也是达成第 2 章所述的"没有多余的设计"的最佳选择。

5.6 小结

模块化是软件设计的基础。如何在架构层次和设计层次上分解设计，并使用 UML 或正确的语言特性表达设计，是高质量软件设计的基础。本章讲解了软件设计的基本概念：元素、职责和协作，并介绍了软件设计的核心原则，尤其是单一职责原则。

此外，应该利用架构模式和设计模式来加速设计进程，提高设计质量，因此熟练掌握架构模式和设计模式，能够大幅提升设计效率。

图 5.13 总结了本章讲到的核心概念和方法。

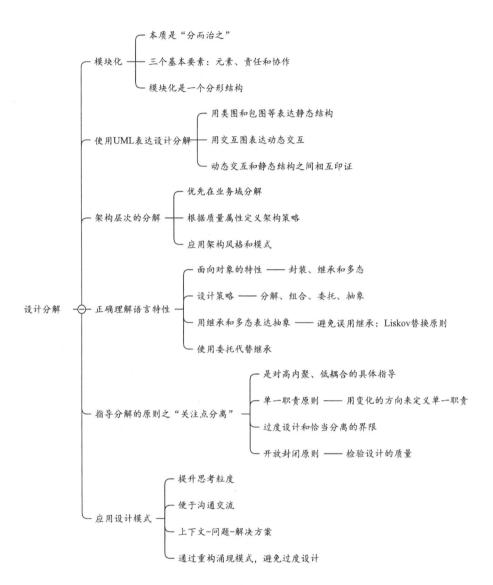

图 5.13 设计分解和职责分配

第 6 章　依赖、接口和契约

设计分解和职责分配促进了设计元素间的协作。协作就必然需要引入依赖，依赖是软件设计中最复杂的部分。良好的依赖会让代码看起来结构清晰、井井有条；而管理得不好的依赖，有可能让代码乱糟糟的像一团麻，让软件设计不稳定、易出错、难复用。

本章将从依赖的设计原则、接口、契约和事件机制的角度，来讨论如何良好地管理依赖，实现高质量的软件设计。

6.1　依赖的设计原则

软件是一个职责系统。有职责分工，就会有协作，业务需求或者系统的某种职责正是通过模块间的彼此协作达成的。也就是说，在软件系统中，绝大多数模块要想正常发挥作用，离不开其他模块的配合。这意味着模块间普遍存在依赖关系。

管理不良的依赖常常是发生设计问题的根源。在 2.4 节，我们曾经提到过一个设计不良的 AccountService 的例子（读者如想了解该例，请参阅代码清单 2.10 和代码清单 2.12）。我分析了 AccountService 的实际依赖，并把部分结果展示在了图 6.1 中。

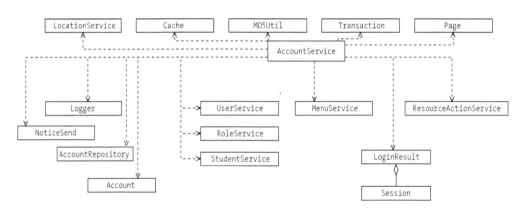

图 6.1　一个具有复杂依赖的类

不好的设计往往有着复杂的依赖。根据图 6.1，AccountService 直接依赖了至少15 个类，其中有些类还有其他依赖，如 AccountRepository 依赖 Account、LoginResult

依赖 Session 等。复杂的依赖会影响代码易理解、易演进和易复用的能力。

- 影响易理解：依赖越多，理解 AccountService 所需要掌握的知识就越多。
- 影响易演进：依赖越多，AccountService 受影响和出错的可能性就越大。
- 影响易复用：依赖越多，复用时受的约束就更多，要么把依赖的元素一起带上，要么修改相关代码解除依赖。而当依赖层次很深的时候，难免"拔出萝卜带出泥"，会直接导致复用失败。

那么，如何设计依赖才能降低以上的影响呢？袁英杰在《变化驱动：正交设计》[36] 一文中做了如下总结。

- 依赖最小化原则：只依赖必需的设计元素。
- 稳定依赖原则：尽量依赖稳定的、不易变更的设计元素。

使用这两个原则，很容易理解软件设计中一系列设计策略和模式，包括面向接口编程、依赖倒置、接口分离等。

6.1.1 面向接口编程

面向接口编程是一种关注点分离机制，其核心是分离接口（做什么）和实现（怎么做），这两点贯彻了上面提到的两个原则。

- 依赖最小化原则：具体的实现比抽象的接口涉及更多细节，知识和信息也更复杂，依赖于接口贯彻了依赖最小化原则。
- 稳定依赖原则：具体的实现比抽象的接口发生变化的概率更高，依赖于接口可以让依赖更稳定。

在图 6.1 中没有明确指出 AccountService 依赖的是接口还是实现。我们取其中一个依赖关系做更仔细的观察。图 6.2 和图 6.3 分别展示了 AccountService 依赖于 AccountRepository 的两种方式。其中，图 6.2 是典型的面向接口编程的策略。作为对比，图 6.3 依赖于具体的实现。①

如果读者熟悉设计模式，可能已经看出来了，图 6.2 就是设计模式中的 Bridge（桥接）模式。面向接口编程在本质上和 Bridge 模式是统一的。只不过，面向接口编程的概念相当重要，已经成为了一种重要的编程范式。无论是编程语言（如 Java、C#），还是现代的编程框架（如 Spring），都对接口和面向接口编程提供了广泛支持。

---

① 图 6.3 中的 AccountRepository 是一个类，这本来是不言自明的，但是为了突出，我特意给它加了一个构造型 <<class>>。构造型是 UML 的一种通用机制，用来说明某种设计元素的类型。

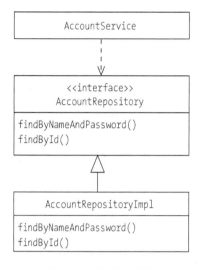

图 6.2 面向接口编程

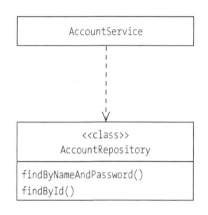

图 6.3 直接依赖于具体的实现

面向接口编程有两方面的好处。

一方面是面向接口编程带来了更稳定的设计。使用面向接口编程的方式,依赖方不会受被依赖接口的具体实现方式的影响。例如,AccountRepositoryImpl 可以是一个基于 MySQL① 的实现,也可以是一个基于 MongoDB② 的实现,还可以是一个基于 h2③ 的实现,甚至是一个仅仅基于内存数据结构(如列表)的模拟存储结构。在具体实现方式上,可以使用 JDBC,也可以使用 MyBatis④,还可以使用 Hibernate 或者 Spring JPA。无论实现方式如何变化,只要接口不变,依赖于 AccountRepository 的 AccountService 就不会有感知。

面向接口的编程方式可以有效阻断依赖传递。图 6.2 仅仅展示了一层依赖关系。在实际的系统中,依赖肯定不会只有一层。当层次非常多的时候,面向接口编程和非面向接口编程之间的差异就很大了。

在图 6.4 中,左侧使用的是面向接口编程,右侧是依赖于具体的实现。其中,左侧的 C_1(C 表示 Class)仅依赖于 I_1(I 表示 Interface),也就是说,只有 I_1 变化才会引起 C_1 变化;C_2 和 C_3 也仅依赖两个接口。而在右侧的依赖关系中,只要 C_2、C_3、C_4 中的任何一个发生变化,就会导致 C_1 变化。显然右侧的稳定性要弱于左侧。

① MySQL 是一种关系型数据库。
② MongoDB 是一种文档数据库。
③ h2 是一种内存数据库。
④ MyBatis 是一种数据库 Wrapper 机制。

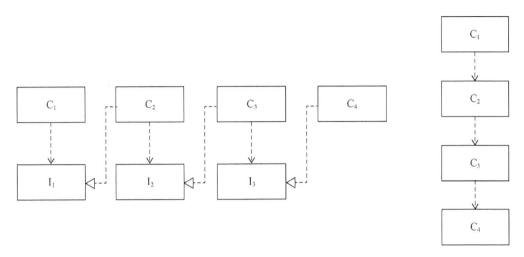

图 6.4 面向接口编程使设计稳定

另一方面是面向接口编程的方式把 "A 依赖于一个具体的 B" 变成了 "A 依赖于接口定义的标准" 或者 "A 依赖于接口定义的能力"。这是一个非常重要的思维模式的不同。

"A 依赖于一个具体的 B" 类似于我们在日常生活中遇到的非标准件。假设汽车上的一个小零件坏了，而且这个零件是一个非标准件，那么需要到把车开到专门的汽车门店去修理。这个门店要是没有这种零件，就还需要花时间订购。可如果是家里的灯泡坏了，那么只需要到附近的五金店，就可以买到新的，很快就能修好。之所以能有这种便利，是因为所有灯泡都必须遵循国家标准，从而能够灵活互换。更重要的是：标准化的接口让所有家庭的照明系统和各家照明设备制造厂商成功解耦了，仅和国家标准存在耦合。国家标准非常稳定，自然整个照明系统的维护成本就大幅降低了。

标准化是现代工业的基础。对于在上一段中提到的标准，现行最新的标准是 GB/T 1406.1-2008《灯头的型式和尺寸》。例如，日常生活中最常用的灯头是 E27 螺口灯头，更细一点的是 E14 灯头。正是因为有了这些标准，各家灯具制造厂商和灯泡制造厂商才可以各自独立，产品互相兼容。这种简单性和互换性也是软件系统设计所追求的目标。尽管由于软件系统的复杂度要远远超出照明系统，导致实现完全的标准化定义非常困难，但是依赖于接口，而不是依赖于具体的实现，是一个普遍适用的原理。

顺便提及，在接口标准化方面，类似于 OpenAPI 的机制正在逐渐形成。通用且常用的系统组件（如短信发送等）都在渐渐走向标准化。

6.1.2 依赖倒置

依赖倒置[31] 是一个著名的软件设计原则，是面向接口编程的具象化说法。

为什么叫依赖倒置呢？这是因为在软件设计中，我们常常会把更靠近依赖树顶端的部分称为上层，把更靠近底端的部分称为下层。例如，在图 5.11 所示的分层架构中，接口层是上层，数据访问层是下层。在图 6.4 右侧的图中，C_1 是上层，C_2 是下层。当然上层、下层是一组相对的概念。例如，C_2 相对于 C_1 是下层，相对于 C_3 就是上层。

按照习惯性思维，上层肯定是要依赖于下层的，但是，在讨论面向接口编程时，我们已经理解到这种设计是不好的，应该要依赖于接口。按照这样的逻辑设计软件系统，就得到了图 6.4 中左侧的图。这其中遵循的就是依赖倒置原则。

> 高层模块不应该依赖于低层模块，二者都应该依赖于抽象。

依赖倒置还有一个类似的说法，叫作抽象不应该依赖于细节，细节应该依赖于抽象。细节指的就是具体的实现，抽象指的就是接口。这也从另外一个视角强调了稳定依赖这一原则。

我们可以在图 6.4 中看到：右侧图中的 C_1 和 C_2 的关系是上层依赖于下层，这是传统且不够合理的依赖设计方式。而在左侧图中，C_1 和 C_2 都对 I_1 有依赖，也就是模块依赖于接口，而不是模块间直接依赖。图 6.5 是一个更为清晰的示意图，从 C_2 的视角，我们可以清晰看到依赖方向的反转。

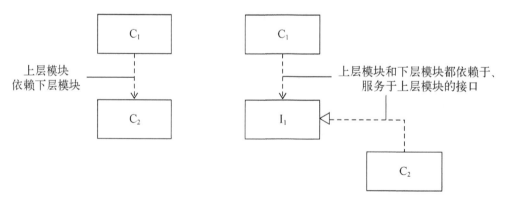

图 6.5 依赖倒置原则

6.1.3　接口分离

接口分离原则是一个关于接口粒度设计的很有效的原则。在本节前面的讨论中，我们已经知道：依赖于接口要优于依赖于实现。但是，接口的设计有没有要求呢？有，接口分离就是一个重要原则：接口的设计应该小且内聚。

接口分离原则有两种表述。

(1) 不应该强迫客户依赖于它们不用的方法。

(2) 类之间的依赖应该建立在最小的接口上。

下面我们通过一个例子来讲解接口分离原则。许多打印机兼有扫描和复印功能，这种打印机叫作"多功能一体机"。一个不恰当的 Printer 接口定义如下。

```java
public interface Printer {
    void print();
    void fax();
    void scan();
}
```

代码清单 6.1　不恰当的接口定义

如果接口是按代码清单 6.1 这样定义的，那么当我们开发一个应用时，会遇到什么问题呢？下面分场景来讨论这个问题。

- 场景 1：该应用需要同时用到打印、传真、扫描功能。在这种场景下，似乎暂时没有问题。
- 场景 2：该应用仅需要用到打印功能。在这种场景下，用不到接口中定义的 fax 方法和 scan 方法，要付出一点额外的理解成本，好像影响也不算大。

真正的问题出在演进上。业务和软件设计不可能是静态的：打印机的能力会不断发展，软件设计也可能发生变化。

(1) 新增接口能力导致接口膨胀，膨胀的接口又进一步影响了调用方和实现方。

打印机制造商要生产一种更复杂的打印机，它可以自动装订。所以，Printer 接口增加了一个新的方法：staple。原来的应用由于依赖于 Printer 接口，因此尽管它们并不需要装订能力，但是接口发生了变化，它们也不得不受影响。

实现了 Printer 接口的一般打印机，也不得不因为接口的变化而变更实现。甚至，接口中还不得不引入 isSupportStaple 方法，以避免那些根本不支持装订功能的打印机调用 staple 方法。

(2) 减少接口能力受到约束：新的设计被过去的方案所影响。

由于对传真功能的使用已经越来越少，所以打印机制造商决定在未来的新机型中去掉传真功能。基于同样的道理，因为 Printer 接口中的 fax 方法仍然在老机型中使用，所以即使新机型根本就没有传真功能，也不得不提供一个默认的 fax 实现，可能就只是抛出 UnsupportedOperationException。

同样的道理，为了避免 fax 方法被误调用，还得提供一个和 isSupportStaple 方法类似的方法：isSupportFax。而这个新增的方法又无可避免地会影响所有的调用方和实现方。

根据以上分析修改后的 Printer 接口定义如下。

```
 1 public interface Printer {
 2     void print();
 3
 4     boolean isSupportFax();
 5     void fax();
 6
 7     void scan();
 8
 9     boolean isSupportStaple();
10     void staple();
11 }
```

代码清单 6.2 缺乏分离的接口更容易导致变更和膨胀

出现上述接口不断膨胀、旧的功能无法删除、上下游很容易受影响的问题，其根源是 Printer 接口承担了过多职责。

当我们把单一职责原则也应用于接口时，解决思路就变得非常清晰了。尽管某种打印机确实同时实现了打印、传真、扫描甚至装订功能，但是这些功能既没有必要、也不应该被强行放到一个接口中。完全可以把它们独立实现为 Printer 接口、Scanner 接口、Fax 接口和 Stapler 接口。

把接口分离之后，可以有仅实现 Printer 接口的打印机，也可以有实现所有接口的多功能机，甚至还可以有仅实现 Stapler 接口的订书机。使用这些接口的应用程序也变得非常灵活。对于一个不需要关心装订的应用程序而言，它完全可以无视 Stapler 接口，设计也因此变得更加稳定。

按照这种设计，我们可以写出如下代码。

```
1 interface Printer {
2     void print();
3 }
4
5 interface Fax {
```

```
 6        void fax();
 7    }
 8
 9    interface Scanner {
10        void scan();
11    }
12
13    interface Stapler {
14        void staple();
15    }
16
17    class SimplePrinter implements Printer {
18        @Override
19        public void print() { /* 实现略 */ }
20    }
21
22    class MultiFunctionPrinter implements Printer, Fax, Scanner, Stapler {
23        @Override
24        public void print() { /* 实现略 */ }
25        @Override
26        public void fax() { /* 实现略 */ }
27        @Override
28        public void scan() { /* 实现略 */ }
29        @Override
30        public void staple() { /* 实现略 */ }
31    }
```

代码清单 6.3 分离接口带来高质量的设计

扩展阅读：SOLID 原则

Robert C. Martin 有一本很有名的书《敏捷软件开发：原则、模式和实践》[31]。在这本书中，他用五个面向对象设计的原则的首字母组成了 SOLID，也让这些原则得到了广泛的传播。

从严格意义上讲，SOLID 原则既不全面，也不正交。它涉及内聚性、耦合性、面向对象设计的若干方面。但是，SOLID 原则具有非常积极的意义，它非常易于理解、易于传播。本章和上一章的中有许多内容源自 SOLID 原则。为了便于读者记忆和串联相关的知识点，我们对 SOLID 原则做一个系统的总结。

- 单一职责原则（Single Responsibility Principle，SRP）：类的职责应该是单一的。所谓的单一，是从变化的维度衡量的。也就是说：一个类应该只有一个变化的原因。

- 开放-封闭原则（Open-Closed Principle，OCP）：设计元素应该对修改封闭，对扩展开放。
- 里氏替换原则（Liskov Substitution Principle，LSP）：所有的子类，都应该完整地实现父类所要求的所有行为。
- 接口分离原则（Interface Segregation Principle，ISP）：类之间的依赖应该建立在最小的接口上。不应该强迫客户依赖于它们不用的方法。
- 依赖倒置原则（Dependency Inversion Principle，DIP）：高层模块不应该依赖于低层模块，二者都应该依赖于抽象。

其中，本书在 5.4 节讲解了单一职责原则和开放-封闭原则，在 5.3 节讲解了里氏替换原则，在本节前面讲解了接口分离原则和依赖倒置原则。学完这些部分的内容，相信大家能对 SOLID 原则有更加深入的体会。

6.2 需求方接口

毫无疑问，接口是设计元素之间依赖的最普遍表现形式。无论是 Java 语言中的 interface，还是 C/C++ 语言中的头文件，扮演的都是接口这一角色。

但是，不少实践者往往忽视了看待接口的两个不同视角，从而引入了不必要的耦合，降低了设计质量。这就是我们将要在本节和 6.3 节探讨的话题：需求方接口和提供方接口。

6.2.1 看待接口的两种视角

我们还是以一个例子开始，这个例子是 6.1 节中例子的继续。在图 6.2 中，我们刻意忽略了一个问题：AccountRepository 究竟是距离 AccountService 更近一些，还是距离 AccountRepositoryImpl 更近一些？也就是说，把图 6.2 中的三个设计元素划分为更细粒度的模块，得到图 6.6 中的两个图，其中哪个表示更为精确？

两种不同的归属方法代表两种不同的设计意图。请大家仔细阅读下面两段，体会其中的差异。

对于左图，它的意义是：AccountService 需要一个叫作 AccountRepository 的服务。AccountRepository 的定义是从 AccountService 的需要出发的。如果想使用 AccountService，就必须提供一个能够实现 AccountRepository 的模块予以配合。在本例中，这个模块是 AccountRepositoryImpl。——在这个叙述中，AccountService 是主动方，它决定了 AccountRepository 的定义。

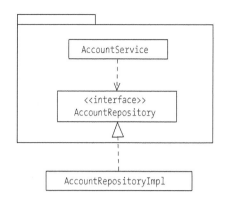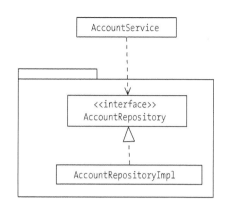

图 6.6 AccountRepository 的两种归属方法

对于右图,它的意义是:AccountRepository 对外声明了一组服务接口,这组接口通过 AccountRepositoryImpl 实现。如果 AccountService 想使用 AccountRepository 提供的存储能力,就需要理解 AccountRepository 的具体定义。——在这个叙述中,AccountService 是被动方,它被动接受了 AccountRepository 的定义,或者至少要和 AccountRepository 的实现方进行协商。

图 6.6 所示的这两种情况分别代表两种接口类型。左图中的 AccountRepository 是需求方接口,右图中的 AccountRepository 则是提供方接口。

那么,什么时候应该使用需求方接口,什么时候应该使用提供方接口,甚至两种接口都需要使用呢? 我们下面就分别介绍一下它们的概念和关系。

6.2.2 不良的依赖结构影响设计的稳定性

如果你正在编写一段代码,且这段代码依赖于其他人提供的接口。那么,你可能会遇到如下场景。

- 你对接口的定义影响有限,因为接口提供方可能是一个通用服务,服务于许多人,你只是其中之一,所以并没有太大的话语权。
- 接口不太稳定,但是你并不想让自己的设计受接口提供方的影响。

在这种情况下,如果直接依赖于别人的接口,就可能是错用了接口类型,你应该定义自己的需求方接口。

需求方接口这一概念非常重要,它是设计稳定性的保证。同时,它也是达成依赖倒置原则的手段。我们使用一个简单的例子来说明需求方接口的定义思路及价值。这个例子改编自 Robert C. Martin 关于依赖倒置原则的示例,只是解读视角略有不同。

示例：开关控制电机

假设有一个电机，我们需要用一个开关来控制这个电机，有两个控制动作：开始和结束。那么，开关应该如何实现对电机的控制呢？

最直接的方式是在开关类中直接调用电机实例的方法。代码如下。

```java
public class Switch {
    Motor motor;
    void on() {
        motor.start();
    }
    void off() {
        motor.stop();
    }
}
```

代码清单 6.4　在开关类中直接调用电机实例的方法

在代码清单 6.4 中，如果 Motor 是一个类，那这样的设计就违反了依赖倒置原则。Switch 类的实现要是建立在具体的 Motor 类的基础上，就会影响稳定性。可如果 Motor 是一个接口呢？就像图 6.7 所示的那样。

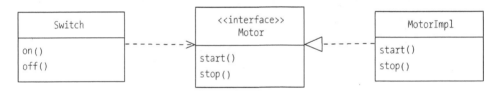

图 6.7　Switch 依赖于 Motor 接口

从提供方视角看到的接口依赖，不是真正的依赖倒置

固然这时的 Motor 是一个接口而不是具体的类，但看起来已经满足了具体依赖于抽象这一原则。而且，机械地看，无论是站在从 Switch 到 Motor 的视角，还是站在从 MotorImpl 到 Motor 的视角，都符合这一原则。但是这并不是真正的依赖倒置，这样的设计并不能真正解开 Switch 和 Motor 之间的耦合。让我们来看一个设计演进，来发现其中的设计困境。

提供方视角的接口依赖导致演进的困难

假如电机的能力升级了，新增了一个调整转速的能力。那么，如何才能让操作员可以控制这个新增的能力呢？基于图 6.7 中的设计，可能会在 Switch 类中新增一个方法 setSpeed，并调用 Motor 实例的 setSpeed 方法实现。这时候的 Switch 对象从一个简单的开关升级到了调速开关。但是，一旦这么做，就会导致 Switch 的通用性出现问题。

例如，此时面临一个新场景：开关要被用于控制一盏灯。那么，增加了 setSpeed 方法的 Switch 类（代码清单 6.4）就会遇到一个新问题：它已经不能被复用了。如果要复用，只能通过几种很"将就"的修改来实现。

(1) 引入一个新的成员变量 Lamp，然后在 Switch 类中设置一个标识，说明当前控制的是灯还是电机。根据该标识，在控制灯时调用 Lamp 接口，在控制电机时调用 Motor 接口。这种修改方式的示意图如图 6.8 所示。

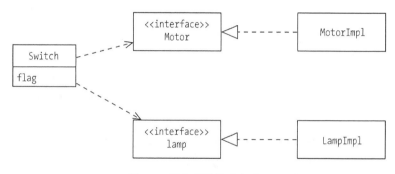

图 6.8 不合理的修改方式 1

(2) 复制 Switch，让两个 Switch 分别用于控制灯和电机，灯和电机可以有各自的接口声明。这种修改方式的示意图如图 6.9 所示。

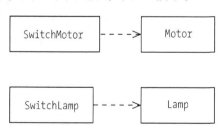

图 6.9 不合理的修改方式 2

(3) 让 Lamp 接口继承 Motor 接口。这种修改方式的示意图如图 6.10 所示。

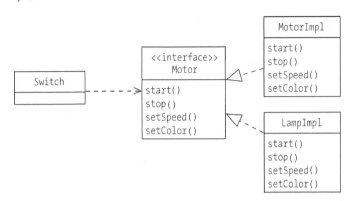

图 6.10 不合理的修改方式 3

这三种方式无一优雅。第一种方式是代码膨胀的根源，同时它不符合开放-封闭原则。第二种方式则是代码重复的根源。第三种方式首先从语义上讲就不合适：start 方法和 stop 方法用在 Lamp 的实现上特别怪异，setSpeed 方法更是不得不实现为空。如果将来增加 setColor 方法把灯变成可变色的，那么还将反向影响 Motor 接口的既有实现，对 Motor 接口造成影响。

出现这种问题的原因其实很简单，就是对于 Switch 类来说，不应该依赖于一个具体的 Motor 接口，这二者之间并没有概念上的关联。接口依赖不应该从提供方出发，而应该从需求方出发。这就是需求方接口的重要意义：接口属于需求方。

6.2.3　从需求方视角定义接口

我们回到图 6.7 和代码清单 6.4。造成上述问题的根本原因在于我们假定了 Switch 类必然依赖于 Motor 接口。而在现实中，生产出一个开关后是不会关心要用它去控制什么的，电机、灯或者风扇等都可以。现实中开关的背面如图 6.11 所示。

开关的生产厂商并不关心开关的具体应用场景，它只会从通用视角出发，定义开关的接入规范，也就是开关背面的两个接线柱。换句话说，凡是能通过两个接线柱接入开关的设备，就都能用开关控制。其本质是电流的通断。把这个设计转换为类图，就是图 6.11 中右侧的类图。一切能用开关控制的设备，都必须声明其在通电和断电场景下的行为。接线柱接口 Switchable 就是从开关视角声明的需求方接口。

定义了 Switchable 接口后，就可以让 Lamp 类和 Motor 类实现这个接口了，类图如图 6.12 所示。这恰恰也是 6.1 节中依赖倒置原则的体现。

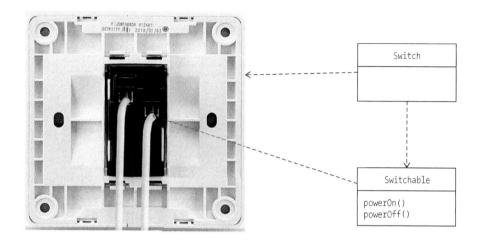

图 6.11 现实中开关的背面

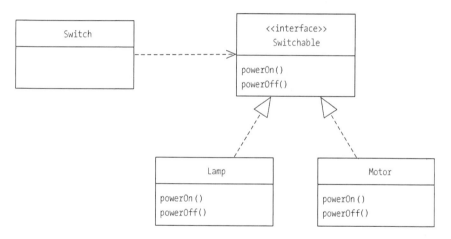

图 6.12 实现 Switchable

下面是 Motor 类的代码实现。

```
1  public class Motor implements Switchable {
2      void powerOn() {
3          start();
4      }
5      void powerOff() {
6          stop();
7      }
8  }
```

代码清单 6.5 Motor 类实现 Switchable 接口

这段代码从意义上讲，反映了"powerOn→start"的概念，这恰恰和现实中的逻辑是一致的。当然，我们需要一种机制，让 Motor 类实现的 Switchable 接口可以被 Switch 类感知。代码实现如下。

```
1  public class Switch {
2      Switchable switchable;
3      void on() {
4          switchable.powerOn();
5      }
6      void off() {
7          switchable.powerOff();
8      }
9  }
```

代码清单 6.6　Switch 类依赖 Switchable 接口

6.2.4　依赖注入

在代码清单 6.6 中，Switch 类依赖了 Switchable 接口。在面向对象系统中，这意味着依赖注入。依赖注入意味着用一种方式把抽象的 Switchable 接口和真实的 Motor、Lamp 等类连接在了一起。最常见的依赖注入做法是使用构造函数注入，或者使用方法注入。第一种做法的示例代码如下。

```
1  public class Switch {
2      Switchable switchable;
3      Switch(Switchable switchable) {
4          this.switchable = switchable;
5      }
6      void on() {
7          switchable.powerOn();
8      }
9      void off() {
10         switchable.powerOff();
11     }
12 }
13
14 public class Client {
15     public init() {
16         Motor motor = new Motor();
17         Switch switch = new Switch(motor);
18     }
19 }
```

代码清单 6.7　使用构造函数注入依赖

第二种做法的示例代码与此类似，只不过是在 Switch 类中定义了一个方法 set-Switchable。

```
1  public class Switch {
2      Switchable switchable;
3      void setSwitchable(Switchable switchable) {
4          this.switchable = switchable;
5      }
6  }
```

代码清单 6.8　使用方法注入依赖

依赖注入是一个非常重要且极其常用的模式。很多开发框架提供了更为便捷的依赖注入做法，如 Spring（@Autowired）、Mock（@InjectMocks）等。不了解相关开发框架的读者，可进一步阅读相关资料。

6.2.5　防腐层

明确需求方接口的概念对提升设计的稳定性来说非常重要。除了编码，需求方接口在架构设计中也处于重要的位置。例如，在嵌入式系统中，硬件封装层就是在把需求方接口接入不同硬件提供方时的一种常见方案。而在领域驱动设计中，添加防腐层是一种能屏蔽其他设计单元带来的影响的架构手段。这二者的本质都是需求方接口。这里我们简单介绍一下防腐层的概念，以此说明需求方接口在架构设计中的应用。

> 防腐层（ACL，Anti-Corruption Layer）是一种架构模式。当一个子系统、模块等的外部依赖不受控，或质量不高，或可能存在多个实现方案等时，就应该定义防腐层了。
>
> 防腐层意味着从需求出发定义需求方接口，让子系统（或模块等）的所有实现均基于需求方接口，从而和具体的依赖解耦。防腐层的实现依赖于适配器模式。在 6.3 节将会有关于适配器模式的具体介绍。

6.2.6　需求方接口和接口分离原则

从需求方的视角定义出的接口很容易符合接口分离原则。还是以开关控制为例：当加入调速功能时，很容易就能发现并不是所有需求方都需要这个功能，有些需要，有些不需要。所以，把调速功能和 Switchable 接口放在一起是没有道理的，Switchable 这个名字也明确指示了增加一个 setSpeed 方法是不合理的。当为 Lamp 接口加入调色功能时，道理也是一样的。

结合这样的分析，可以得出如图 6.13 所示的设计。与图 6.8、图 6.9 和图 6.10 对比，可以明显看到分离接口后的设计更为清晰，设计单元更为内聚，可复用性也更强。

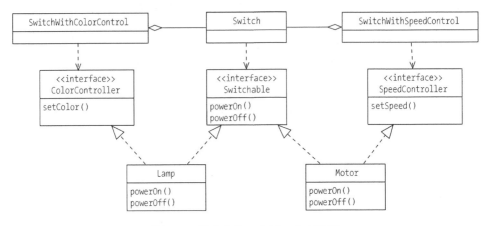

图 6.13 需求方接口和接口分离原则

需求方接口是一个重要的概念。从内聚性的角度看，设计单元应该定义请求方接口，其概念相关性可以得到显著提升。从接口的角度看，接口标识的是一种能力。无论是谁，只要它实现了接口定义的能力，依赖就可以和它顺畅协作。例如，对于 Switch 类来说，它真正依赖的既不是灯，也不是电机、风扇或者其他东西，而是一种"能够被开或者关的东西"。任何具备可开关能力的东西，Switch 都可以与之顺畅地协作。

6.3 提供方接口

提供方接口说明的是设计单元对外提供服务的能力。需求方接口反映的是某个设计单元"需要什么"，提供方接口反映的则是某个设计单元"能做什么"。

在本节中，我们首先介绍定义提供方接口的核心概念（围绕核心概念定义接口），然后介绍连接需求方接口和提供方接口的适配器模式，最后介绍从适配器模式和分层模型派生而来的六边形架构（也包括本质上是同类的整洁架构、洋葱架构）。

6.3.1 围绕核心概念定义接口

举例来说，在一个外卖订餐的场景中，为了提升配送效率，我们可能需要一个计算送餐路径的服务。而提供这个服务的可能是一个路径规划服务，和送餐这件事没什么直接联系，它就是个通用服务，可能需要输入节点、边以及边的权重，从而根据某种最优化方法获得一条路径。

从路径规划的能力视角看，这个能力除了用于送餐场景，还能用于顺风车路径规划、旅游路径规划等各种各样的场景。所以，路径规划服务不能仅遵循送餐服务定义的请求方接口，而应该定义自己的服务能力，供潜在的使用方使用自己的服务。

例如，我们可以这样声明路径规划服务。

```java
public interface RoutePlanningService {
    void createMap(Collection<Node> nodes, Collection<Edge> edges);
    List<Node> planNodeVisitSequence(Collection<Node> nodes);
}
```

代码清单 6.9 路径规划服务的接口声明

其中，createMap 负责初始化一张图，需要传入节点和边的信息；planNodeVisit-Sequence 负责计算出应该访问的节点的顺序。

无论什么服务，只要它需要路径规划服务提供的能力，就可以从该接口声明中获得必要的信息。这就是从提供方定义接口的意义。

如果在一个产品或团队内部，某个模块的存在完全是为了让另一个模块使用，这时候就无须定义提供方接口，把二者合二为一即可。但是，一旦在后续演进过程中，该模块有了更多潜在的客户，而且这些客户使用模块的方式有差异，就应该及时地把它分裂为需求方接口和提供方接口。

6.3.2　适配器模式

分开考虑需求方接口和提供方接口，必然会产生接口不能完全匹配的情况。在 6.1 节中，我们曾经提到不同的灯头规范，如 E27 或者 E14 等。假如恰好有某个场景，需要把一个 E14 灯泡装到一个 E27 灯座上时，此时适配器就要大展身手了。在软件世界中也是一样，适配器模式的结构如图 6.14 所示。

在路径规划的例子中，定义的需求方接口可能是 List<Site> calculateRoutes()，这时，我们就需要提供一个适配器，能通过 RoutePlanningService 接口提供的 planNodeVisitSequence 方法实现 calculateRoutes 方法，从而让路径规划服务和送餐服务完成连接，并且避免彼此的概念污染。

6.3.3　六边形架构

六边形架构是 Alistair Cockburn 提出的一种架构模式[37]，它的另外一个名字叫作"端口-适配器模式"。这个别名非常清晰地说明了六边形架构的本质。

> 六边形架构是分层架构加上需求方接口和适配器模式的自然结果。

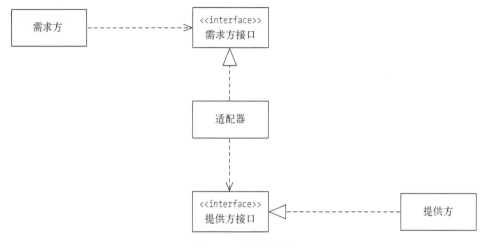

图 6.14 适配器模式

六边形架构的结构如图 6.15 所示。需要注意,"六"其实是一个虚指,它的核心是处在设计层次中央的是应用部分,外围的依赖则通过端口和适配器接入应用。

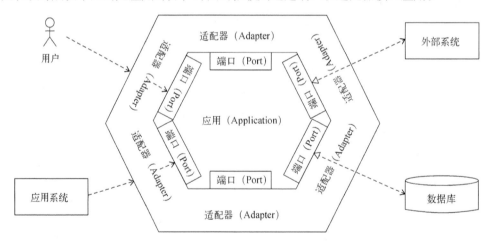

图 6.15 六边形架构

在分层架构中,上层是依赖于下层的。但是,如果在开始设计项目时,就优先建立了底层基础设施(如数据库、文件系统、消息机制等),那么在开发中就会不自觉地使用这些基础设施的特性,如某些数据库的非标准特性。一旦引入这种依赖,后期要替换依赖时就会非常复杂。

六边形架构以"应用逻辑和领域逻辑"为核心来看待分层架构。实现六边形架构的过程分成三步。

1. 把真正重要的、和业务逻辑密切相关的内容放在核心。

2. 从需求方的视角来定义端口，即定义需求方接口。

3. 基于项目的实际依赖实现适配器。

按照这种方式实现的设计，虽然最终看起来依旧像分层架构，但是可移植性和可测试性都得到了大幅改善，同时也可以让项目在早期就聚焦于核心业务逻辑，而不是把大量时间花费在基础设施的建立上。

我们在 5.2 节提到过整洁架构，读者可以发现它具备和六边形架构类似的形态，这是因为它本质上也是需求方接口的一种应用。

6.4 设计契约

为了实现软件设计单元之间的协作，搞清楚如何定义接口很重要，搞清楚如何精确地定义接口更为重要。在现实中，许多接口的定义是不清晰的，这也往往是产生许多软件问题的根源，人们很早就意识到了这个问题，并提出了设计契约的概念。设计契约的概念非常重要，值得给予特别地重视。

6.4.1 语焉不详的接口

许多设计看起来是定义了接口的，但是它们的责任往往语焉不详。我们来看看某个项目中存在的真实代码。

```
 1  /**
 2   * Expression: 提供四则运算能力
 3   */
 4  public interface Expression {
 5
 6      /**
 7       * 计算四则运算表达式的结果
 8       * @param expression   四则运算表达式
 9       * @return 计算结果
10       * @throws ExpressionError 运算错误
11       */
12      Double evaluate(String expression) throws ExpressionError;
13  }
```

代码清单 6.10 不够清晰的接口声明

代码清单 6.10 中声明了 Expression 接口，接口中定义了 evaluate 方法，甚至还出现了 JavaDoc 形式的注释。不过，对依赖于该接口的用户来说，该方法所能完成的任务是否清晰呢？

我试着用表 6.1 中的数据对该接口的实现做了测试, 其中一些输出结果是预期之内的, 一些则是预期之外的。

表 6.1 使用数据对 Expression 接口进行测试

输入数据	输出结果	是否符合预期
1+1	2	符合预期
(1+2)*3	9	符合预期
(1+2)/0	Divided by zero	符合预期
1234567890123	Overflow	预期之外
(一个包含 51 个字符的表达式)	Expression is too long	预期之外

在表 6.1 中, "符合预期" 代表该接口的实际表现和我的预期一致, "预期之外" 则代表在实际测试之前, 我根本没有想到 "该接口居然有这种限制"。在真实系统中, 如果有其他模块依赖于该接口, 那么这种预期之外的行为很可能会成为一个陷阱, 造成系统缺陷。

代码清单 6.10 中的接口声明看起来简单, 但是并没有包含足够的细节。例如, 最大能计算多大的数据? 最长能处理多长的表达式? 能支持多少种运算? 支持函数吗? 除号是用 / 表示还是用 ÷ 表示? 支持中文全角字符吗?

软件设计中充满了细节, 只要有一个模块的能力定义不清晰, 就有可能造成缺陷。但是在实际情况下, 责任定义不清或者理解不一致反而是常态, 这是一个非常值得关注的问题。

火星气候探测器的悲剧

1998 年 12 月 11 日, 美国发射了一颗火星气候探测器。在经历了 6.65 亿公里、8 个多月的漫长飞行之后, 探测器终于抵达火星。但遗憾的是, 探测器在即将进入火星轨道时, 意外坠毁了。这个项目的损失达到了惊人的 3 亿美元。

事故的调查结果令人叹息——发生坠毁竟然只是因为单位换算出了问题。探测器上的飞行系统使用公制单位来计算推进器的动力, 而地面人员输入的方向校正量和推进器参数使用了英制单位。所以, 探测器进入火星大气层之后, 与火星的距离大约只有 60 千米, 这一高度已经低于科学家提出的大约 85 千米的最小安全距离, 与预定的轨道高度 150 千米更是相差甚远。

从设计的角度看，模块交互必须保证双方对接口具有一致的理解。度量单位是边界上的重要问题，如果能更加重视接口的清晰度问题，那么探测器的坠毁或许有机会避免。

6.4.2 用契约规范协作

契约常常作为一个社会学概念出现。不过，契约对软件设计具有特别重要的意义。Andrew Hunt 和 David Thomas 在《程序员修炼之道》[10] 中提到下面的内容。

软件系统是复杂的，但是人类系统更为复杂。人类系统解决协作的一个有效方案就是契约。

设计契约以及契约式设计的理念来自 Bertrand Meyer[32]。其核心思想是：要让每个软件模块都具备清晰明确的责任，并确保这些责任可以被检验，从而保障最终的软件系统的健壮性和稳定性。

让我们先通过一个例子①，来说明清晰的设计契约的典型特征。

```java
public
class Stack<E> extends Vector<E> {
    /**
     * 说明：移除栈顶的元素，并且以该元素作为返回值
     * 返回值：栈顶的元素
     * 异常：如果栈为空，则抛出 EmptyStackException
     */
    public synchronized E pop() { /* 代码略 */ }

    /**
     * 获取栈顶的元素，且不移除该元素
     * 返回值：栈顶的元素
     * 异常：如果栈为空，则抛出 EmptyStackException
     */
    public synchronized E peek() { /* 代码略 */ }

    /**
     * 说明：获得某个元素在栈中的位置。该位置从1开始数
     *       对象o如果是栈中的一个元素，那么返回的是该元素到栈顶的距离；
     *       如果是栈顶元素，则返回1
     *       元素的比较使用equals方法
     * 参数：o - 传入的元素
     * 返回值：从栈顶开始，以1为基的位置。如果未找到，则返回-1
     */
```

———————
① 本例来自 Java 标准库中 Stack 类的定义。为了方便读者，我把其 JavaDoc 的内容翻译成了中文。

```
25    public synchronized int search(Object o) { /* 代码略 */ }
26  }
```

代码清单 6.11　Stack 类的声明

权利和义务

代码清单 6.11 是一个类的声明。如果从契约视角看，那么它定义的是如何使用 Stack 类的契约。契约有什么特点呢？我们可以参考人类社会的契约定义回答这个问题。

在社会系统中，契约形成阶段就要和合作方定义清楚协作的权利和义务。一旦契约形成，双方就都要严格受契约的约束。如果一方没能遵循契约，另一方就应该拒绝服务。同样，如果一方遵循了契约，另一方未能提供相应的服务，那它就应该受到相应的惩罚。基于契约定义权利和义务，是人类社会的复杂商业活动可以有效运作的基础。

这个的逻辑也适用于软件世界。契约式设计意味着下面三点。

> (1) 定义清晰的契约，并约束服务提供方和服务调用方的权利和义务。
>
> (2) 只有调用方履行了义务，提供方才会提供正确的服务。
>
> (3) 调用方只有履行了义务，才能享有获得正确服务的权利。

权利和义务是对等的。从提供方的视角看，权利意味着调用方的调用必须满足前置条件，义务则意味着调用之后必须满足后置条件。

从代码清单 6.11 中我们可以看到 pop 方法和 peek 方法都定义了前置条件：栈不能为空。也就是说，如果栈为空，那么 Stack 类将会抛出异常。因此，保证栈不为空是调用方的义务。

接着来看权利。pop 方法定义了后置条件，即调用这个方法后栈顶元素会被弹出。如果栈顶元素没有弹出，那调用方无须负责，这是 pop 方法需要负责的。

定义了契约，就需要进行严格地检查。例如，我们可以在测试中调用 Stack 类的 size 方法检查 pop 方法的行为是否正确，即调用 pop 方法后栈的尺寸应该比调用前小 1。在 10.2 节我们将介绍如何进行契约检查。把契约作为中心的设计叫作契约式设计。契约式设计是获得高质量软件的重要手段。

总是定义清晰的职责

清晰的职责是否就是把文档写得更清楚呢？这种理解不够本质。造成职责不清晰的最常见原因是：职责定义本身过度复杂或者不符合预期。如果职责本身定义得都不清楚，那么无论文档写得多好，都会导致设计问题产生。

我们现在在 search 方法的基础上进行扩充得到一个新方法。假设栈中包含若干个相等的元素，栈顶到栈底的元素数值分别为 3, 5, 3, 4。按照定义，search(3) 应该返回 1。假如有一个遍历栈中所有 3 的要求，那应该如何增强这个 search 方法的功能呢？

一种方法是：增加一个 advancedSearch 方法，把职责扩充为 第一次查找返回第一个 3 在栈中的位置，第二次查找返回第二个 3 在栈中的位置，……，在查找到最后时，返回 −1。按照这种职责定义，可以编写出如下代码。

```
public void searchAllValuesBadExample(Stack stack) {
    int pos = -1;
    do {
        pos = stack.advancedSearch(3);
        System.out.println("3 at position " + pos);
    } while (pos != -1);
}
```

代码清单 6.12 不合适的职责定义

这段代码尽管看起来很简洁，但是很危险。其中 advancedSearch 方法的定义意味着 Stack 要为 advancedSearch 维护一个状态，而每一次 advancedSearch 调用它，都会改变这个状态。即使把文档说明写得极度清晰，也仍然非常容易误用它。

如何避免这类问题呢？命令和查询就是一种非常有效的职责分类。下面我们来看它们的定义。

区分命令和查询

基本的模块职责有两类：一类是被请求完成某件事情，这类职责叫作命令；另一类是被请求获取某些数据，这类职责叫作查询。命令和查询是对接口职责的分类。在软件设计中留意命令和查询的概念，对设计清晰的职责是很有帮助的。

- 命令。命令意味着被调用方获得了一个指令，然后执行某种动作。命令一般不用于状态的获取。
- 查询。查询意味着从被调用方请求数据。查询不会改变被调用方的状态——也就是说，无论查询多少次，对于同样的输入，总是会得到相同的输出。

现在我们依照命令和查询的概念来解释代码清单 6.12 中的问题。虽然从名字和目的上看，advancedSearch 是一个查询方法，但是它改变了 Stack 对象的状态。从事实上看，advancedSearch 方法是命令和查询的混合体，虽然看起来调用过程更简洁，但这样的定义是不合适的：它不符合对查询的预期——查询就是查询，它不应该改变任何状态。

因此，要在职责定义中避免命令和查询的混合体。要解决代码清单 6.12 中的问题，有一个更好的做法：新增一个带有起始查找位置的 search 方法，如 int search(Object o,int start)。事实上，这就是 Java 的容器类（如 Vector、List 等结构）中的 indexOf 的定义形式。[1]

明确命令和查询非常重要。在 Stack 类的声明中，peek 和 search 都是查询方法，它们肯定不会改变 Stack 对象的状态。而 pop 是命令方法，不应该把它用作查询。有些程序员对命令和查询的概念区分不够敏感，又恰好不知道 peek 方法，就会误把 pop 当成查询方法来用，如调用 pop 方法获取栈顶元素的数值。可即使是调用 pop 方法后再次调用 push 方法把该数值压回栈里，这种做法也是不正确的。

如何避免误把命令方法用作查询呢？一个较好的编程实践是永远不让命令方法返回任何数据。按照这个要求，代码清单 6.11 中的 pop 方法的定义就不够好。它应该返回 void。尽管返回 void 会给某些场景中的使用造成不便，但同时也减少了误用的可能性。

通过上述例子我们可以看到，清晰职责的第一个要点如下。

> 单一职责，并且区分命令和查询。

定义清晰的职责很重要，想办法让使用者能清晰地理解职责也很重要。代码清单 6.11 使用了 JavaDoc 对接口职责进行描述，对职责的描述也很完整，是较好的范例。

文档不是描述职责的唯一方式。在 7.5 节我们还将介绍一种新的描述手段：把自动化测试作为活文档。此外，设计契约还带来了一种新的设计范式：契约式设计（10.2 节）。

6.4.3 从设计契约视角解读里氏替换原则

我们曾经在 5.3 节介绍过里氏替换原则。在本节中，我们从一个新的视角，也就是从设计契约的视角来重新观察这一原则，将会发现：里氏替换原则其实是设计契约在继承场景下的具体运用。

为什么说里氏替换原则是设计契约的自然结果呢？我们仍然以代码清单 5.2 为例进行说明。下面是从代码清单 5.2 中截取的部分密切相关的代码。

```
1  class Rectangle extends Shape {
2      public void setWidth(double width) { ... }
3      public void setHeight(double height) { ... }
4  }
5
```

[1] 二者的定义有细微差别：indexOf 是 0-based，而 search 方法是 1-based，不过这样的差别不影响本文的讨论。

```
 6 class Square extends Rectangle {
 7 }
 8
 9 class Client {
10     void bar() {
11         Square square = new Square(5);
12         Rectangle rect = square;
13         rect.setWidth(3.0);
14         System.out.println("正方形的边长为: " + square.getSide());
15     }
16 }
```

代码清单 6.13　继承的本质是契约的继承

这段代码的第 1 行至第 4 行是 Rectangle 类的声明,也就是 Rectangle 类的对外承诺:只要是一个长方形,就可以给它设置宽和高。第 6 行至第 7 行的 Square 类继承了 Rectangle 类,这意味着 Square 类需要继承 Rectangle 类承诺的一切——这是继承的本质特征,代码中的第 12 行把 Square 对象赋值给 rect 变量也印证了这一点:父类可以指向子类的引用。

但是很遗憾,Square 类并没能力完成"只要是一个长方形,就可以给它设置宽和高"这样的承诺,因此这个继承关系无法建立,也就是说,Square 类不能继承 Rectangle 类。

6.5 事件机制

耦合度最低的依赖是没有依赖。本节将要介绍的事件机制,就是解耦依赖的一种重要设计手段。

6.5.1 引例

现在我们有这样一个需求:

当用户注册成功后,系统会向用户发送一个注册成功的消息。

最常规的实现方式就是直接调用。我们先来看一种不好的实现方式。

```
1 public class AccountService {
2     public void register(String username, String phoneNumber, String password) {
3         if (!accountExisted(username)) {
4             accountRepository.add(username, phoneNumber, password);
5             smsService.notify(phoneNumber, " 注册成功");
6         }
7     }
8 }
```

代码清单 6.14　违反单一职责原则的注册服务

这段代码显然有问题。在 AccountService 的 register 方法中直接调用短信通知服务，违反了单一职责原则。用户如何进行注册是一个关注点，注册成功后系统如何通知用户是另一个关注点。这两个关注点不在一个变化方向上，所以不应该把它们放在一起。

现在我们来看一种更轻的耦合方式——基于事件的耦合。

6.5.2 基于事件的耦合

业务事件

我们曾经在第 3 章中介绍过业务事件。业务事件指的是，从业务视角看，具有重要意义的某件事发生了。注册成功、登录失败、订单完成都是业务事件的例子。

发布-订阅机制

发布-订阅模式是一种设计单元间的协作机制。参与协作的两侧，分别叫作发布者（publisher）和订阅者（subscriber）。其中，发布者负责对外告知某个事件发生了，订阅者负责监听特定事件的发生并触发相应的动作。它们之间的关系类似于图 6.16 中展示的内容。

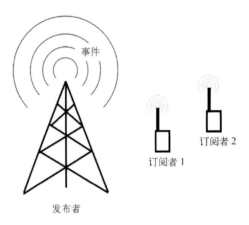

图 6.16 发布者和订阅者

在发布-订阅模式中，发布者负责对外告知某件事发生了，发布者感知不到订阅者的存在，订阅者负责监听特定的事件，并不关心这个事件是由谁发出的。这样，发布者和订阅者就实现了完全的解耦。它们之间仅有一种公共的约定，就是事件本身。

图 6.16 展示的设计方案有多种实现方式。面向对象的设计中最常用的观察者模式[28]就是一种常见的实现。在此基础上，还进一步演化出了基于消息的分布式实现等技术方案。

观察者模式

观察者模式有两个角色,分别为主体(Subject)[1]和观察者(Observer)。其中,主体等价于发布–订阅模式中的发布者角色,观察者等价于订阅者角色。观察者模式的结构如图 6.17 所示。为了便于理解,图 6.17 使用用户注册的例子对观察者模式进行了实例化。

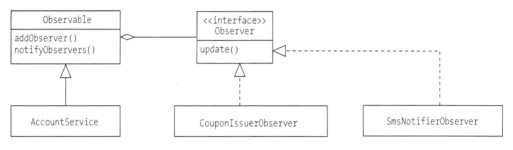

图 6.17　观察者模式

图 6.17 中的 Observable 就是主体,在面向对象的程序设计中把它定义为了一个抽象类。Observable 持有一个 Observer 列表,可以往其中加入任意数量的 Observer。在本例中,CouponIssuerObserver 和 SmsNotifierObserver 都是具体的 Observer,所以它们都必须实现 Observer 接口定义的 update 方法。

观察者模式已经是 Java 的 util 包中的标准实现,所以我们可以直接使用 java.util.Observable 和 java.util.Observer 来完成这个注册成功后给用户发送短信的功能。主要代码如下。

```
 1 public class AccountCreatedEvent {
 2     private Account account;
 3     public AccountCreatedEvent(Account account) {
 4         this.account = account;
 5     }
 6     Account getAccount() {
 7         return account;
 8     }
 9 }
10
11
12 public class AccountService extends Observable {
13     AccountRepository accountRepository;
14     public void register(String accountName, String phoneNumber, String password) {
15         if (!accountExisted(accountName)) {
16             Account account = accountRepository.add(accountName,phoneNumber,password);
17             notifyAccountCreatedEvent(account);
```

① 由于主体的概念不是很直观,在现代的设计中往往使用更容易理解的 Observable 来指代。

```
18          }
19      }
20
21      private void notifyAccountCreatedEvent(Account account) {
22          this.setChanged();
23          notifyObservers(new AccountCreatedEvent(account));
24      }
25  }
26
27
28  public class SmsNotifierObserver implements Observer {
29      private SmsService smsService;
30      public void notifyWhenRegistrationSuccess(Account account) {
31          smsService.notify(account.phoneNumber(), "注册成功！");
32      }
33
34      @Override
35      public void update(Observable observable, Object event) {
36          if (event instanceof AccountCreatedEvent) {
37              notifyWhenRegistrationSuccess(((AccountCreatedEvent)event).getAccount());
38          }
39      }
40  }
```

代码清单 6.15　基于观察者模式实现发送通知短信的功能

在这段代码的第 1 行至第 9 行，定义了事件类 AccountCreatedEvent。Account-Service 是 Observable 的子类，持有 Observer 列表，同时可以通过 Observable 中的 addObservable 方法增加 Observer。

SmsNotifierObserver 实现了 Observer 接口，在 AccountService 触发 Account-CreatedEvent 事件时，可以调用实际的短信发送服务给用户发送短信。

关于观察者模式还需要做一点辅助说明。在诞生观察者模式的时代，人们对于事件的重视度还普遍不够，首先注意到的是 "状态"。在《设计模式》一书中，对观察者模式的讨论也是以 "状态" 为出发点的。这也是为什么它被称为 "观察者（Observer）" 而不是 "监听者（Listener）"、对应的方法名为 update 以及在调用 notifyObservers 之前需要调用 setChanged 的原因。

事件机制降低了耦合。在本例中，AccountCreatedEvent 是 AccountEventSms-Notifier 和 AccountService 共享的唯一数据。相对于代码清单 6.14，这里大幅降低了耦合。

更进一步，在代码清单 6.15 中，我们还是隐含地认为 SmsNotifierObserver 的事件来源是 AccountService。在大多数场景下这样想是合理的。但是，有时候我们希望让事件的发布者和事件的订阅者彻底解耦，应该如何做呢？

为了实现一个纯粹的事件机制，我们可以在观察者模式的基础上叠加中介者模式，建立一个单独的 EventPublisher 作为事件发送和消费的中介。其结构如图 6.18 所示。

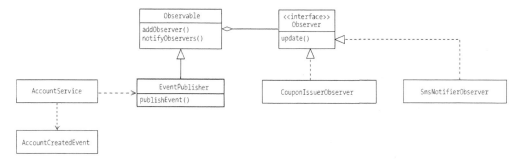

图 6.18 使用中介者模式和观察者模式实现 EventPublisher

使用了 EventPublisher 的事件机制，在分布式系统中是一种常见的范式。这也是大多数分布式消息框架的主要作用，这类常用的框架有 RocketMQ、Kafka 等。

在事件机制下，通信的双方如账户注册和发送注册短信之间唯一的耦合就是注册已成功这个事件。这样就把依赖降到了最低，让彼此可以独立变化。事件机制在架构设计中具有重要的价值，它也是事件驱动架构（EDA，Event-Driven Architecture）的基础。

CloudEvents 规范

为了更规范地定义和使用事件，云原生计算基金会（CNCF）定义了一套事件规范。尽管不是所有系统都已经构建在云原生之上，也不是所有系统都适合云原生，但是这套规范仍然有参考意义——即使你仍然是在传统的技术栈上开发系统。首先我们来看一个基于 CloudEvents v1.0 规范的事件实例。[①]

```
1  {
2      "specversion" : "1.0",
3      "type" : "com.github.pull_request.opened",
4      "source" : "https://github.com/cloudevents/spec/pull",
5      "subject" : "123",
6      "id" : "A234-1234-1234",
7      "time" : "2018-04-05T17:31:00Z",
8      "datacontenttype" : "text/xml",
9      "data" : "<much_wow=\"xml\"/>"
10 }
```

代码清单 6.16 基于 CloudEvents v1.0 规范的事件实例

---

① 摘自 https://github.com/cloudevents/spec/blob/v1.0.1/spec.md，略有缩减。

这是一个使用 JSON 格式定义的事件。我们重点研究其中的一些关键数据。

- specversion 是事件基于的规范的版本号。
- type 代表一个事件的类型。
- source 代表触发事件的事件源。
- subject 是对事件源相关数据的更具体的补充，代表更具体的上下文。
- id 是事件的全局唯一 ID。
- time 代表事件的发生时间。
- datacontenttype 和 data 代表某事件的特定数据。

如果你正在开发一个云原生应用，那么可以考虑使用 CloudEvents 事件规范。即便在其他场景下，该规范定义的关键内容，如 id、specversion、data 和 source 等概念，对于正确地实现一个事件系统也会非常有帮助。

6.6　小结

良好的依赖管理是使软件设计具备易于理解、易于演进、易于复用等特性的关键因素。本章介绍了依赖设计的基本原则：依赖最小化原则和稳定依赖原则。同时，本章讨论了 SOLID 模式中的接口分离原则和依赖倒置原则。

面向接口编程是现代软件设计中最重要的概念之一。显式地区分需求方接口和提供方接口，并且定义清晰的接口契约，是提升软件独立演进能力、提高复用能力的关键。同时，设计契约也是本书在第 7 章将要介绍的自动化测试和在第 10 章将要介绍的契约式设计的基础。

图 6.19 总结了本章的主要内容。

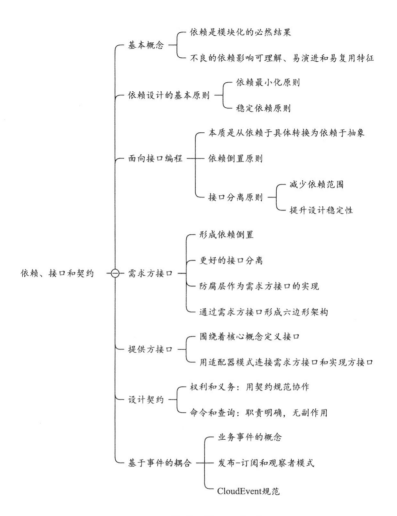

图 6.19 依赖、接口和契约

卓越篇
实现高效编码

第 7 章 用测试描述需求和契约

在现代软件设计中，测试已经不再是传统的测试。自从"极限编程"方法学提出测试驱动开发，测试就已经突破了质量检验或者质量保证的功能范畴，成为软件开发活动中一个基础却重要的实践。本章我们将介绍软件开发的重要范式：测试先行。测试先行对于高效和高质量地进行软件开发极为重要。

本章的结构如下。

- 将测试作为一个建设性活动：从对测试认知的升级出发，说明测试已经不仅仅是传统意义上的测试，而是一个建设性的活动。
- 从 V 模型到 I 模型：通过把需求分析和系统测试合二为一，把接口设计和模块测试、单元测试合在一起，加快反馈周期。
- 用测试澄清和文档化需求：介绍 BDD 工具的使用，展示如何使用类自然语言描述需求。
- 用测试澄清职责和契约：介绍 BDD 和 JUnit 等工具在模块设计粒度上的使用，展示如何使用这些工具说明设计契约。
- 测试先行：讨论测试先行的开发范式，及其对质量和效率的重大影响。

7.1 将测试作为一个建设性活动

一个项目的测试活动应该在什么时候开始？"在项目的前期就应该开始"，大多数人会这样回答。测试人员应该在早期就参与需求的制定和评审活动，这是一个教科书式的回答，正确性当然毋庸置疑。但实际情况是怎样的呢？

现状并没有预想的那样乐观。在实际的工作场景中，大量团队，特别是有专职测试人员的团队，经常在开发工作几乎完成时才开始真正认真地对待测试。在项目的早期，测试人员多数忙于其他项目，也不知道如何介入正在进行的需求分析等活动，并且从参与的必要性上讲，也没有感到多么紧急。

这种比较典型的情况反映出大家对于测试活动的价值存在认知不足的问题。如果只是把测试作为质量保证活动，那么它在项目前期无法发挥作用几乎是必然的。不过，如果今天你还是这样认识测试，那么是时候升级一下认知了。

人们对测试所发挥作用的认知，经历了一个渐进的过程。这里我们以 SWEBOK（软件工程知识体系）[38] 为例，看一下测试定义的变迁。SWEBOK 对测试的定义包括两段。在第一段中，它如此描述测试：

> 软件测试使用有限的测试用例对一个程序的期望行为进行动态验证。测试用例集是从无限的执行域中选取的。

这段描述反映的是测试的经典定义：做测试是验证程序的期望行为。好的测试应该使用尽量低的成本发现尽量多的问题。所以，这个描述中的关键字是"期望行为""动态验证""选取""有限的测试用例"。在第二段中，SWEBOK 给出了更为重要的描述。

> 最近，关于软件测试的观点进化为了建设性的活动。测试不再仅仅被视作在编码完成之后以发现错误为目的的活动。软件测试是（或者应该是）贯穿软件开发和维护的全生命周期的活动。

这体现了非常重要的认知升级。之所以称软件测试为"建设性活动"，是因为传统意义上的软件测试被看作"破坏性活动"，即试图让软件在测试环境中运行失败并尽早修复，以保证最终所交付软件的质量。这种测试主要是用作质量反馈，并不能直接提升代码质量或者运行效率。而需求分析、软件设计和编码等都能让软件的能力越来越丰富，从而持续提升软件价值。软件测试升级为建设性活动，意味着软件测试不再是单纯的"测试"，而是可以更好地参与到需求分析、软件设计等活动中。

我们已经见到过测试作为建设性活动的价值：在第 3 章讲解需求分析时，我们曾经介绍过实例化需求这一关键实践。实例化需求就是通过实际的例子来说明需求，测试人员、开发人员和需求人员都参与其中，并且这些实际的例子会被转换为测试用例。这就是测试先行给需求分析带来的好处：正是因为测试先行，才获得了更高质量的需求。测试先行，让传统的 V 模型发生了根本性的改变。

7.2 从 V 模型到 I 模型

软件测试成为建设性活动，是软件开发范式的一次重大改变。本节将介绍这一改变：从 V 模型到 I 模型。在需求领域，它对应于已经在第 3 章介绍过的实例化需求实践。在开发领域，它对应于一个重要的设计实践：测试先行的设计。

7.2.1 V 模型

V 模型[39] 是一种软件开发生命周期模型，它的示意图如图 7.1 所示。

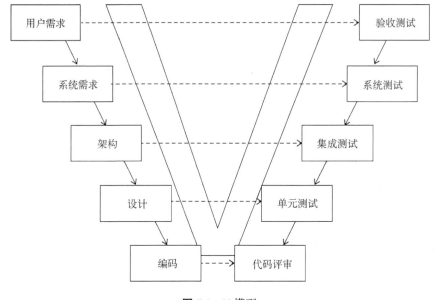

图 7.1 V 模型

V 模型本质上是对瀑布模型的精化和改进。在瀑布模型中,测试是一个单独的阶段,没有强调测试活动具体应该如何进行,这个精度是不够的。对于大规模系统,测试肯定不可能一步完成,它需要从细粒度到粗粒度,逐级验证和向上集成。V 模型把测试活动进一步展开,强调了更细粒度的测试阶段,并且建立了开发活动和这些测试阶段之间的关系。

V 模型精准展示了"测试活动"和"建设性活动"(如需求分析、架构、设计和编码)之间的验证关系。虽然 V 模型也说明了测试分析、测试计划等活动可以在需求分析、架构设计等阶段就同步开始,但是它的核心目标仍然是质量保证,与"建设性活动"没有什么关系。也就是说,测试活动对需求分析、架构、设计和编码的影响是后置的。

7.2.2 测试前置

图 7.1 所示的 V 模型有巨大的改进空间,也就是引入测试前置,这样,测试活动就可以对开发活动产生重要的影响。事实上,这是一种以终为始的思维模式。例如,曾经在 3.4 节讨论的实例化需求就是典型的测试前置的应用。

在图 3.9 中,需求分析、测试分析和测试示例之间彼此配合,互相增强。当需求分析和测试分析这两个活动遵循 V 模型,并且在两个时空独立发生时,它们之间很难产生互动。但是,当以实例化需求的方式让这两个活动在同一时空中发生时,需求分析和测试分析就可以互相启发,这样既产生了更高质量的需求,也产生了更高质量的测试用例。

7.2.3　I 模型

并非只在需求分析阶段可以以终为始,在任何一个阶段,都可以应用这种测试前置的策略。如果把 V 模型中左右两侧的活动全部合并到同一时空中,就得到了 I 模型(如图 7.2 所示)。

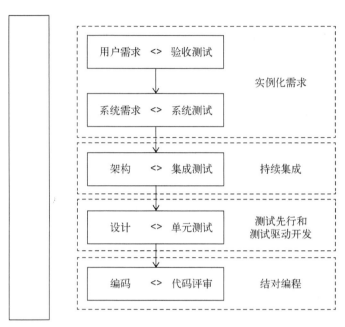

图 7.2　I 模型

I 模型能够让反馈更加及时,让过程质量得到最大保证。读者先回顾图 1.2,再思考 I 模型,就会发现:I 模型是对缺陷成本递增曲线的最佳回应。

I 模型推导出的实践有如下三个特点。

- 在需求阶段立即验证需求质量,这就是曾在第 3 章介绍的实例化需求。
- 在设计阶段立即验证设计质量,这就是本章和第 11 章将会深入探究的测试先行和测试驱动开发。
- 在编码阶段立即验证编码质量,这就是将在第 10 章介绍的结对编程。

因为这种立即的验证[①],I 模型能够带来快速的反馈,大幅提升各环节的质量,使总体质量提升并且使成本下降。

[①] 持续集成也是 I 模型的重要组成部分。它的本质是架构的持续增长和验证。第 10 章也会介绍持续集成的基本概念。

7.2.4 实例化需求

实例化需求的有效性来自测试前置。实例化需求也叫作验收测试驱动开发（ATDD，Acceptance Test-Driven Development），或者行为驱动开发（BDD，Behavior-Driven Development）。这三个名称虽然所站的视角不同，但都对应同一个实践。

实例化需求是站在需求视角，关注如何把需求分析弄清楚，让需求描述无歧义。验收测试驱动开发关注的是验收测试前置，并且用这些验收测试来推进开发过程。行为驱动开发的思想和验收测试驱动开发类似，只不过它认为更重要的关注点是软件的期望行为，而不仅仅是测试。

7.2.5 测试先行的设计

把实例化需求的逻辑应用在设计活动中，就是测试先行的设计。在 6.4 节中，我们曾经提到过设计契约。但是，文本形式并不是描述设计契约的最佳形式，因为自然语言天生具有歧义，并且无论是 JavaDoc 文档还是普通的设计文档，都没法回避一个基本问题：文档很容易背离实际的代码。在本章中，我们将会看到如何使用自动化测试来表达设计契约。

> 在开始实现之前就先用测试把意图说清楚的行为，就是测试先行的设计。

7.3 用测试澄清和文档化需求

首先我们来研究在需求分析和系统测试这个粒度上，如何使用自动化测试来增强沟通效果，提升质量保障能力。

我们已经在第 3 章中介绍过如何用测试用例表达和澄清需求，本节就在此基础上研究如何把这些测试用例变为自动化的用例。仅仅把测试用例自动化并不困难，目前存在一些卓越的技术框架，借助这些框架把测试代码和需求文档合二为一，可以大幅提升测试用例作为需求说明的价值。

7.3.1 BDD 框架

我们习惯把整合了自动化测试和需求文档的框架称为 BDD 框架。各种 BDD 框架的本质类似，结构也大同小异。本节我们选择 Cucumber 框架作为示例来展示 BDD 框架在需求描述方面的强大能力。

案例

本节我们将继续基于用户注册的案例进行讨论。用户注册对应的业务规则和测试用例在表 3.1 中。如果使用 Cucumber 框架的自动化测试来描述业务规则，那这个测试是怎样的呢？代码清单 7.1 给出了一个示例。

```
1  Feature：用户注册应该使用有效密码
2      有效密码需同时包含字母、数字、特殊字符且长度大于等于6位。
3
4      Scenario Outline：用户注册
5          When 以用户名"testuser"、密码为"<password>"注册新用户
6          Then 结果应该是"<result>"
7
8      Examples：
9          | 业务规则                      | password  | result        |
10         | 包含字母、数字和特殊字符        | 1111!a    | 注册成功       |
11         | 密码长度要大于等于6位          | 123!a     | 失败：无效密码 |
12         | 密码要包含字母                | 11111!    | 失败：无效密码 |
13         | 密码要包含特殊字符            | 11111a    | 失败：无效密码 |
14         | 密码要包含数字                | abcdef!   | 失败：无效密码 |
```

代码清单 7.1　用户注册过程中的密码校验

是自动化测试，也是可执行的需求

对比表 3.1 和代码清单 7.1，二者看起来几乎一样。就算要找差异，也只是这里多了一些类似于 Feature、Scenario Outline、Given-When-Then 以及 Examples 的关键字。即使没有编程背景，在阅读这段代码时也不会感到太困难。

既然是代码，自然就可以运行。图 7.3 是在控制台键入 cucumber 命令后得到的输出。

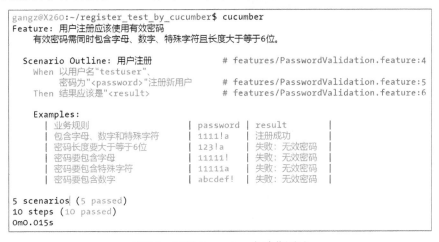

图 7.3　运行 Cucumber 自动化测试

下面简要介绍一下这段输出中的关键内容。

- 倒数第 3 行表明总共执行了 5 个测试场景，且全部通过。执行通过的测试在输出结果中标记为绿色。
- 倒数第 2 行表明这些测试包含 10 个测试步骤。
- 倒数第 1 行表明执行所有的测试共耗时 0.015 秒。

采用 BDD 框架的收益

BDD 框架让我们可以像描述需求一样撰写自动化测试，或者说可以用代码的形式描述需求，这是一个巨大的突破，原因有三。

- 首先，这种需求描述形式是需求人员、开发人员和测试人员都能理解的。它有助于软件开发团队完成从 V 模型到 I 模型的演进。
- 第二，传统需求文档面临的最大挑战就是随着业务的演化，它们会逐渐过时。为了保证需求文档能够及时更新，需要增加相当高的管理成本。而可执行的需求文档一旦不再是最新的，在执行时就一定会失败，这大大地保证了需求文档的准确性。能够始终保持更新的文档，也被称为活文档。
- 第三，由于这种需求描述采用的是文本形式的代码，所以可以按代码对待它，包括使用版本管理工具的各种功能、通过代码库对其进行维护等，这也有助于保证测试和代码的一致性。

7.3.2　深入理解并使用 BDD 框架

深入理解 BDD 框架是非常重要的，这有助于更高效地使用这种框架描述 "可执行的需求"。这里我们仍然以 Cucumber 框架为例进行介绍。

Cucumber 框架的结构要求

图 7.4 给出了 Cucumber 框架对自动化测试的结构要求。其中包含两个主要部分：业务功能描述和技术执行。

业务功能描述的核心关注点是业务分析，即如何高质量地把需求说清楚、说明白。为此，Cucumber 框架定义了一个三级结构：功能、场景和步骤。它们之间的关系是：系统包含一系列功能，每个功能都涉及若干具体的使用场景，每个场景中都包含一组执行步骤。下面举例说明。

- 用户注册、用户登录都是功能。
- 对于用户注册这个功能，可能包含注册成功、注册失败等场景。

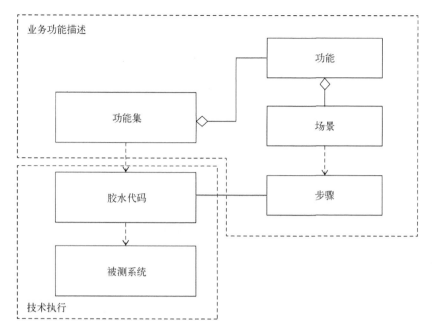

图 7.4　Cucumber 框架自动化测试的结构

- 注册成功场景和注册失败场景都要用到填写用户名、填写密码、点击注册等动作。

分析代码清单 7.1，可以看到其是遵循 Cucumber 框架的规范撰写的。其中使用的语法规范叫作 Gherkin 语法。

Gherkin 语法

Gherkin 语法尽量模拟了自然语言。例如，代码清单 7.1 中高亮的 Feature、Scenario Outline 等都是 Gherkin 语法的关键字。执行 cucumber 命令时，Cucumber 工具需要根据这些关键字获知：当前在执行哪个功能、处于哪个场景，以及执行到了哪一个步骤。Gherkin 语法的关键字很少，列表见表 7.1。

表 7.1　Gherkin 语法的关键字

关 键 字	中文关键字	意　　义
Feature	功能	标识一个功能的开始
Background	背景	介绍一些和当前功能相关的背景信息
Scenario	场景、剧本	功能由若干场景构成，如成功场景、异常场景等

（续）

关 键 字	中文关键字	意 义
Given	假如、假设、假定	一个场景的初始条件
When	当	一个场景的触发动作
Then	那么	一个场景的期望结果
And	而且、并且、同时	关联词
But	但是	关联词
Scenario Outline	场景大纲、剧本大纲	为一组用例（数据驱动）提供的统一场景
Examples	例子	为一组用例提供的数据

在表 7.1 中，Feature 是最顶层的结构，它下辖若干 Scenario，每个 Scenario 都有一组 Given-When-Then 描述（我们已经在第 3 章介绍过 Given-When-Then 模式）。遵循 Gherkin 语法的文件叫作 Feature 文件，文件名的后缀为 .feature。代码清单 7.1 就是一个 Feature 文件。

Given-When-Then 描述的是测试用例真正要执行的动作。事实上，除了 Given-When-Then，其他关键字都不需要具体到执行动作，And 和 But 是两个关联词，用于表达并列的初始条件、触发动作或期望结果。甚至更简洁点儿，一个星号（*）也可以表达关联信息。

Scenario Outline 和 Examples 是两种更简化的表达测试用例的方式。当存在若干场景都遵循相同的步骤，只是输入数据不同时，就可以使用场景大纲-例子的形式。代码清单 7.1 中的测试用例就是采用了这种形式。

值得说明一下，Cucumber 框架是支持中文的，表 7.1 的第二列中给出了 Gherkin 语法的中文关键字。这给非英语的团队提供了便利，可以让需求分析师等人更容易地接受 Gherkin 语法。如果使用中文关键字，那么代码清单 7.1 就可以如下书写。

```
1  # language: zh-CN
2  功能: 用户注册应该使用有效密码
3      有效密码需同时包含字母、数字、特殊字符且长度大于等于6位。
4
5      场景大纲: 用户注册
6          当 以用户名"testuser"、密码为"<password>"注册新用户
7          那么 结果应该是"<result>"
8
9          例子:
10         （后续省略）
```

代码清单 7.2 使用中文关键字表达测试场景

这样的"测试"看起来更像文档了，大大增加了可读性。

编写胶水层代码

一切 BDD 工具都离不开"胶水层"，因为计算机不太可能直接理解自然语言，因此还需要一层"胶水"，其正式的说法是步骤定义，用来把自然语言和真实系统联系起来。本节我们继续以 Cucumber 框架为例，介绍如何使用胶水层代码将执行步骤映射到系统动作。

简单起见，本例假定完成用户注册需要调用 HTTP 接口。当然，注册功能也可以通过 Web 页面完成，或者通过手机操作界面完成，不管使用哪种形式，本节讨论的方法都是普遍适用的，只是胶水层代码的编写方式有所不同。

假定该注册接口是在 http://localhost:8080/register 上提供的一个 POST 操作，接收 JSON 格式的数据，返回注册是否成功的信息。按照这个接口定义，我们使用 Ruby 语言①编写步骤定义的代码如下所示。

```ruby
1  require 'net/http'
2  require 'uri'
3  require 'json'
4  require "rspec/expectations"
5
6  When(/^以用户名"([^"]*)"、密码为"([^"]*)"注册新用户$/) do |username, password|
7      @expect_result = register(username, password)
8  end
9
10 Then(/^结果应该是'(.*)'$/) do |expect_result|
11     expect(@expect_result).to eq expect_result
12 end
13
14 def register (username, password)
15     uri = URI.parse("http://localhost:8080/register")
16     header = {'Content-Type': 'application/json'}
17     user = {
18         name: username,
19         password: password
20     }
21
22     http = Net::HTTP.new(uri.host, uri.port)
23     request = Net::HTTP::Post.new(uri.request_uri, header)
24     request.body = user.to_json
25
26     response = http.request(request)
27     return (response.body == "Registration_Success.") ? "注册成功" : "失败：无效密码"
28 end
```

代码清单 7.3 使用 Ruby 语言实现的用户注册胶水层代码

---

① 由于 Cucumber 框架最早支持的语言是 Ruby，因此本例用 Ruby 作为示例。事实上，可以用许多不同的编程语言实现胶水层代码。在下一节中，我们将看到用 Java 语言编写的胶水层代码。

　　把上述代码保存为 registration_steps.rb 文件。根据 Cucumber 的约定，本例的实际代码结构如图 7.5 所示。

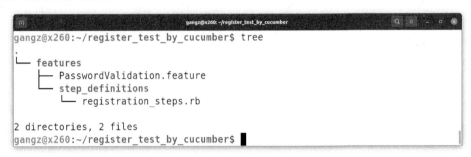

图 7.5　Cucumber 自动化测试的代码结构

　　请首先关注代码清单 7.3 中的第 6 行至第 20 行，紧跟在 Given、When、Then 关键字之后的正则表达式是把自然语言和可执行代码联系起来的关键。Cucumber 自动化测试在执行时看到 Feature 文件中定义的步骤后，就会到对应的步骤定义文件中寻找与之匹配的文本。如果找到，就会执行后面的代码。例如，在本例中，当读取到"用户名为'testuser'"这样的文本时，就会匹配代码清单 7.3 中的第 6 行至第 8 行，把 testuser 赋值给 username 变量。当读取到"用户注册"这个步骤时，则会执行第 14 行至第 16 行，调用 register 方法。

　　调用系统的功能只是执行了测试动作，我们还需要判断执行结果是成功还是失败。这需要用到一个重要的测试概念：断言。断言比较实际执行结果和预期执行结果，当二者相同时断言成功，否则断言失败。本例中使用了 Ruby 的 RSpec 断言库，其具体的判断逻辑如代码清单 7.3 中的第 18 行至第 20 行所示。

　　具体的实现方式并不是本节的介绍要点，关键需要注意的是 BDD 工具是如何融合需求文档和自动化测试用例，让需求说明更清晰，更容易保持更新，同时又能起到质量保障作用的。此外，Cucumber 当然不是唯一的 BDD 工具，Guage、Robot Framework 等也都各具特色。在实际工作中可以结合场景选择合适的工具。

7.4　用测试澄清职责和契约

　　在第 5 章中，我们使用科赫雪花类比了设计单元的自相似性——设计单元的结构都是相似的，只是层次粒度有所不同。现在我们把这个理论应用于测试：既然可以使用自动化测试来说明需求，那使用自动化测试来说明设计职责自然也可以。两者唯一的区别是关键涉众有所不同：需求的核心关注者包括用户、业务人员等，设计职责的核心关注者则主要是彼此协作的开发团队，或者开发者自己。

7.4.1　把在实例化需求阶段编写的测试用例复用到内部接口

在 7.3 节中，我们使用 Cucumber 编写了用户注册功能的系统级测试。但是，如果只能在系统级执行这些测试，执行成本会更高。

系统级测试的成本肯定高于模块级测试的成本，例如，每次都需要启动一个 HTTP 服务，在速度上就不可能像本地测试那么快。如果设计做得好，那么 HTTP 接口层只是一层封装，在它之下是一个具有等价的原生编程语言的 API。那么，在开发过程中，能不能以一种低成本的方式运行这些测试呢？

答案是肯定的。在 Cucumber 的生态下，如果使用的是 Java 编程语言，就可以采用 cucumber-java。如果在需求阶段就已经采用 Feature 文件定义了功能，而现在想直接剥掉 HTTP 接口层进行测试，那么使用 cucumber-java 可以做到对 Feature 文件一字不改，仅调整步骤定义文件，就得到可运行的测试用例。

下面我们以曾经在 6.4 节用过的表达式问题为例，展示如何使用 Feature 文件和 Java 胶水层代码来完成自动化测试。

(1) 在项目中增加依赖，以使用 Cucumber 的能力。

要运行 cucumber-java，需要先让项目中包含 Cucumber 相关的 Java 依赖。根据使用的 Java 版本或者 Cucumber 版本的不同，这个依赖可能不一样。以 cucumber-java（6.10.4）为例，需要增加如下 maven 依赖。[①]

```
1  <dependency>
2      <groupId>io.cucumber</groupId>
3      <artifactId>cucumber-java</artifactId>
4      <version>6.10.4</version>
5      <scope>test</scope>
6  </dependency>
```

代码清单 7.4　增加 cucumber-java 依赖

(2) 编写 Feature 文件来描述设计契约。

我们已经在 6.4 节分析过 Expression 的契约，在此继续使用这个例子，展示如何结合 Feature 文件和模块的接口定义，达成使用测试说明契约的目标。

首先基于 Expression 的契约编写测试。

```
1  功能：四则运算
2      场景大纲：基本四则运算
3          假如表达式是'<输入>'
4          那么结果应该是'<输出>'
```

---

① 早期的 cucumber-java 包放置在 info.cukes 目录下。不同版本的依赖情况有所不同。

```
 5
 6        例子:
 7        |规则  |输入|输出|
 8        |支持加法|2+3|5|
 9        |支持减法|2-3|-1|
10        |支持乘法|2*3|6|
11        |支持除法|6/2|3|
12        |遵循四则运算优先级|5*(2+3)|25|
13        |支持多重括号|((2+3)*2+2)*5|60|
```

代码清单 7.5　基于 Cumber 编写的 Expression 契约测试

(3) 使用 Cucumber 的 JUnit Runner 运行测试。

现在我们需要让这个测试可以运行。由于 Cucumber 被设计为一个 JUnit 扩展，所以仅需要编写一个空的 JUnit 测试，然后指明单元测试的 Runner，就可以运行 Feature 文件中的测试了。示例代码如下所示。[①]

```java
1  import io.cucumber.junit.Cucumber;
2  import io.cucumber.junit.CucumberOptions;
3  import org.junit.runner.RunWith;
4
5  @RunWith(Cucumber.class)
6  @CucumberOptions(plugin = {"pretty", "html:target/cucumber"})
7  public class RunCucumberTest {
8  }
```

代码清单 7.6　增加一个测试来运行 Feature 文件中的测试

到此，尽管我们还没有编写胶水层代码，但是这个测试已经可以运行了，只不过不能运行成功。Cucumber 设计得非常好，它可以直接告诉开发者还缺失哪些胶水层代码，这为胶水层代码的编写提供了相当大的便利。

(4) 编写步骤定义代码。

最后我们使用 cucumber-java 来编写步骤定义代码，其中直接调用了 Java 接口。

```java
1  public class ExpressionTestStep {
2      private String expression;
3      @假如("^表达式是'(.*)'$")
4      public void toBeEvaluatedIs(String expression) throws Throwable {
5          this.expression = expression;
6      }
7
8      @那么("^结果应该是'(.*)'$")
9      public void resultIs(Double result) throws Throwable {
```

_____

① 关于 Cucumber 的 JUnit Runner 的扩展用法详情，请参阅官方网站。

```
10          Expression e = new StackExpression();
11          assertEquals(result, e.evaluate(expression));
12      }
13 }
```

代码清单 7.7　Expression 契约测试的步骤定义代码

(5) 运行测试。

假如契约都已经得到了满足，那么运行测试，就可以得到运行成功的结果。

```
1 $ cucumber
2 # language: zh-CN
3 功能：四则运算
4 ··· 内容省略 ···
5 6 scenarios (6 passed)
6 12 steps (12 passed)
7 0m0.795s
```

代码清单 7.8　Expression 契约测试的执行结果

7.4.2　直接使用 JUnit 编写测试，描述设计契约

更多时候，我们需要直接在模块级描述接口的契约，或者说，是编写接口级的测试。固然可以使用 Gherkin 语法编写 Feature 文件，但是对于程序员来说，直接使用原生的语言肯定更为便捷。

在大多数情况下，开发者测试是使用原生语言编写的。代码清单 7.9 就是使用 JUnit5 编写的测试。这是一个数据驱动形式的测试。

```
1 public class ExpressionTest {
2     @ParameterizedTest(name="{0}␣:{1}␣should␣be␣{2}")
3     @CsvSource({
4         "支持加法,2+3,5",
5         "支持减法,2-3,-1",
6         "支持乘法,2*3,6",
7         "支持除法,6/2,3",
8         "遵循四则运算优先级,(2+3)*5,25",
9         "支持多重括号,((2+3)*2+2)*5,60"})
10    public void evaluateExpressions(String name, String expr, Double result)
11        throws ExpressionError {
12        Expression expression = new StackExpression();
13        assertEquals(result, expression.evaluate(expr));
14    }
15 }
```

代码清单 7.9　使用 JUnit 编写的 Expression 契约测试

虽然这段代码是 JUnit 测试，但它的可读性仍然很好。其中的 data 声明使用的是非常典型的业务规则-示例的形式，表述方式也非常接近自然语言。本书的 10.3 节还将讨论提升测试易读性的技术。

至此，我们已经介绍了使用 BDD 工具描述的需求、使用 BDD 工具或 JUnit 描述的模块接口。它们产出的结果都是可运行的测试，同时都具有很好的易读性，是需求或者接口描述的精确契约。这种先编写测试再进行实现的方式，就是测试先行。

7.5　测试先行

从测试后置到测试先行，不仅是测试理念的变迁，更是开发模式的升级。本节将梳理测试先行带来的关键影响及具有的优势。

7.5.1　以终为始，聚焦外部行为

测试先行改变的不仅是我们看待测试的视角，更是进行开发的方式。这样看来，无论是开发者，还是传统意义上的测试人员，都需要切换思路，重新审视既有的工作方式。

测试后置已经不适用于现在的场景

测试后置在历史上有其合理性，但是已经不适用于现在的场景了。

- 从目标角度看，在软件发展的历史上，人们首先遇到的问题不是软件的演进问题，而是软件质量不可靠的问题。如何能让交付的软件更可靠，是彼时测试的使命。
- 从技术环境角度看，在软件发展早期，由于计算资源的昂贵和测试工具的缺乏，运行自动化测试是一个成本很高的任务。

现在的软件开发所面临的问题相较之前已经有了巨大变化。

- 首先，持续演进成为软件最基本的特征。在这种情况下，保证软件的质量就升级为了始终保证软件的质量。我们不仅要保证当前的版本没有缺陷，还需要保证所有在过去版本中有效的承诺在新版本中仍然有效。也就是说，无论内部实现如何变化，外部行为都需要正确，这就需要自动化测试作为有力的保证。但是，一旦测试后置，有经验的读者都知道，再想让代码具有完备的自动化测试就非常困难了。
- 其次，自动化测试的运行不再是一个高成本的任务。相较于高昂的人工成本，运行一次自动化测试几乎是免费的，它随时随地可以运行，只不过如果软件尚未开发完成，那么测试必然会失败。从本质上讲，这种"失败"其实是好消息，因为它明确地告诉我们：还存在某些功能尚未实现。

自动化测试关心的是外部行为

　　自动化测试应该关心外部行为而不是内部实现。这里的"内部"和"外部"是针对所研究的边界说的。外部行为反映的是"契约",而内部实现仅是"如何实现这些契约"。自动化测试的期望结构如图 7.6 所示。

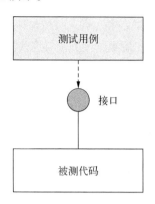

图 7.6　自动化测试需要关注外部行为

　　图 7.6 清晰地回答了"软件都还没开发出来,怎么可以开始测试呢?"这样的问题。不要把单元测试或模块测试和白盒测试混为一谈。在契约这个层面上,它们都是黑盒测试。在 10.3 节我们还会讨论这个话题。在本章中读者需要注意:如图 7.6 所示,测试先行一定是针对接口进行的。这是一个关键认知,也是测试先行的基础。

单元测试是开发人员的任务

　　用测试来描述接口契约,意味着测试本身已经是一个设计活动而不是质量保证活动。在有些团队中,会假定开发人员和测试人员是不同的角色,这种认知是不对的。

　　无论在过去、现在还是未来,单元测试都是开发人员的职责,无论是否有专职的测试团队,都不应该把单元测试交给测试团队去完成。这是因为:单元测试是一个设计活动,保证每个设计单元都能正常工作本来就是开发人员工作的一部分。同时,设计的变化是非常频繁的。假定单元测试时使用的用例也让测试人员编写,那测试人员就会被迫参与到一个频繁变化的设计契约中,不但成本高昂,效果也不会好。

测试人员的角色和任务都已经发生变化

　　单元测试是开发人员的任务,对于更细的测试粒度而言,测试人员扮演的角色也发生了变化。在人们的传统印象中,测试人员类似于质检员,其核心使命是保证产出的软件符合要求、没有缺陷。而现在,即使仍然存在专职的测试人员,其核心使命也已经变

成 "打造质量保证工具和设施"，不再局限于发现问题这一点。这种角色转变，让软件在演进过程中持续获得质量保证。

> 测试人员不再是质检员，而是质量保证工具和设施的打造者。

正因如此，测试人员在项目早期参与需求分析与评审活动就变得更有必要，也更有动力了。以往，即使在项目早期邀请测试人员参与这些活动，测试人员也很难进入状态。但是现在，由于核心使命已经不同，所以测试人员更在意 "如何防范问题发生"，而不是 "如何检测出错误"，也就更容易进入状态了。

测试先行对测试人员的角色提出了新的技能要求。设计测试用例的技能固然重要，但编写自动化测试代码是一项基本技能。由于技能要求的高度重叠，测试人员和开发人员的角色正在融合，甚至有些公司已经不再保留大规模的专职测试团队。这种融合是双向的，不仅要求测试人员掌握足够的编程技能，也要求开发人员具备更多的测试思维。

7.5.2 测试先行的优势

测试先行带来了一系列优势，下面我们分析其中几个。

使契约显式化

契约显式化是测试先行的本质，在测试先行的前提下，测试的本质不是质量保证，而是定义契约。

> 测试先行，把测试活动从 "发现错误" 转变为了 "制定标准"。

代码形式的契约解决了自然语言会引起歧义的问题。使用自然语言描述需求或者设计接口，很容易出现歧义，使用代码形式的契约则不会——代码比抽象的语言更具体，而且不会 "说谎"。

从 "发现错误" 到 "制定标准"，是一个重要的思维方式转换过程。一旦完成了这种转换，测试场景就从 "代码完成了吗？让我来测试一下。" 变成了 "这是实现的标准，如果你的代码完成了，可以用它来检验。""标准" 是一种契约，是对开发人员应该如何实现代码制定的具体化要求。将定义契约和最终检验质量的活动合二为一，是 I 模型的精髓所在。

把自动化测试作为活文档

软件具有持续演进的特征。正因如此,即便付出相当多的努力,也很难保证及时更新和同步传统的需求文档和设计文档,导致它们最终失去参考的权威性。曾经花费大力气建立的文档,经过若干次版本迭代后,由于信息不再准确,而逐渐被后来的维护者和阅读者抛弃。此时代码成为唯一可信的信息来源,于是一种不那么正常却很常见的现象产生了:需求相关的人员说不清系统的当前行为,测试人员基于开发人员的理解设计测试。

及时更新设计文档是非常重要的。只有让文档和代码建立关联,才能保证让文档得到持续更新。由于 BDD 框架、高质量的单元测试框架等大幅提升了测试代码的易读性,所以用测试代码作为文档成为了可能。自动化测试代码也是代码,因此很容易持续更新,避免了传统的孤立文档会过时的问题。我们也常常把这类可以持续更新的需求文档或契约说明文档叫作活文档。

使自动化测试成为接口使用说明

在测试先行的前提下,自动化测试聚焦于外部契约,它本质上就是在模拟使用方的使用场景。所以,站在使用方的角度,这样的测试集能带来许多便利。例如,你一时想不起来一个接口应该如何调用、调用后的期望结果应该是什么、使用它时有哪些规则和约束等,就可以从对应的测试代码中获得相应信息。

在高质量的项目中,这样的测试代码比比皆是。我们已经在代码清单 2.19 中见过高质量的测试示例,下面再看几个例子。这些代码节选自开源项目 OkHttp。[①] OkHttp 是一个基于 Java 语言的 HTTP 的客户端,如果我们想使用 OkHttp 的能力发送一个异步的 HTTP 请求,应该如何做呢? OkHttp 自带的测试代码已经给出了一个清晰的示例。

```
1   public final class CallTest {
2       private OkHttpClient client;
3       private MockServer server;
4       private RecordingCallback callback = new RecordingCallback();
5
6       // 部分代码略
7       @Test public void get_Async() throws Exception {
8           server.enqueue(new MockResponse()
9                   .setBody("abc")
10                  .addHeader("Content-Type:_text/plain"));
11
12          Request request = new Request.Builder()
13                  .url(server.url("/"))
14                  .header("User-Agent", "AsyncApiTest")
15                  .build();
```

---

① https://github.com/square/okhttp/。

```
16          client.newCall(request).enqueue(callback);
17
18          callback.await(request.url())
19                  .assertCode(200)
20                  .assertHeader("Content-Type", "text/plain")
21                  .assertBody("abc");
22
23          assertEquals("AsyncApiTest", server.takeRequest().getHeader("User-Agent"));
24      }
25 }
```

代码清单 7.10 把测试代码作为接口使用说明

　　这段代码中最重要的信息是第12行至第16行。这部分展示了如何构造一个HTTP请求，并通过 OkHttpClient 实例发出该请求。其中，异步回调方法应该写在 callback 实例中。通过查看 RecordingCallback 类的定义，我们可以知道它是 Callback 接口的一个实现。

　　上面展示的是一种流程性的契约说明。下面我们再来看一段业务规则类型的契约说明。这段测试代码把琐碎的业务规则以测试用例的形式做了明确呈现。

```
1  public class HttpDateParseNoStandardStringTest {
2      @Test
3      public void ignoreExtraStringAfterTimeZone() {
4          assertEquals(OL,HttpDate.parse("Thu,_01_Jan_1970_00:00:00_GMT_JUNK").getTime());
5      }
6
7      @Test
8      public void isInvalidIfWithoutTimeZone() {
9          assertNull(HttpDate.parse("Thu,_01_Jan_1970_00:00:00"));
10     }
11     @Test
12     public void isInvalidIfWithoutSecond() {
13         assertNull(HttpDate.parse("Thu,_01_Jan_1970_00:00_GMT"));
14     }
15     @Test
16     public void isInvalidIfWithExtraSpace() {
17         assertNull(HttpDate.parse("Thu,__01_Jan_1970_00:00_GMT"));
18     }
19     @Test
20     public void isInvalidIfDateOnlyOneDigit() {
21         assertNull(HttpDate.parse("Thu,_1_Jan_1970_00:00_GMT"));
22     }
23 }
```

代码清单 7.11 用测试用例来说明琐碎的业务规则

　　HttpDate 是一个类，它提供了一个 parse 方法，能将字符串解析为一个日期。但是，HttpDate 对格式的要求是比较严格的，要明确哪些格式的字符串可以解析，哪些不可以。查看上面的测试代码，很容易得到答案：字符串必须包含时区信息，必须包含秒，不能有多余的空格，日期数字必须是两位，等等。

　　一旦接口的使用方式以测试代码的形式沉淀下来，在将来使用接口时，就很容易找到现成的示范，这很好地提升了接口的可理解性。

能够及时反馈接口质量

　　使用测试代码来说明接口的使用方式，也是在实现接口之前对用户将会如何使用接口做的一种模拟。如果在这时发现接口的使用方式不当，就可以灵活调整。相反，如果接口都实现完毕了再来写测试代码，那么即使发现接口使用起来不是那么方便，也不太愿意做调整了，毕竟实现代码都已经写完了，再调整需要付出更大的代价。

　　提前编写自动化测试，可以挖掘出很多原本容易忽略的细节。以前述的 Expression 接口为例，有下面这些细节。

- 名字合适吗？
- 参数和返回值合理吗？
- 异常情况的定义和抛出形式合理吗？

　　在测试先行的模式下，测试代码模拟了调用方的角色，从而使反馈来得更早。如果接口存在不合理之处，那么在编写测试代码的时候就可以发现，这时候产品代码还没有开始编写，调整接口定义的成本几乎为零。

　　假如没有测试先行，那么接口的定义往往要到和调用方集成时才能得到检验，这时检验出问题的话，影响就比较大。所以，在缺少测试先行的情况下，需求澄清和接口定义的检验都具有严重的滞后性。

缩短质量反馈周期，对抗缺陷成本递增

　　在 1.2 节，我们介绍了缺陷成本递增曲线。图 1.2 表明，缺陷造成的成本，取决于从注入缺陷到发现缺陷的时间。通过测试先行，把 V 模型升级为 I 模型，可以在最大程度上加快反馈，减轻缺陷造成的影响。

　　由于测试先行，测试代码的编写时间会早于产品代码的编写时间，因此随时随地都可以运行测试代码，最小化了错误的发现时间。并且，自动化测试代码的存在取代了手工测试。只要运行自动化测试代码，无论是测试代码本身存在的错误，还是产品实现代码中的错误，都能很快被发现并予以修复。

　　测试先行还有一个非常有趣的心理因素。一般来说，一旦产品代码编写完毕，程序员从心理上就会觉得"工作已经完成了"，此时编写测试代码往往被视作一种"负担"，动力自然不那么足。但是，提前编写自动化测试代码，更像是给自己准备一个用来检验代码编写得是否正确的工具，这看起来要有吸引力得多。

7.6　小结

　　本章聚焦于测试先行的开发范式。测试先行的本质是契约先行。在业务越来越复杂、协作越来越复杂的时代，清晰的接口和设计契约是高质量软件设计的关键。用测试来描述契约，消除了契约的模糊性，有助于更好地达成共识，为软件实现创造一个良好的开始。

　　本章介绍了两个层次上的测试先行的实现：使用 BDD 工具达成系统级的测试先行，使用 BDD 工具或单元测试工具达成模块级的测试先行。

　　当然，尽管测试先行带来了更好的质量保证，但并不意味着测试先行能完全代替所有的经典测试。完整的质量保证活动覆盖一个更大的范围，如可用性测试、易用性测试、稳定性测试、兼容性测试等都是测试先行不能代替的。在理解测试先行时，虽然质量是一个重要的出发点，但本质还是应该归结到设计契约的明确化上。

　　图 7.7 给出了本章的核心内容。

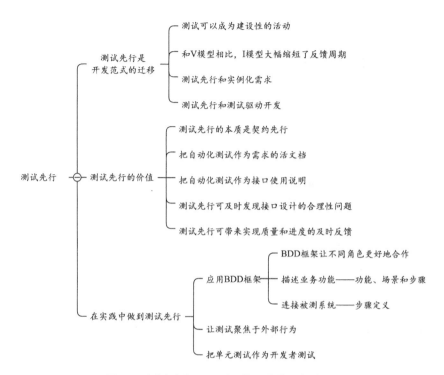

图 7.7　测试先行：用测试描述需求和契约

第 8 章　用领域模型指导实现

在第 2 章中，我们介绍了高质量软件设计的基本要求：高内聚和低耦合。在第 5 章和第 6 章中，我们也讨论了实现高内聚、低耦合的设计原则和方法，如 SOLID 原则、设计模式等。不过，这些原则和方法都还没有和第 3 章及第 4 章的业务分析结合起来。如果能把业务分析的结果，包括需求分析、领域模型等，结合那些原则或要求落实到代码中，就更有指导意义了。本章和第 9 章我们就针对这个问题展开讨论。

本章介绍的核心内容源自领域驱动设计（DDD，Domain-Driven Design）[23]，它包括一组实现模式（一般称为"战术模式"）和一组架构模式（一般称为"战略模式"）。其中，战术模式包括实体、值对象、领域服务、领域事件、聚合、资源库、工厂和分层架构；战略模式包括子域①、限界上下文和上下文映射。

应用上述这些模式，可以顺畅地把在第 4 章获得的业务概念映射为代码，提升代码的可理解性和可扩展性。这就是我们本章的主题：用领域模型指导实现。

8.1　用领域模型指导实现

从需求分析到软件实现的转换应该是一个流畅的过程。软件实现应该表达业务逻辑，如果它从整体上能和业务逻辑建立清晰的关系，那么将有助于从需求分析到它的自然过渡，带来许多方面的好处。

在软件工程历史上，人们走了很多弯路才认识到这一点。一度有许多人认为，需求分析的重点就是理解需求，软件实现的重点则更偏重技术架构，或者算法、数据库等。人们很肯定软件实现是需求分析的接续这点，但是没有一个很清晰的指引能够说清楚二者究竟是如何接续的，这导致分析活动和实现活动之间产生了断裂。

领域驱动设计突破了这个难题，在二者之间建立了一个顺畅的连接——领域模型，成为连接需求分析和软件实现的重要桥梁。

8.1.1　代码应该表达业务概念

图 8.1 展示了领域驱动设计的基本思想：方案空间应该和问题空间保持一致。

---

① 已经在第 4 章中介绍过。

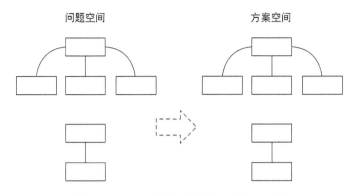

图 8.1 方案空间应该和问题空间保持一致

减小表示差距

让软件实现和业务概念保持一致，可以减小表示差距，提升代码的可理解性。请阅读如下来自真实项目的代码。

```
1  interface ReviewService {
2      void addComment(SessionDto session, String resourceId, ReviewDto comment);
3      void deleteComment(SessionDto session, String id);
4      long getCommentsCount(String resourceId);
5      ReviewInfoPageDto getComments(SessionDto session, String resourceId,
6          Integer offset, Integer limit);
7
8      void addLike(String resourceId, SessionDto user);
9      void deleteLike(SessionDto session, String resourceId);
10     long getLikeCount(String resourceId);
11     ReviewInfoPageDto getLikes(SessionDto session, String resourceId,
12         Integer offset, Integer limit);
13     boolean isLiked(String resourceId, String userId);
14 }
15
16 class ReviewServiceImpl implements ReviewService {
17     void addLike(String reviewedResourceId, SessionDto session)
18         throws RequestedResourceNotFound {
19         if (!isLiked(reviewedResourceId,session.userId())) {
20             Like like = buildLike(like, session);
21             likeReviewRepository.save(like);
22             eventPublisher.publishEvent(
23                 new LikeEvent(ReviewInfoConverter.toDto(like)));
24         }
25     }
26     // 剩余代码略
27 }
```

代码清单 8.1 评论服务的接口声明和实现

这是一段关于评论服务的代码，常常在新闻论坛、购物体验等各种涉及社区评论或者用户评论的场景中出现。Comment 指的是文本评论，Like 指的是点赞。我刻意没有为这段代码添加任何注释，请试着自己阅读一下，会发现它很容易理解。例如，addComment 用于为一个资源（resourceId）添加文本评论，isLiked 用于查询一个用户（userId）是否点赞了一个资源（resourceId），等等。

代码的易理解程度取决于阅读者能否快速辨识代码中的业务概念和意图。在代码清单 8.1 中出现的业务概念，大多数源自领域模型——虽然也存在少许仅和实现相关的概念（如 Dto、Repository），但是并不影响理解。领域模型反映的是问题域认知，所以对于这个问题域的人来说，很容易就能理解这段代码。

这反映了一个重要的诉求：好的代码，其中的业务概念和术语要能传承来自需求分析和领域建模活动的结果。① 这样的好处是，开发人员在设计和编码过程中不需要进行行业务概念的二次转换，既不容易出错，也提升了思考效率。

> 好的代码，应该尽量接近问题域的表达。业务人员能够看懂的部分越多，代码就越接近领域模型。

提升演进能力

代码和领域模型的一致，有利于提升代码的演进能力。当业务域发生变化时，如果代码中有许多地方都和业务域对应，就很难分析清楚究竟哪些地方会受到影响。可如果代码和领域模型的对应关系和图 8.1 所示的一样，就很容易定位要修改的地方。

新的需求虽然层出不穷，但是核心业务概念往往不会发生根本性的变化。例如，商品的促销方式可能五花八门，但是从业务概念上看，无非就是优惠券、发放策略、核销策略、折扣这些基本业务概念的反复组合而已。把业务场景和基本的领域模型实现区分为两个层次，就能反复使用同样的已经在领域层建立的能力，获得丰富的功能。

此外，把领域模型在实现上的边界处理得很干净，还能增加领域资产的复用机会。例如，前面提到了评论服务，其中的点赞、评论、获取评论数、获取点赞数都是非常通用的功能。如果把评论对象的边界处理得很干净（如使用 resourceId，而不是具体的 orderId 或 foodId），就可以很顺利地把这个评论服务应用于新闻论坛、商品购买等不同的场景。

> 在实现中做到从领域模型到代码的直接映射，并且分离易变的业务逻辑和稳定的业务概念，可以带来更好的演进能力。

---

① 把使用领域模型表达业务概念推到极致，就是领域特定语言（DSL，Domain Specific Language）[40]。

8.1.2 领域驱动设计

领域驱动设计既是一种设计方法,也是一种指导软件实现的模式集合。Eric Evans 在 2004 年编写了同名图书《领域驱动设计》,他把领域模型作为领域驱动设计的核心,用领域模型来指导软件架构和软件实现。

领域驱动设计的方法体系是使用模式进行组织的,它包括两组模式:战术模式和战略模式。其中,战术模式关注具体的软件实现方法,战略模式重点关注大粒度的业务架构和服务划分。图 8.2 展示的是战术模式,图 8.3 展示的是战略模式,它们①都源自 Eric Evans 的《领域驱动设计参考》[41]。我们将在后续的各个小节展开讲解这两张图中的主要模式。

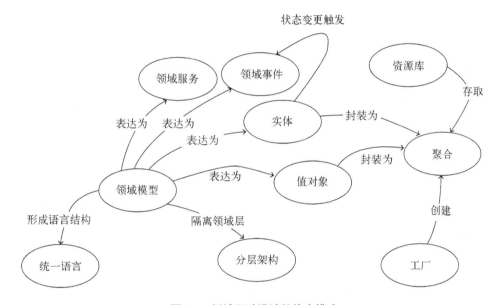

图 8.2 领域驱动设计的战术模式

领域模型和统一语言

正如"领域驱动设计"这个名字所指示的,领域模型是战术模式和战略模式的出发点,所有模式都围绕领域模型而展开。

统一语言是一个重要的概念,在 4.5 节我们已经介绍过它,只不过当时没有介绍它其实是领域驱动设计的模式的一部分。统一语言的精髓,就是尽量缩小问题域和实现域的表示差距,增强可理解性,同时保持领域模型的持续演进。

---

① 出于清晰表达的目的,这两张图相对参考文献有所修改。

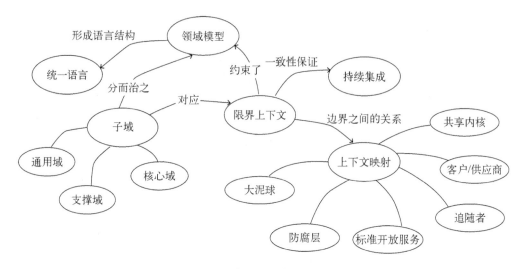

图 8.3 领域驱动设计的战略模式

战术模式

领域驱动设计的战术模式聚焦于提升面向对象设计的质量。具体地说,战术模式包括三方面内容。

- 基本构造块。领域驱动设计定义了四种构造块:实体、值对象、领域服务和领域事件。这些构造块是表达业务概念的基本元素,8.2 节将会对它们展开介绍。
- 业务完整性的单元。类和对象的粒度很细。领域驱动设计提出了聚合这个关键概念①,把面向对象设计的粒度从基本构造块提升到了能真正表达业务意义的层次。基于聚合,领域驱动设计还定义了资源库和工厂,这两个模式分别用于管理聚合的存取和创建。8.3 节将介绍聚合、资源库和工厂。
- 分层架构。领域模型不应该"淹没"在频繁变化的业务逻辑中。所以,领域驱动设计提出了四层分层架构,特别突出了领域层。在此基础上,又发展出了一系列变体,包括六边形架构、整洁架构等。8.4 节将介绍分层架构和相关概念,以及如何基于分层架构完成代码实现。

战术模式基于面向对象范式,不过它的思想是通用的。即使使用的不是面向对象的语言,了解这些模式也有助于写出更高质量的代码。

---

① 领域驱动设计中的聚合和 UML 中的聚合概念有所不同,请读者注意区分。

战略模式

领域模型不仅可以指导软件实现，它在企业架构规划和业务架构设计方面也有重要意义。战略模式的基础是按照问题域把复杂系统划分为子域，把复杂的问题分而治之。这就是曾经在第 4 章介绍过的子域的概念。

在实现层面，子域的划分可以直接对应到实现，如模块、服务、数据库设计等。例如，在第 4 章提到的餐品预订业务中，餐品目录、订单、餐品加工、取餐等都可以被实现为单独的模块，模块之间可以保持较低的耦合。如果采用微服务架构，还可以把这些模块作为单独的服务进行开发和部署。

领域驱动设计的战略模式定义了限界上下文（Bounded Context），用来表达架构层次上的边界。显然，在理想情况下，限界上下文的边界和子域的边界应该保持一致。

既然进行了划分，就需要考虑集成的问题。不同场景下的集成策略有所不同，领域驱动设计总结了一个很全面的集成策略，就是上下文映射。我们将在 8.5 节和 8.6 节讨论限界上下文和上下文映射的问题。

为什么需要领域驱动设计模式

模式的价值在于放大思考的粒度，提升思考的宏观程度。固然，就算不了解这些模式，经过反复琢磨和推演也能够编写高质量的代码，但掌握了这些模式可以更快得到答案。这和下围棋颇有类似之处。熟练掌握围棋的定式，是围棋入门的必备技能。不掌握这些定式，慢慢推演行不行呢？当然也行，只不过要付出更多的思考代价。在 8.3 节中将会有一个例子，从例子中，我们可以看到聚合模式是如何帮助开发者提升思考的宏观层次，降低思维负担的。

8.1.3 继续使用餐品预订的领域模型

在第 4 章，我们曾经使用餐品预订的业务场景，获得了关于订餐业务的领域模型（图 4.10）。在本章中，我们将继续使用这个领域模型来指导代码实现。

软件实现必须依托于具体的业务场景。为了便于讨论，我们引入一个业务场景。

订餐人打开购物车，勾选需要的餐品，点击下单。系统显示订单的总金额，提示选择取餐点，并给出支付链接。订餐人选择使用校园一卡通进行在线支付，支付成功后系统提示取餐码信息。

从这个场景中，我们可以看到若干已经出现在领域模型中的业务概念，包括订餐人、购物车、餐品、订单、取餐点等。那么，如何使用面向对象的方法，在代码中将这些业务概念表达为业务对象，并使用它们实现业务功能呢？如前所述，领域驱动设计的模式给出了非常好的指导，我们就基于本例进行介绍和分析。

8.2　基本构造块

在传统的面向对象设计方法中，对象就是对象，不会特别进行更具体的分类。UML定义了构造型，这作为一种通用的扩展机制，确实可以对对象进行分类，但是并没有就如何分类给出具体的指导。

领域驱动设计的战术模式指明了构成领域模型的对象类型其实是不同的，可以把它们分为四类：实体、值对象、领域服务和领域事件。

为了让读者能有更直观的理解，我们首先直接给出示例结果，然后分别讲解上述四种类型。图 8.4 是在图 4.10 的基础上，根据领域驱动设计的构造块模式进行分类的结果。

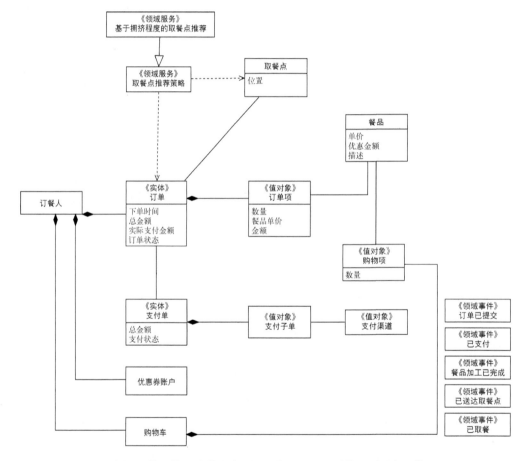

图 8.4　使用构造块模式表达的订餐系统的领域模型（局部）①

---

① 从实现视角看，本图尚未完成，在后续的聚合部分我们还将做进一步优化。

8.2.1 实体

实体是一类重要的业务对象。业务系统的演进往往伴随着实体的状态变迁。

定义

首先请读者注意观察 图 8.4 中的订单这个业务概念。读者可能会有一种直觉：和订餐人、订单项相比，订单这个业务概念看起来要更重要。这是为什么呢？仔细思考就会发现，有许多业务场景是围绕着订单进行的。例如，当订餐人创建一个订单时，订单处于已创建状态；当订餐人提交这个订单时，订单状态就需要变为已提交；当和该订单相关的支付操作做完后，订单就处于已支付状态；当用户取餐完成后，订单状态变为已取餐。

对于支付场景来说，支付单具有和订单相同的地位。业务活动的进展，往往可以通过订单或支付单的状态变化得到体现。在建模领域，这类非常重要的业务对象很早就引起了人们的注意。Peter Coad 在四色建模理论[42] 中，把这类会随着时间变化发生变化的对象，称为时标（Moment-Interval）对象。其中 Moment 代表时刻，Interval 代表某个时间间隔，时标对象这个名字非常形象地表达了"随着业务活动的进展，有一些重要的业务对象会发生状态变化"这样的特征。

领域驱动设计同样注意到了这类重要的业务对象。在领域驱动设计的战术模式中，把会随着业务变化发生变化的业务概念叫作实体对象。

实体需要唯一标识

在代码实现中，实体需要一个 ID 作为自己的唯一标识。由于实体的状态可变，所以这是一个很容易理解的结论。上述的订单、支付单这两个业务概念本来都没有 ID 属性，因此需要我们为它们加入唯一的 ID，这个 ID 是采取某种策略生成的。一个常见的策略是使用 UUID（通用唯一识别码，Universally Unique Identifier）。

有些业务对象自带唯一标识，如身份证号。如果想在软件设计中直接使用这类业务标识作为实体的唯一标识，那么需要深思熟虑。这样做固然有便利之处，但是往往会强依赖于外部世界的业务逻辑，如身份证号升级，或者起初用户输错了身份证号，后来不得不进行更新等，都可能会带来不必要的麻烦。在大多数时候，我更倾向于选择与业务无关的 ID 生成策略，这样虽然略显复杂，但是保证了更好的扩展性。

按照实体的定义，图 8.4 中的订单、支付单都是实体。取餐点、餐品这些业务概念在特定的上下文中是实体，在其他上下文中则不是，这取决于我们正在分析什么业务，所以我暂时没有在图 8.4 中标记它们的对象类型，在 8.5 节介绍完界限上下文的概念之后，它们的类型就很清楚了。以取餐点为例，在订单管理上下文中，它是一个值对象。在取餐点管理上下文中，它就是一个实体。

8.2.2 值对象

并不是每一个对象都和实体一样重要。还有一些对象在表达业务概念时是必须的，可业务并不围绕着它们进行，它们仅是对这些重要业务概念的描述，这一类对象叫作值对象。

值对象的意义取决于属性

值对象是描述性对象。图 8.4 中的订单项和购物项就是值对象，它们描述的是具体内容。例如，一个订单项可能包括具体是什么餐品（如西红柿炒蛋）、数量是多少（如 1 份）、下单时餐品单价的快照（如 5 元），以及总金额（如果没有优惠，那么就是单价乘以数量）。

值对象有什么特点呢？作为具体性描述，它们存在的意义就是它们的值本身。例如，把 {name: 西红柿炒蛋, quantity: 1, unitPrice: 5, totalPrice: 5} 这个订单项中的 quantity 值从 1 改为 2，相当于删除对象 {name: 西红柿炒蛋, quantity: 1, unitPrice: 5, totalPrice: 5}，然后创建新的对象 {name: 西红柿炒蛋, quantity: 2, unitPrice: 5, totalPrice: 10}。因为订单项描述的本来就是订单中的条目，所以更改一个对象和替换一个对象并无区别。尽管从业务视角看确实可以认为修改订单项中的数量值是一个合适的业务逻辑，但是我们完全没必要跟踪订单项的数据变化，因为它是没有生命周期的，仅仅是对订单的一个修饰。

值对象是描述性对象，所以只要对象的属性一模一样，那么对象就是相同的。如同在数学中，一个坐标点 (2, 3) 和另一个坐标点 (2, 3) 或许是不同的变量，但它们指向的是平面空间中的同一个点，是完全等价的。从实际应用视角看，我们并不在意究竟使用哪个对象。

当实体的属性发生变化后，它仍然是原来的实体。所以，实体需要用 ID 作为唯一标识，这是它的关键。而对于值对象，我们只关心它的属性，并不关心它有没有唯一标识。

顺便请注意两个细微概念的差别。虽然在图 8.4 中有从订单项指向餐品的箭头，而且餐品中也包含单价信息，但是订单项中的餐品单价和餐品中的单价是不一样的。后者随时可以调整，而且调价历史是一个确实有价值的信息，所以餐品是一个实体。而从下单那刻起，前者就成为了一个不可变更的事实。所以要使用两个不同的属性来记录这两个单价。

在领域模型中，值对象的数量要远远多于实体的数量，毕竟任何一个实体都需要不少描述性的信息。此外，对于有些属性，如订单中的订单状态，我们往往会使用一个 OrderStatus 类对它进行封装，这种属性也是值对象。甚至类似于数量、单价这些属性，使用原生类型也不一定合适（参见 Martin Fowler 的《重构》一书 3.9 节），当我们使用 Quantity、UnitPrice 类对它们进行封装后，它们也就成为了一个小的值对象。

尽量把值对象实现为不可变对象

在编程时,值对象可以用非常轻量级的方式实现。首先,不需要像实体那样给它们创建 ID。其次,不需要给它们设置任何用于修改数据的方法。例如,对于订单项 OrderItem 来说,changeQuantity 就是一个可有可无的方法。如果订餐人在下单前更改数量,那么更好的做法是创建一个新的 OrderItem 对象,并用其直接代替原来的对象。

这种只用替换不用修改的特征在编程中非常有用。这也就是不可变对象(Immutable Object)的概念。不可变对象是一种设计模式,其对象的值不可变。例如,Java 语言中的 String 对象就是不可变对象,下面举个例子。

```
String s = "String class is immutable";
s.toUpper();
```

当调用 s.toUpper 方法时,字符串 s 的值并没有改变,而是创建了一个新的对象。不可变对象有以下两个巨大的优势。

- 不可变对象不会被无意地修改。
- 不可变对象天然是线程安全的。

其中第一个优势很重要。看如下示例代码。

```
OrderStatus orderStatus = order.status();
```

在这行代码中,我们使用 order 对象的 status 方法获取了订单状态,并把它赋值给 orderStatus 对象。如果 OrderStatus 对象是不可变的,那么就和刚举的 String 对象的例子类似,无论后续的代码做什么,都可以安全地使用 OrderStatus 对象和 Order 对象的数据,而不用担心后续某一行的代码会无意影响这些数据。

如果 OrderStatus 对象是可变的,就没有这么美好了。在后续的代码中,只要不小心做了某种更改,Order 对象的数据就会进入错误状态。所以,值对象是不可变对象这一点,能够给软件设计的质量带来更多保障。

现在越来越多的系统是多线程或分布式应用。此时如果对象存在被修改的可能,就需要使用加锁机制避免并发修改。不可变对象由于无法被修改,因此天然避免了这个问题,这可以简化实现的复杂度,减小出现问题的概率。

值对象需要重写 equals 方法

前面已经提到,值对象是一种描述性对象,只要对象的属性一模一样,那对象从本质上讲就是一样的。例如,金额 (3, CNY) 和另一个金额 (3, CNY) 是一样的,其中 CNY 代表货币单位。需要注意,在软件实现时,这往往意味着要重写编程语言默认的 equals 方法。例如,下面是重写 OrderItem 类中的 equals 方法的结果。

```
1  public class OrderItem {
2      private SaleableItemId itemId;
3      private int quantity;
4      private int unitPriceInCent;
5      private int totalPriceInCent;
6
7      @Override
8      public boolean equals(Object o) {
9          if (this == o) return true;
10         if (o == null || getClass() != o.getClass()) return false;
11
12         OrderItem orderItem = (OrderItem) o;
13         if (quantity != orderItem.quantity) return false;
14         if (unitPriceInCent != orderItem.unitPriceInCent) return false;
15         if (totalPriceInCent != orderItem.totalPriceInCent) return false;
16         return Objects.equals(itemId, orderItem.itemId);
17     }
18
19     @Override
20     public int hashCode() {
21         // 代码略
22     }
23 }
```

代码清单 8.2 重写值对象的 equals 方法

在这段代码中，equals 方法的真正判断依据在于两个订单项的 itemId、quantity、unitPriceInCent、totalPriceInCent 的数值是否相等，也就是第 13 行至第 16 行。此外，在 Java 语言中，hashCode 方法和 equals 方法总是成对出现，因此，在重写 equals 的同时还需要重写 hashCode，这一点也请大家注意。

实体也需要重写 equals 方法，但策略不同

值对象的 equals 方法的判定依据是数值，实体的 equals 方法则恰好相反，它是基于 ID 判定的。也就是说，只要两个实体的 ID 相等，那它们就是同一个对象。特别是在从集合中查询特定的对象时，用 ID 作为唯一的判定依据，是一个非常重要的原则。基于此，我们重写 Order 类的 equals 方法和 hashCode 方法。

```
1  public class Order {
2      Id id;
3      // 其他属性略
4
5      @Override
6      public boolean equals(Object o) {
7          if (this == o) return true;
8          if (o == null || getClass() != o.getClass()) return false;
```

```
9          Order order = (Order) o;
10         // 仅使用 ID 作为判定依据
11         return Objects.equals(id, order.id);
12     }
13
14     @Override
15     public int hashCode() {
16         // 仅使用 ID 作为 hashCode 方法的计算依据
17         return id != null ? id.hashCode() : 0;
18     }
19 }
```

代码清单 8.3　重写实体的 equals 方法

在设计中明确地区分实体和值对象，能让领域模型的代码表达更为精确。此外，值对象还有其他重要的用途，特别是用于表征领域事件、外部接口的数据传输对象和聚合之间的引用。我们在后文还会看到这几个方面的应用。

8.2.3　领域服务

实体和值对象构成了领域模型的主体。但是，仅仅依赖实体和值对象是无法完整描述领域模型的。当我们试图描述一种商业策略，或某个业务的处理过程时，需要依赖领域服务。

定义

图 8.4 中的取餐点推荐策略就是领域服务，这是一类特殊的对象。这些对象自身是没有数据的，只是表达了某种业务计算逻辑，或者业务的某种策略。之所以叫领域服务，是为了指代这些对象是领域层的对象。

取餐点推荐策略负责根据多种信息，如订餐人的当前位置、取餐点的拥挤程度等，计算一个合适的取餐点。

领域服务的实现

领域服务实现起来非常灵活，可以使用策略模式（Strategy Pattern），也可以定义一个服务，还可以使用函数计算等。例如，我们可以使用代码清单 8.4 中的代码实现一个取餐点推荐策略。

```
1 public interface SiteRecommender {
2     List<Site> orderedSites(Order order);
3 }
4
5 public class SiteRecommenderBasedOnCrowd implements SiteRecommender {
```

```
 6      HistoryCrowdData crowdData;
 7      List<Site> orderedSites(Order order) {
 8          // 基于拥挤程度对取餐点排序
 9      }
10  }
```

代码清单 8.4 实现领域服务

在上述代码中，接口 SiteRecommender 对应于取餐点推荐策略，类 SiteRecommenderBasedOnCrowd 对应于基于拥挤程度的取餐点推荐策略的具体实现。

区分领域服务和一般领域对象的责任

注意不要滥用领域服务。在面向对象设计中，特别要注意区分什么是真正的领域服务，什么是一般领域对象的责任，不要把本来属于一般领域对象（如实体）的责任分配给领域服务。

例如，向某个订单中增加一个订单项，可不可以针对此操作定义为一个名为 OrderItemAppenderService 的领域服务呢？固然这样做也可以实现功能，但是显而易见，这个方法所做的一切事情都是围绕着 Order 类进行的。根据高内聚、低耦合原则，这个责任显然应该属于 Order 类，而不应该建立一个独立的领域服务。

只有在确实表达了一个相对独立的业务概念或者业务策略，并且不能简单地把它归结到某个既有的业务对象上时，才是一个真正的领域服务。

领域服务是无状态的

由于领域服务不持有数据，所以它自身是没有状态的。对软件实现来说，无状态是一件好事。它不担心并发，可以在需要时扩展任意多的计算实例，从而提供更好的性能支持。

8.2.4 领域事件

在本节的最后，我们来介绍领域模型中的另外一类对象：领域事件。领域事件并不是新概念。在第 3 章中，我们曾经把业务事件作为重要的需求分析手段，业务事件的本质就是领域事件。

定义

领域事件代表从业务专家视角看到的某种重要的事情发生了。例如，当用户提交一个订单时，会产生一个值得关注的业务结果，即订单已提交；当用户完成支付时，会产生一个事件，即已支付。

领域事件指的是业务专家关心的事件，它源自于业务活动的结果。

领域事件对需求分析和架构设计具有重要意义

领域事件是非常重要的。在 3.3 节进行业务分析时，我们已经见到过它们，不过因为当时的上下文是业务分析，对于业务人员来说，领域事件这个词多少有些陌生，所以我们使用了"业务事件"这个名字，便于业务人员更好地理解。

在领域驱动设计理论发展的早期，人们还没有充分意识到领域事件的重要作用。例如，在《领域驱动设计》一书刚刚出版时，它包含的构造块仅有实体、值对象和领域服务三种。但是，很快人们就意识到了领域事件的巨大价值，Eric Evans 也在《领域驱动设计参考》中正式加入了事件这一基本构造块。

尽管不使用领域事件也能完整地描述业务概念，但是领域事件是一个极为有力的工具。在加入领域事件后，无论是需求分析，还是架构设计，都可以获得更大的益处。在需求分析阶段，可以使用领域事件进行业务分析、开展事件风暴活动。在架构设计中，不但可以流畅地继承业务分解阶段关于领域事件的结果，还可以进一步使用领域事件作为核心架构元素对系统进行解耦，和事件驱动架构、事件溯源架构等有效结合。

领域事件具有强大的架构解耦能力。我们在第 6 章曾经讨论过基于事件进行解耦的方式。在餐品预订的业务场景中，我们定义了一个订单已提交的领域事件。当订餐人提交订单时，系统会生成一个支付单，并通知用户进行支付。如果我们使用 6.5 节介绍的事件机制，应该如何实现呢？

图 8.5 给出了一个简单的架构示意。如果使用领域事件解耦，那么完全可以把订单管理和支付管理实现为两个独立的系统。业务场景的具体实现步骤如下。

图 8.5　使用领域事件解耦实现

(1) 订餐人提交订单。

(2) 订单管理系统触发"订单已提交"事件。

(3) 支付管理系统监听"订单已提交"事件，并创建一张支付单。

(4) 用户进行支付。

使用领域事件可以获得很好的架构灵活性。它最大的优势是：可以在原有系统无感知的基础上增加新的业务能力。例如，在系统基本功能已经实现的基础上，如果我们需要增加一个统计分析取餐效率的功能，那么，只要系统中已经记录了"已取餐"和"已送达取餐点"两个事件，无须改动系统的任何部分就可以实现。可以说，事件机制是实现开放-封闭原则的重要手段。

领域事件是一种特殊的值对象

在本节前面，我们曾经介绍过实体和值对象的概念。领域事件尽管是一个独立的模式，但它也是持有数据的。它具备值对象的特点：领域事件一旦产生，就不可能再修改，所以它本质上也是一种值对象，在编程时就可以利用不可变对象的性质。

当然领域事件也有它复杂的地方。特别是在分布式情况下，由于事件传输会跨越系统的边界，所以难免会出现事件的丢失、重复等问题。于是在分布式系统中，领域事件往往还需要一个全局唯一的 ID，来实现事件的可追踪、防止重复等。在 6.5 节中，我们曾经介绍过云事件规范，可以认为这是分布式系统中对事件机制的一个较好的实践。

8.3 聚合、资源库和工厂

本节我们将介绍领域驱动设计中的聚合模式，以及与此密切相关的资源库和工厂模式。

8.3.1 聚合

在 8.2 节中，我们介绍了领域模型的四种构造块。不过，我们会发现，如果直接使用这些构造块来构造系统，那么可能会丢失某些重要的联系。例如，订单和订单项之间存在密切的联系，订单和订餐人之间也存在某种联系，而订单项中又必然包含餐品。

如果再仔细分析，就会发现这些联系的强度又是不一样的。订单项中虽然包含餐品，但是餐品也可能出现在其他业务场景下，如出现在用户浏览餐品列表时的展示页面中，但是订单项只能和某一个具体的订单相关联。

如果只是从构造块的粒度来理解和实现业务模型，那么上述信息很难以一种整齐的逻辑呈现。事实上，在面向对象的系统中，系统并不是直接在构造块粒度组织的，而是按照业务概念之间的联系和紧密程度，被组织成一簇一簇的样子。也就是说，在对象和系统之间，还应该存在一个"对象簇"。这就是我们本节将要介绍的最重要的概念：聚合。

具体到我们的案例中，我会把订单、订单项等放到一起，形成一个订单聚合。此外，还可以有餐品聚合、用户聚合。在图 8.7 中，我们将会看到这种聚合划分方法。

8.3.2　聚合本质上反映的是业务完整性

Eric Evans 在《领域驱动设计》中给出的聚合定义如下："将实体和值对象划分为聚合并围绕着聚合定义边界。选择一个实体作为每个聚合的根，并仅允许外部对象持有对聚合根的引用。作为一个整体来定义聚合的属性和不变性因素，并把其执行责任赋予聚合根或指定的框架机制。"

这个定义是正确的，却不太容易理解。本节将会介绍聚合的核心概念：业务完整性。

聚合从本质上讲是在基础的构造块上增加了一层边界，用边界把那些紧密相关的对象放到了一起。处在同一个边界内的对象就形成了一个聚合。不过，哪些对象应该放到一起，哪些不能呢？此外，聚合形成了边界，又能带来什么优势呢？如果用一句话来概括，那就是下面这句话。

> 聚合是业务完整性的基本单元。

下面我们使用一个例子来解释这个问题。

紧密相关的对象存在数据一致性问题

我们曾在订单中引入一个订单总金额的属性。在一般情况下，订单总金额是各个订单项的金额之和。不过，有时候计算逻辑会变得复杂，如包含满减优惠时，像满 100 减 20。此外，订单的实际支付金额是创建支付单时的重要输入。所以，我们不在每次查询订单总金额时直接累加各个订单项金额，而是使用一个属性单独维护其值。

由于数据彼此相关，所以会产生一个新问题：订单总金额虽然不是简单累加的结果，但它确实和订单项金额存在数据一致性的问题。当用户在下单之前增减订单项时，订单总金额也应该相应地更新。那么，如何保证此时能正确更新订单总金额这个属性呢？

缺乏边界时，维护数据一致性是困难的

不正确的做法是把订单总金额的计算逻辑实现为一个单独的方法或者服务，订单和订单项只作为纯数据类存在。这个做法固然可以生效，但会在计算方法/服务和订单、订单项之间引入一个严重的耦合：只要订单项有更新，就要调用计算方法/服务重新计算订单总金额。只要某次更新订单项时漏掉了这个调用，就会产生数据一致性问题。

真正的麻烦还不限于此。由于用户可以单独查询订单项，因此如果 OrderItem 类又提供了 setter 方法，那么用户就可以更改订单项中的餐品数量（甚至如果不在同一个代码上下文中，那问题就更麻烦了）。这种情况下的代码如下所示。

```
1  public void exampleOfUnexpectedModification(Order order) {
2      // 假设传入的 Order 对象中仅有一个订单项，其餐品数量为 2，单价为 10
3      List<OrderItem> items = order.getOrderItems();
4      aFunction(items.get(0));
5  }
6
7  private void aFunction(OrderItem orderItem) {
8      orderItem.setQuantity(3);
9  }
```

代码清单 8.5 没有显式边界时容易产生数据一致性问题

在这段代码中，exampleOfUnexpectedModification 方法获取了传入的 Order 对象的所有订单项，然后把其中的第一个作为参数传给了 aFunction 方法。

aFunction 方法会更新传入的订单项中的餐品数量，并且没有意识到还需要重新计算订单总金额。甚至，在编写 aFunction 方法的时候，可能还没加入订单总金额属性，那 aFunction 方法就更不可能维护订单总金额属性了。

为什么会产生这种问题呢？根本原因在于：虽然 Order、OrderItem 看起来是两个对象，但是它们之间有着紧密联系。无论是 Order 对象的 items 属性，还是 OrderItem 对象的 quantity 属性，都不能脱离订单这个上下文进行修改，否则很容易和订单的其他数据造成不一致性。换句话说，OrderItem 对象紧紧依附于 Order 对象，它们加起来才是一个整体，才是真正有意义的订单和订单项。

利用聚合，建立一致性的边界

以下是正确的做法。

- 把 Order 对象和 OrderItem 对象作为一个整体，也就是聚合，如图 8.6 所示。

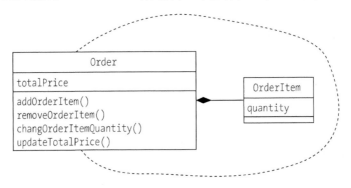

图 8.6 用聚合保证业务完整性

- 当从外部访问这个聚合时，仅能访问 `Order`。即使仅是更新 `OrderItem` 的 `quantity` 属性也是如此。所以，`Order` 也叫作聚合根（aggregate root）。
- 从外部仅可以读取 `OrderItem`，不可以直接修改它。

由于所有操作都通过聚合根进行，相当于给紧密相关的对象集合增加了一个守卫，所以业务逻辑的完整性非常容易得到保障。例如，我们可以把计算订单总金额的能力放在 `addOrderItem`、`removeOrderItem` 和 `changeOrderItemQuantity` 方法中，这样无论如何都不会破坏订单数据的一致性。聚合是让领域对象具有业务语义，而不是只有 getter 和 setter 方法，继而退化为纯数据类的关键。

聚合是一个非常重要的概念，它的核心是封装业务逻辑，保证业务完整性，将实体对象和值对象划分为聚合，并且要围绕聚合去定义边界。这样，我们很容易就能理解 Eric Evans 的定义了："作为一个整体来定义聚合的属性和不变性因素，并把其执行责任赋予聚合根或指定的框架机制。"

8.3.3 划分聚合的启发式规则

聚合是业务完整性的单元——但是，业务完整性是一个听起来容易，执行起来模糊的概念。对初学者来说，聚合的边界在哪里往往是一个比较难以确定的问题。本节我们将介绍划分聚合的启发式规则。

首先，需要明确，在软件设计中，对象之间普遍存在连接。例如，订单包括订单项，订单项又包括餐品和餐品数量。订单还包括取餐人信息，取餐人又是一个用户。划分边界的关键在于既不要让整个系统成为一个整体，又让每个单独划分出的聚合具有明确的业务意义。

聚合作为领域驱动设计的对象体系中的一个层次，同样应该遵循高内聚、低耦合的原则。结合经验，我总结了三条划分聚合的启发式规则。[①]

(1) 生命周期一致性。

(2) 问题域一致性。

(3) 尽量小的聚合。

下面我们来介绍这三条规则。

生命周期一致性

生命周期一致性是聚合的本质。聚合边界内的对象，和聚合根之间存在"人身依附"关系。也就是说：如果聚合根消失，那么聚合内的其他元素也都应该同时消失。例如，在

---

① 最早发表的版本中还包括"场景和频率一致性"，由于该原则适用场景较少，所以本书中不再列入。

前述例子中，如果聚合根 Order 不存在了，那么 OrderItem 当然也就失去了存在的意义。而餐品、作为订餐人的用户等对象，和 Order 之间则不存在此关系。

生命周期一致性可以用反证法来证明：如果一个对象在聚合根消失之后仍然有意义，那么说明此时在系统中必然存在能够访问该对象的方法。这和聚合的定义矛盾，所以聚合内的其他元素必然在聚合根消失后失效。

如果违反了生命周期一致性，那么在代码实现上也会面临问题。请看以下例子。

```
class Order {
    private List<OrderItem> items;
    private User submitter;
    ...
}
```

代码清单 8.6 Order 聚合中不正确地包含了 User 对象

其中 User 对象和 Order 对象的生命周期不一致。现在假设有两段代码并行执行。

代码 1 是修改 Order 对象。

```
order = orderRepository.findOne(id);
// ... 一些修改
orderRepository.save(order);
```

代码清单 8.7 修改 Order 对象会导致保存 User 对象

这段代码获得了某个 Order 对象，修改该对象后保存。注意，由于 User 对象嵌入到了 Order 类中，因此如果使用的是 Hibernate 这种 ORM 持久化框架，那 User 对象也会被同时保存。

代码 2 是修改 User 对象。

```
User user = userRepo.findOne(order.getSubmitter().getId());
// ... 一些修改
userRepo.save(user);
```

代码清单 8.8 并行修改 User 对象会导致冲突

这段代码也获得了该 Order 对象对应的 User 对象，修改该对象后保存。这会导致一种完全不可接受的后果：对 User 对象进行修改的不确定性！

因此，对于那些说不清楚是否应该划入同一个聚合的对象，不妨问一下：这个对象如果脱离聚合根，有单独存在的价值吗？只要答案是肯定的，该对象就不属于本聚合。

问题域一致性

问题域一致性是一个非常快捷的判断规则。生命周期一致性在大多数时候挺有效，但有时候也存在一些歧义。例如下面这个场景。

有一个在线论坛，用户可以对其上的文章发表评论。文章显然应该是一个聚合根，如果文章被删除，那么用户的评论看起来也要同时消失。评论是否可以属于文章这个聚合？

这个例子不能用生命周期一致性来解释，而应该考虑评论是否还有其他用途，如用户也可以对图书网站的图书发表评论。如果只是因为在在线论坛上删除文章和评论消失之间存在逻辑上的关联，就让文章聚合持有评论对象，那么显然约束了评论对象的适用范围。

一目了然的事实是，"评论"这个概念，在本质上和"文章"这个概念相去甚远。所以，我们得到了一个新的、凌驾于生命周期一致性规则之上的规则。

> 不属于同一个问题域的对象，不应该出现在同一个聚合中。

我们已经在第 4 章中介绍过子域的概念。本章 8.5 节还会讲到实现领域中与此对应的限界上下文。站在限界上下文的角度，理解问题域一致性就非常自然了。因为限界上下文已经约束了实现的边界（如一个微服务、一个模块），聚合自然不能突破这个边界。

尽量小的聚合

聚合的本质作用是提升对象系统的粒度，确保一致性、降低复杂度。不过，粒度绝不是越大越好。如果聚合的粒度太大，那内部的逻辑复杂度也会大大增加还会影响到复用度。因此，要能够比较容易地断开聚合。

观察图 8.4，其中订单和支付单之间存在连线，订单项和餐品之间也存在连线，如何处理这些连线呢？如果不能断开它们，就只能被迫构造庞大的聚合。

我们引入一个实现策略来解决这个问题，在领域驱动设计的实现模式中，一个典型的做法就是引入新的值对象，如订餐人 ID、餐品 ID 等，来建立订单聚合、餐品聚合和用户聚合之间的关系，这样各个聚合之间就比较独立了。方法示意图如图 8.7 所示。

和图 8.4 相比，图 8.7 中增加了几个新的值对象，分别是订餐人 ID、订单 ID、取餐点信息和餐品信息。

我们把图 8.7 直接翻译为以下代码。

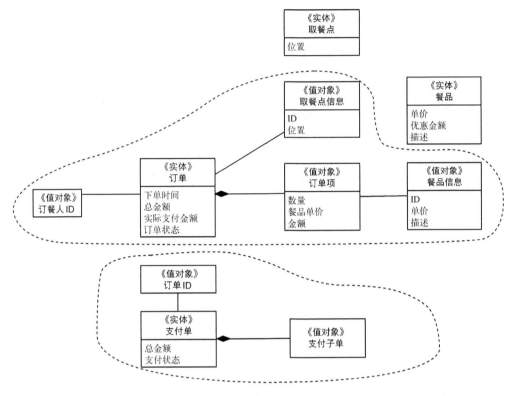

图 8.7 使用值对象断开聚合

```
1  public class Order {
2      Id id;
3      SubmitterId submitterId;
4      List<OrderItem> orderItems;
5      int totalPriceInCent;
6      OrderStatus orderStatus;
7      // 方法部分略
8  }
9
10 public class OrderItem {
11     FoodData food;
12     int quantity;
13     int unitPriceInCent;
14     int totalPriceInCent;
15     // 方法部分略
16 }
17
18 public class FoodData {
```

```
19    FoodId id;
20    int unitPriceInCent;
21    String description;
22 }
```

代码清单 8.9 用代码表达聚合

引入值对象断开聚合之后，出现了一个新的问题：这些为了断开聚合而额外引入的值对象，还能算领域模型或者是"统一语言"的一部分吗？换句话说，业务人员需要了解这些值对象吗？

其实没有必要和业务人员沟通这些概念，仅使用从问题域识别出的实体、值对象、领域服务和领域事件跟业务人员进行沟通即可。扩展出的值对象、聚合、聚合根这些概念，以及即将讲到的资源库、工厂，都仅是服务于实现，只要开发人员自己能理解，在实现中能正确使用就可以了。尽管它们也是领域模型的一部分，但是选择性地忽略，注重实效才是合理的做法。

使用值对象断开后的聚合看起来更干净了，每个聚合现在都非常内聚，每个类也都很小。但是这样有没有缺点呢？是有的，例如，在原来的领域模型中，查询支付单或许可以看到订单的详情，而现在仅能看到 ID，这样能满足需求吗？这本质上是架构决策面临的一个普遍问题：有收获就会有付出，既然我们收获了内聚性，就必然需要用其他稍微复杂的机制进行弥补。下面我们就分析这个问题。

8.3.4 小聚合之间的协作

虽然我们可以使用值对象把聚合断开，但是在实际应用场景中，这些聚合还是需要一起工作的。例如，在支付单中查看订单的详细信息。当遇到这类问题时怎么做呢？

在应用层进行拼装

对于这个例子，最常规的做法是发起两次查询，一次查询面向订单聚合，一次查询面向支付单聚合，然后在应用层把两次查询所得的信息组合起来对外输出。另外，对于某些常用数据，如文章评论信息中的用户头像，可以把它们放入缓存，这样不仅能大大提高查询速度，整体性能也会得到提升。

在对象中存储冗余信息

某些查询数据是相对确定的。例如，在查询订单项时，总是不可避免地要参考餐品的信息，那么在订单聚合中除了要存储餐品 ID，还要多存储一份描述信息。这其实是一种缩微版本的读写模型分离。

这种冗余信息是有一定缺点的，如餐品信息的同步问题。如果餐品维护人员更新了餐品的描述信息，那订单中的描述应该更新吗？如果更新，那么需要使用事件监听机制，监听维护人员的更新。

基于消息机制完成数据同步

前述的两种场景都是数据读取场景。在数据更新的场景下，则可以使用消息机制来保持不同聚合之间的数据一致。例如，加入在删除文章时也同步删除文章评论的需求，那么就可以在删除文章的时候，给评论系统发送一个文章删除的消息，当上层应用系统监听这个消息，并在接收到消息之后，调用评论系统删除对应的评论。

采用最终一致性方案

某些重要的业务系统对一致性有严格要求，如一旦用户端扣款成功，订单状态就应该立马改为支付成功。要是扣款状态和支付状态不一致，必然会导致损失，带来糟糕的用户体验。当然，产生这个问题不仅仅是因为聚合划分，更抽象地看，所有分布式系统都面临这个问题。这需要用最终一致性（eventually consistent）解决。最终一致性是分布式系统的重要架构课题，但是它和本书重点讲解的设计方法关系不大，因此这部分内容请有需要的读者自行检索相关文献。

ORM 框架性能太差了？

有不少程序员会抱怨类似于 Hibernate 这样的 ORM 框架"性能太差了"：为了查询一个数据，关联了一堆数据表，最终变成了规模巨大的联合查询。

这未必是 ORM 框架的问题。请看代码清单 8.6，在这样的设计中，查询 Order 对象必然会导致查询 User 对象，说不定 User 对象又关联了其他数据……缺乏聚合的概念，或者聚合过大，就会产生这样的结果。

当然，ORM 框架一般会提供 LazyFetch 加载机制，但这并不是首选方案。尽管该机制确实能在首次查询时表现出更好的性能，但是不得不一直保留数据访问的上下文，不仅使系统出错的概率大大增加，也给分布式设计带来了不便。优先保证小聚合，才是高质量设计的根本解。

8.3.5 资源库

理解了聚合的业务完整性后，领域驱动设计中的另外两个模式——资源库和工厂就变得非常容易理解了。我们首先来介绍资源库。

基本概念

数据集是软件实现时的重要概念。我们会从数据集中查询所需要的数据，或者往数据集中保存数据。最常用的保存数据集的基础设施就是数据库。

以订餐系统为例。当用户在订餐 App 或订餐页面的订单列表页中点击某个订单时，对系统来说，就需要通过该订单的 ID 从数据库中查询订单详情。用户基于某种条件从数据库中检索订单也是一种查询场景，这个查询条件可能不是订单 ID，而是类似于金额、时间之类的数据。当用户修改订单，或者订单状态发生变化时，则需要保存订单数据。

对于查询、创建、修改、删除数据的操作，领域模型使用"资源库（Repository）"这个概念来承载它们。下面是一个简单的例子。

```java
public interface OrderRepository {
    Order findOne(OrderId id);
    Page<Order> findAll(Pageable pageable);
    void save(Order order);
}
```

代码清单 8.10　资源库示例

在接口 OrderRepository 中，findOne 方法用于根据传入的订单 ID 查询对应的订单。findAll 方法有一个分页查询的参数 pageable，用来返回分页数据。save 方法用于保存，如果 order 之前在数据库中不存在，那它就会自动新建一个。

资源库和聚合要一一对应

不少程序员总是弄不明白究竟要提供多少个数据访问接口。例如，在数据库中，肯定有一张表对应 Order，有一张表对应 OrderItem，那么需不需要为每张表都提供一个访问接口呢？

如果理解了聚合的概念，就会发现仅应该为 Order 对应的表提供访问接口，至于 OrderItem，则是既不需要，也不应该。

聚合是业务完整性的单元。如果提供了 OrderItemRepository，那么意味着可以单独把 OrderItem 取出来进行修改，这显然会破坏聚合所期望的业务完整性。

> 一个聚合对应一个资源库。

资源库是聚合的存储机制。外部世界能且只能通过资源库来访问聚合。从设计约束上讲，一个聚合只能对应一个资源库对象，那就是以聚合根命名的资源库，除了聚合根之外的其他对象，都不应该提供资源库对象。

把资源库声明为接口

在代码清单 8.10 中，把 OrderRepository 声明为了一个接口，而不是一个类。这是很重要的一个细节。

接口相当于一种"能力"，使用什么方式来获取这种能力是具体实现需要关心的。例如，可以把接口 OrderRepository 通过关系型数据库实现，也可以通过内存数据库（如 h2）或者文档数据库（如 MongoDB）实现。甚至一个简单的文件或者一个内存中的集合（如果没有持久化需求的话）就可以实现。

接口和实现的分离使具体实现有了灵活性。例如，我经常会在单元测试和模块级测试中使用内存数据库，因为它可以很快地启动，并且可以方便地构建干净的测试环境，在集成测试和实际生产环境中，则使用关系型数据库，因为这才是真正符合业务需要的数据库环境。

分离接口和实现还有更本质的原因。资源库接口属于领域模型层，和具体的实现无关。而资源库接口的具体实现和具体的数据库以及采用的具体技术（如 Hibernate、myBatis 等）相关，所以资源库的实现是基础设施层的一部分。

为什么没有强调数据库

数据建模是非常重要的软件开发技能。我还听到过一种说法：只要把用户界面和数据库设计清楚，系统基本上就不会有大问题了。从某种视角来说，这个说法是正确的——只是我们要看到这种说法的本质。

用户界面的本质是用户场景，我们已经在第 3 章对它进行了讨论。界面是场景的一种具体化表达方式。数据建模的基础则是领域模型。

在领域模型中，实体、值对象在大多数情况下是需要持久化的。在严格遵循数据库设计范式的情况下，数据库模型和领域模型应该非常一致。所以，"搞定数据库"非常接近于"澄清领域模型"。当然，领域模型中的业务策略、非持久化信息等一定是数据库模型所不能表达的。从这个概念上讲，领域模型是数据库的超集。

当然，数据库也有领域模型所不能涵盖的范围，如索引、外键等。索引仍然重要，因为它和访问数据库的性能密切相关。不过，索引未必一定是在创建数据库表的时刻建立的，完全可以先分析资源库接口中的查询内容，发现性能敏感部分，再建立索引。

数据库的外键是另一个值得讨论的问题。在关系型数据库中，同一个聚合内部的对象之间的连接往往体现为数据库的外键关系。这是很正常的设计逻辑。有些 ORM 框架可以根据对象模型自动创建数据库结构，这是一种便捷的建立外键关系的方法。但是，如果不关注领域模型，仅仅从纯粹的数据库视角进行建模，以现代软件设计的视角来看，这是不合理的，应该尽可能消除。

命令-查询职责分离

命令-查询职责分离（CQRS）是一种重要的架构模式，这种模式也叫作读写模型分离。顾名思义，就是对业务场景中的读操作和写操作使用不同的数据库模型。

前面讲到的领域驱动设计中的战术模式，能让代码精确地和领域模型对应，这样固然降低了表示差距，也更容易表达业务概念，但对复杂查询是不利的，因为每次都从多个聚合中获取数据，未必能满足性能要求。

读写模型分离是一种有效的架构策略，可以大幅改善查询性能。其基本示意图如图8.8所示。它把数据的存储模型分为读模型和写模型。其中，写模型面向领域模型定义，读模型面向查询场景定义。可以为每个不同的查询场景，分别定义一个专门的读模型，这样的性能一定是很高的：由于读模型和查询场景保持了精确的一致，所以在查询时不需要数据之间的连接、不需要编写数据转换的代码，性能自然就很难成为问题了。

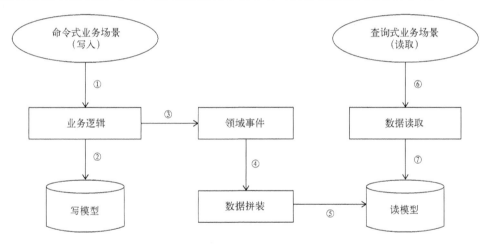

图 8.8 CQRS 示意图

在图8.8中，按常规的方式把数据存储到了写模型对应的数据库，并同步触发了一个领域事件。面向读取场景的数据转换服务会监听该事件，并把符合查询要求的数据写入读模型对应的数据库中。

CQRS当然也会带来新的问题。由于存在两套数据（更多情况下是多套数据，每种查询场景都有对应的读模型），所以必然存在数据的同步和延迟问题。和单一模型相比，CQRS的实现也更为复杂。因此，应该权衡利弊，做出符合实际业务需要的架构选择。

8.3.6 工厂

和资源库一样，工厂也是面向聚合定义的。一个聚合往往包含多个对象，这些对象的数据之间又可能存在联系，如果允许分别创建这些对象，就会让聚合是业务完整性的单元这个定义面临失败。

从这个视角看，领域驱动设计中的工厂和《设计模式》中的工厂本质上是相同的，都是分离了构造和使用，并且封装了对复杂对象的构造过程。不同的是，前者更强调聚合的关注点，保证了聚合的业务完整性。

8.4 分层架构和代码结构

在 8.3 节中，我们讲解了如何用领域模型指导编码，当然，代码并不全由领域层构成。如图 4.9 所示，领域模型是从业务场景中提炼出来的，这些场景又需要使用领域模型来表达。在软件架构中，我们把领域模型相关的部分放在领域层，把业务功能表达对应的部分放在应用层。

除了领域层和应用层，真正的业务系统还需要接口层或用户界面层，以及基础设施层等。

图 8.9 展示了领域驱动设计的四层架构。

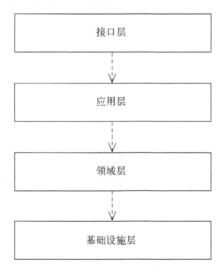

图 8.9[①] 领域驱动设计四层架构

---

① 图 8.9 的基础设施层和图 5.11 的数据访问层有所重叠，但是概念更为通用，除了数据库，它还包括一切领域层需要对外依赖的基础设施。

和图 5.11 相比，图 8.9 最显然的不同是增加了领域层，而且我刻意放大了这一层的厚度。在图 8.9 中，每层负责的内容分别如下。

- 接口层负责处理跟边界相关的部分。
- 应用层负责处理业务逻辑，业务逻辑是变化较为频繁的。
- 领域层负责处理领域模型和领域逻辑，领域模型稳定且接近业务本质，是最为重要的一层。
- 基础设施层负责处理数据库、消息等系统运行时所必须的基础设施。

代码结构应该和架构层次相一致。代码清单 8.11 展示了一个基于 maven 的 Java 项目的 src/main/ 下的目录结构。

```
1  — main
2    └── java
3        └── com.project.sample
4            ├── interfaces
5            ├── application
6            ├── domain
7            └── infrastructure
```

代码清单 8.11　四层架构模型的目录结构

8.4.1　按照聚合组织领域层代码

领域层包含多种领域对象，例如，领域服务、领域事件、聚合（实体、值对象、工厂、资源库）等。代码也可以按照这样的结构进行组织。请看代码清单 8.12。

```
1  — main
2    └── java
3        └── example.food
4            ├── interfaces
5            ├── application
6            ├── domain
7            │   ├── services
8            │   │   └── PickupSiteRecommender // 取餐点推荐策略
9            │   ├── order
10           │   │   ├── Order              // 订单聚合根
11           │   │   ├── OrderItem          // 订单项值对象
12           │   │   ├── OrderFactory       // 工厂
13           │   │   ├── OrderRepository    // 资源库
14           │   │   ├── OrderStatus        // 值对象
15           │   │   └── OrderCreatedEvent  // 领域事件
16           │   └── food
17           └── infrastructure
```

代码清单 8.12　领域层代码的结构

这段代码展示了领域层代码常见的组织形式。order、food 是两个聚合，在 order 聚合内，放置了聚合根、值对象、工厂、资源库以及和本聚合相关的领域事件。领域服务比较独立，放置在单独的目录中。代码结构和领域模型结构的高度一致，可以减小表示差距，更好地应对对象世界的复杂性。

8.4.2 编写代码

本节不深入讨论如何在每一层上编写代码，只编写领域层代码的基础部分（也就是已经在建模中发现的领域对象及属性）。本书推荐的编码方式是即将在第 9 章介绍的由外而内的设计，大家也可以翻到 9.5 节快速查看各个层次上的代码示例，下面是详情。

- 代码清单 9.39 是接口层代码的示例。
- 代码清单 9.28 是应用层代码的初始版本示例，代码清单 9.34 对其做了完善。
- 代码清单 9.26 是领域层代码的初始版本示例，代码清单 9.34 在其基础上增加了丰富的领域对象操作。
- 消息、对外部服务（如支付网关）的调用、数据库存储（如果有）等的代码，则应该放置在基础设施层中。

在编写领域层代码时，可以使用一些实现策略来突出战术模式构造型。这样不仅有助于改善可读性，也给代码增加了有益的设计约束。例如，在开源项目 dddsample-core[①]中，就定义了 Entity、DomainEvent、ValueObject 等抽象接口（构造型），并让具体的领域对象实现了这些接口。请看下例。

```
1  public class Cargo implements Entity<Cargo> {
2      // 代码略
3  }
```

代码清单 8.13 在代码中体现领域驱动设计的构造型

这种实现策略是可选的。鉴于领域驱动设计的突出价值和影响力，一些重要的编程框架已经内建了其模式，如在 Spring Data 中，就内建了 Domain Event、Abstract-AggregateRoot 等抽象类或 Annotation。利用这些机制，编程框架不仅可以更好地表达对象的领域驱动设计构造型，更重要的是它们内建了一些有用的能力，如便捷地领域事件发布。

---

① 领域驱动设计的示例项目：https://github.com/citerus/dddsample-core。

8.4.3 六边形架构和领域驱动设计

我们曾经在第 6 章介绍了六边形架构（图 6.15）。事实上，在以领域模型为中心的设计场景中，六边形架构的中央部分已经不是一个泛泛的"应用"，而是领域模型，即代码清单 8.12 中 domain 目录下的内容。

在第 6 章的讨论中，我们已经知道六边形架构的本质是思考的逻辑和构建的顺序，对最终制品并没有本质上的结构影响。所以，无论是使用分层架构还是六边形架构，最终的目录结构都和代码清单 8.11 或代码清单 8.12 中的结构是一致的。

8.5 限界上下文

在本章前 4 节中，我们介绍了如何使用领域模型指导软件实现，但是刻意忽略了一个重要的方面：在实现软件系统时首先是按照问题域进行切分，而不是直接分层。本书已经在 5.2 节讨论了子域划分，可如何在具体实现中体现对问题域的分解呢？本节我们介绍领域驱动设计的限界上下文概念，并把它和子域的关系说明清楚。

8.5.1 限界上下文的理想边界

限界上下文这个名字看起来多少有些费解。Eric Evans 在《领域驱动设计》一书中用细胞做了比喻，来说明限界上下文是什么。细胞有什么特点呢？它功能完备，自成一个系统，最关键的是有一层细胞膜，能把细胞和外部世界隔离开来。同理，限界上下文本质上是一个自治的小世界，它有完备的职责，还有清晰的边界。

完备的职责和清晰的边界这种描述多少有些模糊，不那么容易把握。但是，5.2 节的设计原则表明，架构设计优先要按问题域划分。结合第 4 章关于领域和子域的介绍，限界上下文的最理想边界也就很清楚了。

限界上下文的最理想边界是子域的边界。

8.5.2 把一切都封装在限界上下文中

切分合理、边界清晰的限界上下文会带来巨大的收益，在易于理解、易于复用和易于演进方面皆是如此。例如，如果你在一个业务中需要发送短信，那么大概率你不会自己实现这个功能，而是会直接找一个可以发送短信的服务提供商，使用公开的 API 或者 SDK 完成。这个短信服务就包裹在一个限界上下文中，对你来说，仅需要了解它的公开接口。

如果你不能使用在线服务，又需要在一个客户端程序中嵌入聊天界面，那么最好的选择是集成一个第三方包。就算需要源码，你也希望能有一个干干净净、包括且仅包括自己所需的那部分代码的代码库。对你来说，这个第三方包（如果需要，那么还包含它的源码）就是一个限界上下文。你不会把自己的代码写入这个限界上下文中，而是会刻意守护它的边界。

那么，数据库呢？为了集成别人的服务而去创建一个庞大的数据库，里面包含许多自己并不需要的表，相信这绝非你所愿。我们自然希望数据库也遵循同样的边界定义。这个数据库显然也要放置在特定的限界上下文中，才能维持它的完整性。

这样的例子不胜枚举。刚才讲的例子都是利用别人的服务，对于自己对外提供的服务，逻辑也是一样的。归纳一下就是：一个子域的一切资产，包括领域模型、数据库、包、可执行程序、接口声明等，都应该封装在限界上下文中，避免跨越边界。

只要遵循这样的原则，一个限界上下文就成为了一个完备的整体，它可以独立演化，可以被随时替换，可以让第三方轻松复用。

8.5.3　尽量建立清晰而一致的边界

一旦建立了限界上下文，在分析领域模型、实现代码、系统运维等阶段就需要保持它的边界，即始终知道我现在工作在哪个限界上下文中。不要把不相干的概念、不相干的业务逻辑引入所定义的边界中。

> 保持所工作的限界上下文的整洁和内聚。

我们可以采取一些工程上的手段来帮助划分边界。例如，使用不同的代码库或者代码目录、使用不同的数据库或者数据库表等。此外，从部署结构上看，微服务[43]在企业级应用和互联网应用中已经渐成主流。那如何划分微服务呢？一个非常有效的方式是以业务职责为依据。对应到本章的概念，就是限界上下文。

当然，并不是僵化地说一个限界上下文只能对应一个微服务，只是限界上下文确实可以很好地指导微服务的划分。图 8.10 是一个在微服务环境下划分服务的示例，从中我们能够看到子域、限界上下文和微服务之间的关系。

显式的边界，特别是通过代码库进行代码隔离、通过微服务进行部署隔离，有许多方面的优点，不过也并非没有风险。人们对于子域划分的认知往往是渐进的，如果在边界还不是那么确定的时候，就贸然划分出边界，那么可能会给后续的系统间交互以及重构造成较大的困扰。因此，如何平衡边界的价值和不利影响，是划分边界时要做的一种重要取舍。一个较为稳妥的策略是考虑认知的渐进特征，不要过早隔离。在已经确定的

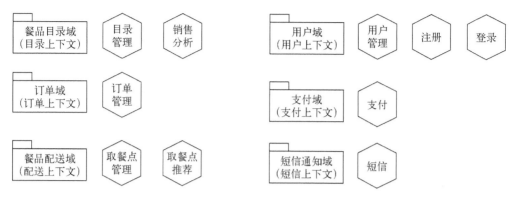

图 8.10 子域、限界上下文和微服务

边界上进行划分，延缓划分那些尚具模糊性的边界，在这些边界逐渐变得清晰时再分离它们。

8.6 上下文映射

限界上下文约定了基于领域模型的架构层次的设计分解，而分解必然意味着集成和协作。上下文映射就是对限界上下文之间的协作关系的模式总结。熟悉这些模式，有助于在不同场景下选择恰当的依赖关系。

8.6.1 在边界上完成概念映射

不同的限界上下文使用不同的领域模型。这些限界上下文相互协作，就相当于使用不同语种的人在打交道，因此需要在边界上进行概念的映射和转换。

下面看一个例子。为了提升食堂餐品的质量，计划在订餐系统中加入一个新功能：订餐人可以对餐品提交评价。图 8.11 是为该业务功能建立的领域模型。

注意，处在不同限界上下文中的不同概念可能指向的是同一个事物。例如，评论上下文中的可评论资源在这个业务场景中对应的是餐品。假如在应用界面上，除了显示评论内容外，还会显示被评论的餐品图片，那么在应用层组装时就需要知道：要把可评论资源的 ID 作为餐品 ID 去餐品服务中查询信息。

以上描述的是第一类概念转换，第二类概念转换出现在限界上下文之间存在依赖的场景中。假如在一个外卖送餐场景中涉及送餐路径的规划问题，会用到一个通用的数学算法，那这里不应该存在取餐点、送餐点、距离这些概念，更合适的概念应该是节点、边以及边的权重。这时候就可能需要把订单上下文中的取餐点、送餐点转义为图上的节点，

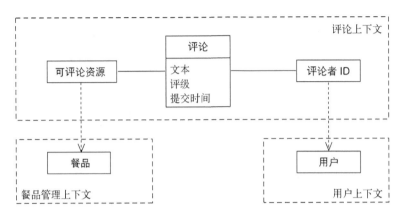

图 8.11 餐品的评价功能涉及多个限界上下文

把规划获得的路径转换为图上的边。为了不污染路径规划算法中的概念，保持这个算法的通用性，这部分概念转换肯定不应该实现在路径规划算法中，常见做法如图 8.12 所示，就是在两个上下文之间增加一个适配器，完成上述转换。

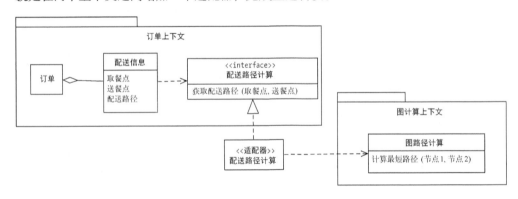

图 8.12 在两个上下文之间增加适配器完成转换

在边界上完成概念映射是一种基本模式。通过在应用层组装或者使用适配器完成概念映射，可以保持领域概念的清晰，避免领域模型遭到不必要的污染。

8.6.2 上下文映射的模式

在限界上下文的边界上使用适配器是一种常见的架构策略。从服务提供方（被依赖方）的角度讲，因为它提供的是标准服务，所以服务具有非常好的通用性，可在多个场景下复用。从服务请求方（依赖方）的角度讲，因为它总是通过适配器和服务提供方相连接，和服务提供方实现了解耦，两者的关系从强依赖变成了弱依赖。

在《领域驱动设计》中，Eric Evans 提出了若干种上下文映射的模式，其中部分模式已经在图 8.3 中列出，本书合并了具有一定时代特征的开放主机服务模式和公开发布语言模式，并使用标准开放服务模式作为代替。

事实上，图 8.12 是一个典型的上下文映射的模式，用术语表达出来就是图 8.13。其中，标准开放服务等价于图计算上下文对外定义的标准术语和服务，如节点、边的概念以及获取最短路径的能力等；防腐层则基本和前述的适配器相对应。如果对比图 8.13 和图 8.12，就会发现这两张图只存在表示法的差异，本质是一致的。

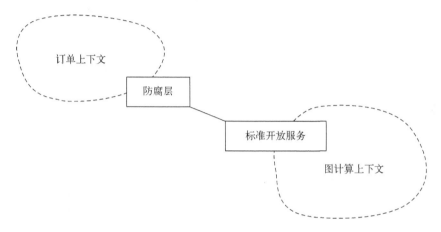

图 8.13 使用上下文映射模式表达的依赖关系

当然，之所以会提出图 8.3 中的那么多模式，是因为在不同的场景下，对依赖关系的管理和限界上下文之间的协作模式是不同的。下面我们介绍两个上下文映射的主要模式，它们的适用场景以及对协作方式的指导。

防腐层模式

要不依赖其他服务实现一个功能，一般情况下是不太可能做到的。而依赖其他服务又会面临如下一些情况。

- 服务提供方提供的服务、接口质量或者数据质量不好。
- 不想让服务请求方和服务提供方紧密绑定在一起，未来可能会替换服务提供方。
- 不想受服务提供方未来变化（如升级、接口变更）的影响。

在两个上下文之间引入防腐层可以解决上述问题。图 8.12 中的配送路径计算接口和配送路径计算适配器就扮演了防腐层的角色。从订单上下文的角度看，它总是依赖配送路径计算接口。这个接口本质上就是一个服务请求方接口，是稳定的。无论服务提供方的质量是高还是低、在未来是否要替换，或者接口是否有变更，都只会影响到 配送路径计算适配器，而订单上下文的内容可以保持稳定。

标准开放服务模式

在本书中，我使用标准开放服务这个术语来指代 Eric Evans 在参考书籍 [23][41] 中定义的开放主机服务（openhost service）和公开发布语言（published language）。标准开放服务更加强调"标准"和"开放"这两个词的内涵，不考虑具体的服务提供形式。

假如你正在工作的领域或者模块有许多不同的客户，那么为每个客户都提供一个专门的服务定义显然不可能。更为有效的办法其实是声明一组接口（或者服务、数据规范等），并把它们以标准的形式发布出来。开放的标准化服务可以大幅降低维护成本和支持成本。现在有不少服务是以标准化、公开发布的形式提供的，如地图服务、短信服务。即便是在团队内部，当客户很多或者服务已经相当成熟时，采取标准开放服务的方式也是非常合适的。

客户-供应商模式

标准化服务往往需要时间的沉淀。在许多场景下，一个子域还不够成熟，由于对这个领域的认知还不够，所以服务的定义很难稳定；或者只有有限的客户，由于这个阶段客户不多，所以服务提供方只是服务于服务请求方，服务提供方的价值也只有通过服务请求方的使用才能体现。这时候定义标准化的服务，再增加防腐层模式，可能只是引入了额外成本，并没有带来什么实际收益，因此这么做可能并不合适。

在这种情况下，彼此协作的双方可以建立更密切的关系，服务请求方作为客户，服务提供方作为供应商，二者之间的关系也转换为直接依赖。一旦客户产生了新需求，那么只要确实对应供应商的职责，就可以及时更新。

为了更好地让客户和供应商协作，还可以把二者间的契约显式化。例如，让客户通过测试描述契约，并把契约加入供应商的测试列表中。这样供应商就可以持续地通过测试来验证所提供的服务是否满足客户的需求。

客户-供应商模式下的供应商，也可以进一步发展为标准开放服务。随着供应商对一个领域的认知逐步加深，能力越来越丰富，可能会有更多的客户依赖于它所提供的服务。此时，就可以考虑提取客户需求的共性，把它们加以抽象并标准化为开放服务，然后通过防腐层和原来的客户对接。

追随者模式

服务请求方有时候感到和服务提供方的关系不符合防腐层模式的关键特征。例如，服务提供方的数据质量或者服务标准定义很好，没有在未来会被替换的诉求，自己的变化也不是那么频繁。这时候引入额外的防腐层可能就不太合算，服务请求方可以把自己定义为追随者，即完全服从服务提供方定义的服务标准。

追随者模式有一定的好处。除了成本较低之外，还适用于服务请求方对一个领域的认知还不够成熟，而服务提供方的认知已经很成熟的情况。这时候服务请求方作为追随者，还可以从服务提供方的定义中学习关键概念，避免走不必要的弯路。

当然，一旦发现服务请求方和服务提供方的关系已经呈现出防腐层模式期望的特征，就应该及时把追随者模式切换成防腐层模式。

8.7 领域模型的持续演进

领域模型并非一成不变。随着业务发展，现有的领域模型可能无法满足新的需求，就需要及时演进。纯粹从概念上讲，领域模型的演进是问题域的关注点，4.4 节已经讨论过这个话题。为什么在讨论代码实现的章节，我们还要再次提及领域模型的演进呢？原因如下。

> 如果在编码阶段缺乏分解和抽象意识，就很容易漏掉领域模型演进的机会，导致领域模型腐化。

这是从大量实践中总结得出的经验。如果在编码阶段忽略了领域模型的演进，那么领域模型基本上会名存实亡，原有的模型无法从新的业务场景中吸收信息，势必走向过时和失效。只有做到模型和代码的同步变化，才是真正的"统一语言"。

代码清单 8.14 是一段来自真实项目的反例。

```
 1 class Review {
 2     String id;
 3     String comment;
 4     Date creationDate;
 5     CreatorId creatorId;
 6
 7     Integer point;
 8     // 其他代码略
 9 }
10
11 class ReviewService {
12     ReviewRepository repo;
13
14     MemberService memberService;
15     // 其他代码略
16 }
```

代码清单 8.14 缺乏演进意识导致领域模型腐化

这段代码就是由于缺乏演进意识，导致了领域模型的腐化。请注意其中的第 7 行和第 14 行。Review 代表评论子域的领域实体，ReviewService 是评论微服务的一个应用层服务，id、comment 这些概念看起来也都很正常，但是为什么会出现 point 和 memberService 呢？它们是什么呢？

产生上述问题的原因是业务演进。为了鼓励用户提交评论，产品设计人员决定增加一个功能：用户提交评论后，可以获得积分奖励。当然，如果用户删除了评论，评论对应的积分也会删除。积分会被计入会员账户中，这就是 point、memberService 的由来，它们分别对应评论被奖励了多少积分，以及通知会员服务记录或扣除该积分。

8.7.1 及时分离领域概念

我们现在基于限界上下文的概念，来重新考虑代码清单 8.14 的合理性。在 Review 中引入 point，其实是对边界的侵蚀，这样做降低了评论这个业务概念的内聚性，是不可取的。更合理的做法是：在会员上下文中新建一个积分计算服务，让它监听评论创建事件和评论删除事件，并基于这些事件增减会员的积分。其结构如图 8.14 所示。

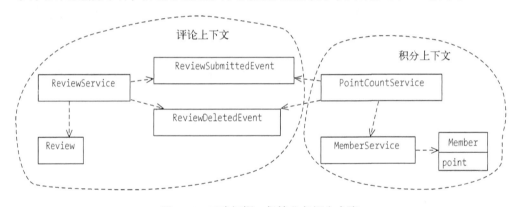

图 8.14 正确解耦，保持业务概念内聚

8.7.2 及时抽象领域概念

我们已经在 8.6 节中讨论过概念抽象，如把餐品或者订单抽象为可评论资源。不过有时候未必需要抽象，也未必能发现一切抽象的机会。

在图 4.10 中和代码清单 8.9 中就存在这样一个抽象的机会。请注意，在订单项这个概念中，有一个"餐品"属性，如果抽象来看，订单真的只能描述餐品吗？并不是，它也可以用在其他场景下，如描述一本书、一架钢琴或者一个上门美甲服务。

过早抽象并不一定是好事。如果订单这个聚合就是在餐品预订的业务中发展起来的，暂时也没有购买其他类型的商品或者服务的需要，那么即使其中掺杂了一点未经抽象的概念，也并不会伤害可扩展性。抽象是有解释成本的，特别是在想象的业务场景还没发生时，进行抽象反而会伤害可理解性。

反之，在该抽象的时候，一定要及时演进领域模型和对应的实现。一旦新的业务场景发生了，如订单子系统在另外一个系统中得到了复用，这个系统对应购买图书的服务，那么切记不要复制一份订单子系统，并仅把其中的 FoodData 改成 BookData，而是要及时把 FoodData 抽象为 SaledItemData。这意味着要同时调整业务表述中的概念、代码中的概念和日常交流中的术语。

> 不必过早抽象领域概念。但是，在需要抽象时，一定要及时抽象，并始终保持所有制品中的概念模型的同步。

8.8　小结

高质量的代码应该反映核心的业务概念，并和问题域中的表示尽量一致。本章介绍了源自领域驱动设计的战术模式，以及领域驱动设计的战略模式，以体现领域模型在架构层面对接口设计和依赖关系的指导。图 8.15 给出了本章的内容概要。

注意，仅仅依赖领域模型，并不足以做出卓越的设计。领域模型只是构建领域层的基础，它还需要配合将在第 9 章讲到的由外而内的设计，才能高效实现产品需求。

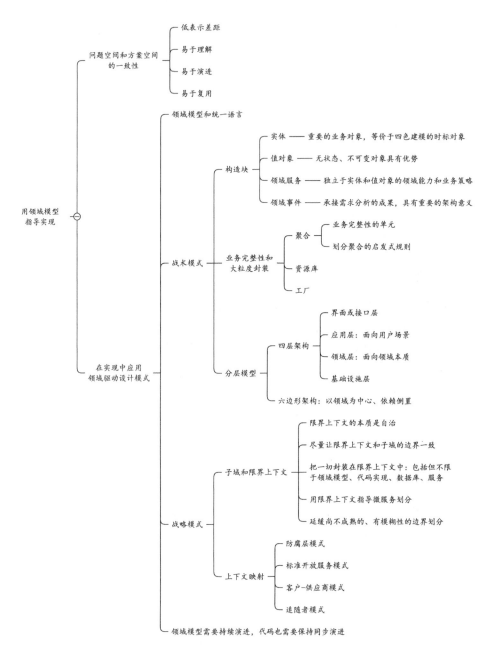

图 8.15 用领域模型指导实现

第 9 章　由外而内的设计

设计和编码本是一体。由外而内的设计，也叫作意图导向的编程，是把设计的思考过程、编码实现过程以及演进式设计完美结合在一起的方法。熟练掌握由外而内的设计，可以大幅提升编码效率和质量。本章将介绍由外而内的设计。

9.1　如何由外而内

图 9.1 是一个关于由外而内设计策略的大致示意图。其中圆形代表实际的编码实现，弧形代表在前一步导出的接口，数字代表实现的顺序。

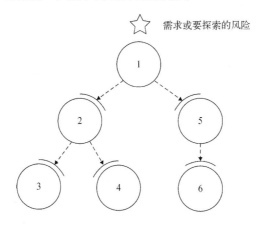

图 9.1　由外而内的设计

由外而内的设计包括如下几个步骤。

1. 选择一个系统功能，或者需要探索的问题。
2. 思考实现该功能或解决该问题，需要哪些更低层的模块，每个模块分别需要承担什么样的责任。
3. 用在第 2 步假设的模块和责任完成编码，当然此时这些模块和责任可能并不存在。
4. 逐个选择第 3 步中未实现的责任，把它作为一个新的待解决的问题，回到第 1 步。

为了更清晰地说明由外而内设计的具体做法，本节我们以俄罗斯方块游戏作为范例。

9.1.1 案例说明

俄罗斯方块（Tetris）是一个历史悠久的电脑小游戏。像我们这一代人（我是 70 后），小时候玩过的第一款电子游戏，大概率就是俄罗斯方块。1984 年，俄罗斯人阿列克谢·帕基特诺夫发明了这个游戏，它从此经久不衰，至今在休闲类游戏中仍然占有一席之地。

游戏规则

俄罗斯方块的规则非常简单，屏幕上方持续地产生不同形状的方块，玩家通过按键旋转方块或者调整方块的位置，让方块落到合适的位置，留下尽可能少的空洞。如果底部堆积的方块形成了完整的行，这些方块就可以自行消除，同时玩家会因此得分。消除的行数越多，对应的分数奖励就越高。

当然，如果方向和位置调整得不好，就会留下填补不了的空洞，形不成整行，没有消除掉的方块会不断堆积，越来越高。一旦堆积的方块到达屏幕顶端，游戏就结束了。

思考

为了让大家能从案例中获得更多思考，我准备了 3 个问题，请先试着思考一下，再开始阅读后续内容。

- 问题 1。你会如何思考这个游戏的架构和详细设计？你将如何把设计结果表达出来？除了使用设计文档记录，还有别的方法吗？
- 问题 2。猜一猜，大概会有多少个类？最复杂的方法是哪个？这个方法会有多少行代码？
- 问题 3。你会怎么存储游戏中的方块？某个程序员决定使用矩阵（Matrix）来存储正在活动的方块以及底部堆积的区块。你认为合理吗？还有没有别的选择？

如果你对这 3 个问题有了自己的答案，那么继续往下看。在阅读完本节内容后，请再看看自己对这些问题的回答，还和之前的答案一样吗？如果不完全一样，又会激发怎样的启发和思考？

一个快速演示

我们在本章开头就提到，由外而内的设计也叫作意图导向的编程。既然是意图导向，就表示"所想即所写"。现在我先从游戏实现中提取一个功能片段，来快速演示一下如何实现图 9.1。

这个例子会实现一个简单的能力：响应来自用户的向左按键指令。当用户按下向左按键时，活动的方块将向左侧移动一格。如果在移动方向上会被墙壁或者位于底部的区块阻挡，那方块就会停在受阻位置保持不动。

所想即所写。把刚才想的写下来，就得到了如下代码。

```
public void moveLeft() {
    if (canMoveLeft()) {
        activeBlock.moveLeft();
    }
    refreshGameUI();
}
```

代码清单 9.1 意图导向编程演示：第 1 步

在编写这段代码时，canMoveLeft、refreshGameUI 甚至 activeBlock 都没有必要预先实现。为了 moveLeft 能运行，我们先实现 canMoveLeft。

```
public boolean canMoveLeft() {
    if (collisionDetector.isCollision(activeBlock, borderBlock, MOVE_LEFT) ||
        collisionDetector.isCollision(activeBlock, piledBlock, MOVE_LEFT))
        return false;
    else
        return true;
}
```

代码清单 9.2 意图导向编程演示：第 2 步

同样地，在编写这个清单时，collisionDetector 和它的 isCollision 方法也都没有必要预先实现。为了 canMoveLeft 能运行，我们会先实现 collisionDetector……

通过这个分析可以看出，由外而内的设计就是一个层层驱动的过程。canMoveLeft 方法是被 moveLeft 方法驱动出来的；在具体实现 canMoveLeft 方法的过程中，又驱动出了 collisionDetector 方法；如果恰好存在 isCollision 方法，则是最好，反之还需要进一步实现该方法。这也是由外而内的设计这个名字的由来，从外层逐步向内驱动实现。

接下来我们从项目的第一步开始，正式地实现游戏设计。

9.1.2 绘制草图和初始架构

以终为始，我们先构思一下游戏最终的状态，绘制草图是一个较为快捷的构思方法。

绘制草图

图 9.2 是我绘制的俄罗斯方块游戏的草图。这个图很"简陋"，不过它足以支撑我们思考游戏的设计和实现，这就够了。

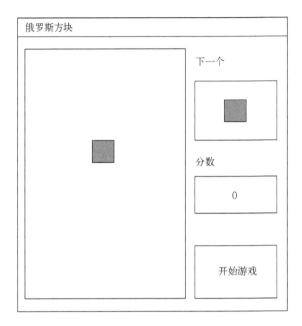

图 9.2 俄罗斯方块游戏的草图

从图 9.2 中可以看到，游戏包括如下关键元素。

- 左侧为游戏区。
- 右侧上方为预览区，用于提示玩家下一个出现的方块形状是什么。
- 右侧中部为计分区，用于显示当前获得的分数。
- 右侧下方为一个按钮，用于开始或者暂停游戏。

初始架构

虽然说是由外而内，但在开始之前还是需要思考整体架构：它应该如何分层？有什么重要的架构决策？

一个游戏显然应该有一个游戏界面。不过，我并不想把所有的游戏逻辑都写在界面层，而是希望有一个类似于控制器的层，来负责实际的游戏逻辑。这样，在以后就可以请专门的交互设计师帮忙优化界面，或者把这个界面框架更改为其他类型。

于是，我们就有了一个分层架构，这是一个两层架构，如图 9.3 所示。其中包含两部分。

- UI 代表显示部分。
- Controller 代表控制部分，用于承载游戏逻辑的实际控制。游戏规则应该在这部分实现。

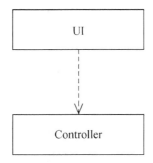

图 9.3 俄罗斯方块游戏的两层架构

9.1.3 用代码表达初始架构

创建架构分层

根据已经想清楚的分层架构，我们首先在代码库中创建两个包——ui 和 controller，如图 9.4 所示。

图 9.4 用代码表达两层架构

用代码表示 UI 层

UI 层应该如何设计呢？按照图 9.2，它包括若干区域，有游戏区、预览区、计分区等。我们这里使用 Java 的图形界面库 swing 来实现 UI 层，先创建一个新的类 SwingUI，它的内容结构如下所示。

```java
public class SwingUI {
    MainBoard mainBoard;
    ScoreBoard scoreBoard;
    PreviewBoard previewBoard;
}
```

代码清单 9.3 UI 层的设计

Controller 层

现在我们加入 Controller 层的代码。

提醒：不要想太多

或许你会这样想：根据游戏逻辑，最起码要能产生随机形状的方块（I/J/L/O/S/T/Z 中的一种），所以应该有一个产生器。应该能获取用户输入，并根据用户指令旋转、左移或右移方块。或许你还会想：应该有一个定时器，能根据方块下落的速率自动计时，这样就能判断活动方块是否已经落到底部。方块如果落到底部，就应该和周围的方块堆积起来。当然，底部堆积的区块是不是已经形成整行也是需要判断的，形成整行的话需要消除；另外，如果堆积的区块太高，已经到达屏幕顶端时，就需要结束游戏。

这样看起来，要做的事情太多了！考虑到人的脑力有限，聪明的做法是：不要一次考虑那么多。先少做一点，后续再对功能做迭代和叠加。

不要想太多。信息是逐渐浮现出来的，设计是逐步演进的。因此先考虑最简单的数据和区块创建——这也是我们在图 9.2 中看到的内容。把想到的相关部分用代码写下来。

```
1  public class GameController {
2      Block activeBlock;
3      Block nextBlock;
4      Block piledBlock;
5  }
```

代码清单 9.4 Controller 层的最小设计

俄罗斯方块游戏包括三个方块，分别是运动的方块（activeBlock）、会预览出来的下一个方块（nextBlock）、堆积在底部的区块（piledBlock）。需要特别指出：虽然我们在这里使用了 Block 类，但它其实还不存在，因此运行现在的代码会报错。不过不要紧，重要的是代码忠实地反映了我们的构思。

9.1.4 第 1 个迭代：让游戏尽快运行

我们想尽快看到可以运行的代码。现在的 UI 层（SwingUI）只是声明了一些数据，还没有和 Controller 层（GameController）联系起来。同时，GameController 也没有真正的能力，甚至不能完成游戏的初始化。因此，即使暂时并不能响应玩家的输入，至少也得先让游戏运行起来，一个可以运行的系统会让思考形象化。于是，我们下面要做的是让游戏能尽快运行，越快越好。

加入 main 入口

要运行代码，显然需要一个 main 入口。这里我把入口类命名为 TetrisMain，在 main 方法中需要初始化两个类，即 SwingUI 和 GameController，并连接它们。

此处需要思考：究竟是 SwingUI 依赖 GameController 呢，还是反过来？UI 层和 Controller 层相比，显然 Controller 层更加稳定。所以，把 GameController 作为游戏的核心，把 SwingUI 作为服务提供方比较合适。这样做的话，在未来可以很容易地替换或重写 SwingUI。这其实是六边形架构或者依赖倒置的思想。根据这个思路编写以下代码。

```
1  public class TetrisMain {
2      public static void main(String[] args) {
3          new GameController(new SwingUI());
4      }
5  }
```

代码清单 9.5 加入 main 入口

这里需要引入面向接口的设计。根据六边形架构的思想，既然我们不想让 GameController 依赖具体的 SwingUI，那么不妨把它抽象化。因此我们定义一个接口 GameUI，然后让 SwingUI 实现这个接口。代码如下所示。

```
1  public interface GameUI {}
2
3  public class GameController {
4      private GameUI ui;
5
6      public GameController(GameUI ui) {
7          this.ui = ui;
8      }
9  }
10 public class SwingUI implements GameUI {}
```

代码清单 9.6 引入接口和适配器模式

在上述代码段中，第 1 行定义了抽象的 GameUI 接口。然后，第 4 行和第 6 行表明 GameController 仅依赖于抽象的 GameUI，最后在第 11 行让 SwingUI 实现了 GameUI 接口。

完成游戏初始化

GameController 负责初始化一系列内容。下面是我在经过简单分析之后，列出的在游戏初始化时 GameController 要做的动作。

1. 创建一个空的 piledBlock。

2. 创建一个 activeBlock。

3. 随机创建一个 nextBlock。

4. 初始时分数为 0。

5. 绘制上述信息到用户界面。

仍然坚持"所想即所写"的原则。我们在 GameController 类的构造方法中，把上述逻辑用代码表达出来。

```
1  public GameController(GameUI ui) {
2      this.ui = ui;
3      createEmptyPiledBlock();
4      createActiveBlock();
5      createNextBlock();
6      initScore();
7      refreshGameUI();
8  }
```

代码清单 9.7 在 GameController 的构造方法中增加游戏初始化逻辑

设计 Block 类的结构

现在的代码仍然不能运行。因为 refreshGameUI、createEmptyPiledBlock 等方法都还没有实现，甚至还没有一个用来表达方块的类。我们把这些都加入待实现的清单中，然后逐个实现。

观察 createEmptyBlock、createActiveBlock、createNextBlock 方法，它们都需要一个 Block 的结构。因此我们要先编写一个 Block 类。在这个类中，x、y 代表方块的坐标，还要有一个 Shape 对象代表方块的形状。按照这个思路，我们创建一个 Block 类。

```
1  public class Block {
2      Shape shape;
3      int x;
4      int y;
5  
6      public Block(int x, int y, Shape shape) {
7          this.x = x;
8          this.y = y;
9          this.shape = shape;
10     }
11 }
```

代码清单 9.8 Block 类的定义

实现 createNextBlock 类

在动手编写 createNextBlock 前,需要考虑职责分解问题。应该在 GameController 这个类里面创建方块吗? 答案是否定的。把这种生成随机形状、创建方块的具体逻辑放在 GameController 中,程序也肯定是可以正常工作的,但这样一来,GameController 的责任也将不可避免地膨胀。相信大家已经想到,这是一个可以应用工厂模式的场景。因此,我们把随机生成形状的逻辑委托给 ShapeFactory 对象。

```
1  private void createNextBlock() {
2      nextBlock = new Block(0, 0, shapeFactory.makeRandom());
3  }
```

代码清单 9.9　使用工厂模式实现 createNextBlock

真的需要立即生成各种各样的随机形状吗? 记住我们的目标:让游戏尽快运行起来。因此,我们不会在此刻实现 makeRandom 方法,而是会先随便创建一个形状的方块,如只含一个单元格的最简单方块,然后把它显示在界面上。和把整个游戏流程串起来相比,实现 makeRandom 方法只是一个局部问题,如果担心自己会忘记,那么可以准备一张纸,把要实现的功能先记录下来。

设计 Shape 类

现在我们需要创建 Shape 类。思考一下俄罗斯方块游戏的规则,你会发现任何一个形状的方块都是由 4 个单元格组成。当然这里我们没有必要约束单元格的数量,可以用一个列表来存放组成一个方块的单元格。更进一步,列表有些严格,我们并不需要那些单元格有序,所以用集合就已经足够了。下面我们把 Shape 类和 Cell 类编写出来。

```
1  // 具体的方块形状
2  public class Shape {
3      private Collection<Cell> cells;
4      public Shape() {
5          cells = new ArrayList<Cell>();
6      }
7
8      public Collection<Cell> getCells() {
9          return cells;
10     }
11 }
12 // 方块中的单元格
13 public class Cell {
14     public Cell(int x, int y) {
15         this.x = x;
16         this.y = y;
17     }
```

```
18    public final int x;
19    public final int y;
20 }
```

代码清单 9.10 *Shape 类和 Cell 类*

由于 Shape 类被封装在 Block 类中，所以 Block 类应该提供某种数据接口（这里的接口是 getData），以返回一系列 Cell 对象。下面我们用代码表达这些想法。

```
1  public class Block {
2      Shape shape;
3      int x;
4      int y;
5      // 其他代码略
6      public Collection<Cell> getData() {
7          return shape.getCells().stream().map(c->(new Cell(c.x + x, c.y + y)))
8                      .collect(Collectors.toList());
9      }
10 }
```

代码清单 9.11 *在 Block 类中增加 getData 方法*

向界面发出显示请求

到目前为止，所需的数据已经大致准备就绪了，我们还缺少把内容显示在用户界面上的代码。在 GameController 类的实现中，负责这部分功能的是 refreshGameUI 方法。显然，这个方法需要调用 GameUI 接口才能实现其用途。参照图 9.2，我们编写 refreshGameUI 方法的实现。

```
1  public void refreshGameUI() {
2      ui.updateBlocks(Arrays.asList(activeBlock,piledBlock));
3      ui.updateNextBlock(nextBlock);
4      ui.updateScore(score);
5  }
```

代码清单 9.12 *实现 refreshGameUI 方法*

在这段代码中，由于活动的方块和底部堆积的区块需要显示在一个区域中，所以我们使用一个列表来传递。

至此，Block 的数据已经被传递给了 SwingUI 类。接下来我们需要考虑如何在用户界面上实际显示方块。

完成实际的显示

创建一个 Swing 库中 JPanel 类的子类，把它命名为 Board。Board 类需要持有一个 Block 的列表，以便使用 paint 方法根据这个列表里的数据绘制界面。

```
1  public void paint(Graphics g) {
2      super.paint(g);
3      Dimension size = getSize();
4      int boardTop = (int) size.getHeight() - height * squareHeight();
5      for (Block block: blocks) {
6          block.getData().forEach(
7              cell -> drawSquare(g, O + cell.y * squareWidth(),
8                  boardTop + cell.x * squareHeight(), 1)
9          );
10     }
11 }
```

代码清单 9.13　根据 Block 的数据绘制界面

其中第 7 行和第 8 行负责获取单元格的逻辑坐标，并把对应的单元格显示在界面上。

现在我们完成了第 1 个迭代，代码是可以运行的。实际的运行界面如图 9.5 所示。当然，这个程序除了能在界面上显示一个下一个方块，暂时还不具备任何其他能力。

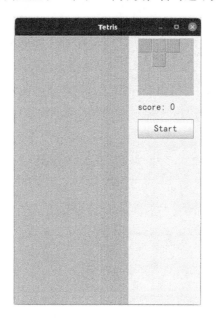

图 9.5　第一个可运行的版本

9.1.5 逐步加入行为，完善游戏功能

在本节前面，我们使用由外而内的设计方式，串联起了从初始化 GameController 类到把游戏界面显示出来的全部功能。不过，这个游戏目前还不能玩，它既不能接收用户响应，也没有任何控制逻辑。

在接下来的部分，我们将实现一个真正的业务场景，场景描述如下。

响应用户的下降指令。当收到下降指令时，活动的方块向下移动一格。如果到达底部，则将活动的方块和底部堆积的区块相连接，得到新的底部堆积的区块，同时生成新的活动的方块。如果新的底部堆积的区块占据了满行，还应该执行消除动作。

希望读者在阅读完接下来的内容后，可以进一步理解由外而内的设计和意图导向编程的特征，编写出更易读的代码，并且体会代码的持续演进过程。

用代码表达设计意图

实现这个场景的方法显然应该定义在 GameController 类中，我把它命名为 move-Down。和前一部分类似，我们先列出完整的业务规则，也就是这个方法要实现的功能。

- 规则 1。如果活动的方块还有下降空间，也就是说既没有碰到地面，也没有碰到底部堆积的区块，那么它将向下移动一格。
- 规则 2。如果已经没有下降空间，那么活动的方块要合并到底部堆积的区块中。
- 规则 3。如果底部堆积的区块形成了整行，那么需要把整行的部分消除掉。如果消除掉后，底部堆积的区块内部出现了悬空，那么悬空上方的区块要下移。
- 规则 4。如果底部堆积的区块的高度已经超出了游戏区的高度，游戏将结束。
- 规则 5。如果底部堆积的区块的高度尚未达到游戏区的高度，则创建一个新的活动的方块。

让我们执行意图导向的策略，用代码表达上面的规则。

```
1  public void moveDown() {
2      if (isFallenBottom()) {
3          piledBlock.join(activeBlock);              // 规则 2
4          piledBlock.eliminate(widthOfWindow());     // 规则 3
5          fallDownIfPiledBlockHanged();              // 规则 3
6          checkGameOver();                           // 规则 4
7          createActiveBlock();                       // 规则 5
8      } else {
9          activeBlock.moveDown();                    // 规则 1
10     }
11 }
```

代码清单 9.14 由外而内驱动出 moveDown 方法的实现

从编译错误发现要实现的代码

我们编写的 moveDown 方法只有寥寥数条语句，它和上面列出的规则一一对应。毫不意外，此时 IDE 还是会报错，因为 moveDown 调用的所有方法都还没有实现。

这是一件非常好的事情：报错信息会提示我们下一步该做什么——实现 moveDown 调用的方法。

小技巧

完成由外而内的设计活动时，可以利用 IDE 的自动纠错功能，这个小技巧可以大幅减少编程时的击键次数。现代的 IDE，如 IntelliJ 和 eclipse 都具备自动纠错功能。在 IntelliJ 中，可以使用快捷键 ALT+Enter。在 eclipse 中，则可以使用快捷键 CTRL+F1。这样可以自动创建缺少的方法，并跳到对应的方法体中编写实现代码。

继续由外而内的设计过程

利用 IDE 的自动纠错功能，我们创建了一个 isFallenBottom 方法。在规则 1 中已经说明，没有下降空间意味着碰到了地面或底部堆积的区块。在本游戏中，我引入一个小小的实现技巧，即在初始化阶段构造一个围绕着游戏区的不可见墙体对象 borderBlock，这样就把是否还有下降空间的问题也转换为了对两个 Block 对象进行碰撞检测的问题。基于这个思路，我们来实现 isFallenBottom 方法。

```
1  private boolean isFallenBottom() {
2      return collisionDetector.isCollision(activeBlock, borderBlock, MOVE_DOWN) ||
3              collisionDetector.isCollision(activeBlock, piledBlock, MOVE_DOWN);
4  }
```

代码清单 9.15　实现 isFallenBottom 方法

我们立刻就发现，还需要定义一个新的类 CollisionDetector 和一个新的变量 borderBlock。根据这个需求，我们更新 GameController 中的字段声明。

```
1  public class GameController implements CommandReciever{
2      GameUI ui;
3      CollisionDetector collisionDetector;
4      Block activeBlock;
5      Block nextBlock;
6      Block piledBlock;
7      Block borderBlock;
8      // ...
9  }
```

代码清单 9.16　在 GameController 中新增新发现的字段

其中 CollisionDetector 和 borderBlock 是新驱动出来的字段。

实现 isCollision 方法

这一步的重要任务是实现 CollisionDetector 类中的 isCollision 方法。这个方法具有一定的复杂度,我们将在第 11 章中讲解如何使用测试驱动的方法来实现它。现在先直接给出结果。

```java
public class CollisionDetector {
    public boolean isCollision(Block moveObj, Block stillObj, Integer direction) {
        int offset[][] = {{0, -1}, {0, 1}, {1, 0}};
        int index = direction - GameController.MOVE_LEFT;

        for (int i = 0; i < moveObj.size(); i++) {
            Cell cellMove = moveObj.getAt(i);
            for (int j = 0; j < stillObj.size(); j++) {
                Cell cellStill = stillObj.getAt(j);
                if (cellMove.x + offset[index][0] == cellStill.x &&
                    cellMove.y + offset[index][1] == cellStill.y)
                    return true;
            }
        }
        return false;
    }
}
```

代码清单 9.17　实现 CollisionDetector 类中的 isCollision 方法

回到顶部,完成其他实现

至此,这个下降过程的业务逻辑的第一步,也就是图 9.1 中最左侧的分支就实现完了。按照同样的思路,我们可以继续补入 piledBlock.eliminate、fallDownIfPiled-BlockHanged 等的具体实现,最终就实现了 moveDown 方法的所有功能。

当然,编写完这个场景的实现代码,我们还可以继续实现其他业务场景,例如下面这两个场景。

- 场景 1:响应用户的旋转指令。当收到旋转指令时,活动的方块顺时针旋转 90 度。
- 场景 2:响应定时器消息。每当被定时器消息触发时,活动的方块向下移动一格(即执行一次向下指令)。

场景实现的步骤是类似的,大家可以自行尝试实现这两个场景。这里我给出了一个最终实现的完整代码[1]供大家参考。

---

[1] https://github.com/gangz/tetris-java。

9.2　由外而内设计的优势

由外而内的设计的对立面是：自顶向下设计、自下而上编码。相对于这种设计方式，由外而内的设计有什么优点呢？

在 9.1 节，我曾经请大家思考了 3 个问题。这 3 个问题都反映了由外而内的价值。对于问题 1，设计的思路除了可以记录在文档中，还可以在代码中即时呈现。也就是说，思考的过程就是编码的过程。对于问题 2，方块下降的逻辑虽然很复杂，但是实现出来的代码很简单，只有短短 9 行，而且易读性非常好。对于问题 3，存储结构并没有采用矩阵，而是一个元素为单元格的列表。

接下来，我们结合俄罗斯方块游戏的例子和这些问题，总结一下由外而内的设计具有的优势。

9.2.1　由外而内，从延迟决策中受益

由外而内首先是一种延迟决策的策略。从设计的本质上说：设计本身是一种在信息不完全的情况下做的决策。比如，在俄罗斯方块游戏的例子中，我们应该使用哪种数据结构来存储俄罗斯方块的数据？我们真的需要一个叫作 CollisionDetector 的类吗？

由于做这些决策的相关因素都处在较深的设计层次，所以一开始的信息非常贫乏。传统的自下而上的编码意味着，在设计阶段要把这些因素都想清楚。要有非常强的思考能力，才能想到比较深的设计层次。这往往是困难的。

而在由外而内的设计方式下，程序员并不需要在一开始就做出所有决策。这恰恰和设计的逐渐认知趋势是一致的。不仅如此，延迟决策还可以保证概念的抽象、避免过度设计、在早期聚焦重点。

延迟决策，直到信息更丰富

外层功能比内层功能具有更高的确定性。如果能从设计的外层开始，先完成一部分设计，同时通过代码编写的检验，那么较为深层次的设计问题就能获得更多的输入。

例如，在前述的例子中，CollisionDetector 类和它的 isCollision 方法都是在实现 moveDown 方法或者 moveLeft 方法过程中自然导出的需求。由于需求是实践导出的，所以这些方法的职责就很明确。

数据的存储方式是另外一个例子。如果选择从最内层开始实现，那么，究竟是用一个矩阵来存储数据呢？还是用一个列表呢？或许你会陷入想当然的境地：矩阵的复用性高一些吧！矩阵可以找到可以复用的库吧！这些问题在一开始提出来时都很难有确切答案。但是，等到真正看到由实现 Block 类导出的需求只是存储几个单元格时，就可以确信一定没必要采用复杂的矩阵了。

延迟决策，保证概念的抽象

一开始就选择从底层开始实现还会产生一个关键的问题，我们举例来说明，假设我们已经使用了矩阵作为存储结构，这个结构将不可避免地被传递到更高层，甚至是 Game-Controller 类。

现在来看看在 9.1 节中产出的代码。由于在外层只有抽象的概念，如 Block、Shape 等，它们的实现都是在需要用到它们的层次才出现。更低层的存储结构出现得非常晚，自然也不可能污染到上层代码。这带来了更好的概念抽象和封装。这种封装可以使我们即使到了项目的非常后期，也仍然能轻松换掉低层被依赖的代码。

由外而内，驱动出来的是契约，也就是接口声明。接口声明要比具体怎么实现更稳定，也更重要。例如，isCollision 在刚刚出现的时候就只是一个接口声明，而不是具体实现。在初始阶段把注意力放在契约上，而不是具体的算法上，是非常重要的。

延迟决策，避免过度设计

在俄罗斯方块游戏中，使用矩阵就不是一个好的设计。一旦决定使用这样的结构，又没有来自外部的价值拉动，就很可能会自行"脑补"很多可能在未来用得到的功能，或者一个大而全的实现。例如，通过脑补把 Matrix 类中的 rotate 方法设计成一个通用的矩阵旋转方法，这样肯定会引入复杂的矩阵变换甚至三角函数计算。而我们的俄罗斯方块游戏并不需要这么复杂的 rotate 方法，这就是一个过度设计。

在本例的实现中，以形状 I[①] 为例，所谓的 rotate 方法只是下面这段代码。

```java
public class ShapeI extends RotatableShape {
    public ShapeI(){
        // shapeI 包含 2 个值对象列表，一个是横向条，一个是纵向条
        shape = new ArrayList<>();
        shape.add(new Cell(0,0));
        shape.add(new Cell(0,1));
        shape.add(new Cell(0,2));
        shape.add(new Cell(0,3));
        shapeList.add(shape);

        shape = new ArrayList<>();
        shape.add(new Cell(0,2));
        shape.add(new Cell(1,2));
        shape.add(new Cell(2,2));
        shape.add(new Cell(3,2));
        shapeList.add(shape);

        shape = shapeList.get(0);
```

① 形状 I 指代俄罗斯方块游戏中的条形。

```
19        }
20 }
21
22 public class RotatableShape extends Shape {
23        protected ArrayList<ArrayList<Cell>> shapeList;
24        int currentShapeIndex = 0;
25        public RotatableShape() {
26            shapeList = new ArrayList<ArrayList<Cell>>();
27        }
28        // rotate 方法从值对象列表中循环选择下一个形状
29        public void rotate() {
30            currentShapeIndex++;
31            currentShapeIndex %= shapeList.size();
32            this.shape = shapeList.get(currentShapeIndex);
33        }
34 }
```

代码清单 9.18 用固定的值对象实现形状旋转

无论哪种形状,俄罗斯方块游戏中的形状数量是有限的,4 个旋转角度也是确定的,所以,rotate 仅仅是从 shapeList 中取得下一个形状而已。相比于复杂的矩阵转置,这个实现成本相当低,而且不容易出错。

延迟决策,在早期聚焦重点

如果在设计游戏之初,开发者的精力就放到了如何检测碰撞冲突、如何存储数据这类细枝末节的事情上,那么很容易"见树木而不见森林",丢失全局视野。越是细枝末节,涉及的决策、具体算法、相关技术依赖这些问题往往就越多。在早期由外而内地思考可以有效地把精力奉献给最核心的业务诉求和业务逻辑,保持对大局的把控。

9.2.2 由外而内带来了意图导向的编程

相信大家已经从俄罗斯方块游戏的实现中,体会到了意图导向编程带来的愉悦。意图导向意味着"所想即所写""怎么想就怎么写",这样做起来是非常流畅的。

意图导向编程往往能提升代码质量。大家应该能感受到代码清单 9.14 中的 moveDown 方法易读性非常好。为什么会这样呢?这是因为在意图导向的思维模式下,抽象层次是天然一致的。在 2.3 节中,我们曾经讨论过抽象层次不一致带来的问题,而在使用了意图导向的编程之后,很难写出抽象层次不一致的代码。

好的代码应该跟文章一样,让人读起来感觉非常清爽,意图导向编程就是达到这种状态的一个捷径。实践表明,意图导向的编程不仅能提升代码的易读性,还有助于减小重构的必要性。因为抽象层次的一致使实现正确封装的概率从一开始就大大增加了。

9.2.3 由外而内达成了设计顺序和编程顺序的统一

由外而内达成了设计顺序和编程顺序的统一。事实上，不管是先编写外层代码，还是先进行底层实现，在设计思路上，毫无疑问都经历了一个从外部需求到底层结构的拆解过程。只不过，在传统的开发方法中，把这种由外而内的拆解称为详细设计，把自下而上的构造称为编码。

凡是有较多实际开发经验的人都知道，这种把设计和编程分开的"理想"实践在现实中非常难实施。其根源在于：详细设计包含大量的细节。如果忽略细节，就没有办法思考深入。如果考虑过多细节，依赖文档形式表述又会有比较重的负担，常常陷入"我还不如直接开始写代码"的烦恼。

由外而内的编码解决了设计顺序和编码顺序不一致的问题。在这种情况下，也真正实现了代码即文档，即编写完的代码具有极强的可理解性，使别人不必通过文档来理解代码的功能。

当然，要完美实现设计顺序和编程顺序的统一，并不只是采用由外而内的方式这么简单。"身剑合一"的本质是基本功扎实。一边思考，一边编码，其本质是持续地进行职责的分解。如果对软件设计的理解不够，对内聚性的判断不准确，或者缺少设计模式等方面的基础知识储备，那么这些缺失的技能在由外而内的设计中会更加凸显。当然，技能的提升总是渐进的，你也无须非要等各项技能都具备以后才开始应用由外而内的设计，可以在实践中不断精进技能。只是一定要深刻理解一点，持续提升设计技能才是真正实现高效编程的基础。

9.2.4 由外而内意味着随时集成

采用自下而上的编码方式，将不可避免地先生产一批"零件"，如本例中的 Matrix、Shape、Block 等，再在某个集成环节进行拼装。这些预先生产而没有实际集成起来的零件会对脑力造成较大的负担。在并行进行多个项目，或中断比较频繁的场景中，这类问题尤为突出。因为是断断续续，缺少了自顶向下的即时集成，所以过不了多久就会忘记上一次开发到哪儿了，进度也很难把握。而在由外而内的实现方式下，代码中不会有任何散落的零件，这是因为它随时随地都在集成，软件随时随地都是一个整体，甚至在一天工作结束的时候根本无须记忆自己工作到哪儿，报错的地方就是第二天需要开始的地方。

9.3 应用测试替身

由外而内是很有效的一种思考方法，它还可以更进一步。如果能在实践中结合测试替身，那么会获得更大的收益。

在 9.2 节中，我们刻意忽略了一个问题。自下而上的编码方式就像盖大楼，总是先造地基，再依次建造第一层、第二层，第三层……这是符合工程逻辑的，因为更高层依赖于更低层，所以先把更低层造出来，更高层就有了基础。

由外而内的开发方法尽管有种种优势，但还是存在一个不可回避的问题。细心的读者可能已经发现：虽然这样开发看起来很顺利，但是在仅有上层代码，还没有完全实现低层代码的时候，整个程序是没办法真正运行的。

对小规模的程序来说，一开始不能运行或许不是大问题。但对于那些规模很大、无法在短时间内完成的项目，或者多人协作的项目，长期无法编译运行、只能依赖于人的记忆来推进，是难以接受的。

测试替身（Test Double）是由外而内设计的有力帮手。通过测试替身，由外而内的设计方式可以在任何阶段持续编译和运行程序，以持续获得反馈，并得到比自下而上的开发方法更好的设计质量和可测性。

9.3.1　什么是测试替身

测试替身的两个相关关键词是：依赖、仿冒。测试替身是一种仿冒的依赖。

测试替身就是仿冒的依赖

设计单元之间存在依赖。从测试视角看，测试替身表现出了和被依赖方相同的行为。图 9.6 反映了测试替身的概念。

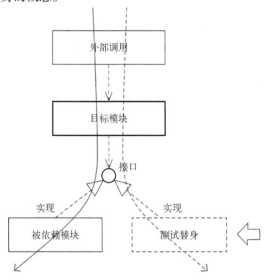

图 9.6　测试替身的概念

在图 9.6 中，目标模块是我们正在开发的模块，如果我们希望这个模块运行，就必须得解决它的依赖问题。测试替身的意义就是它能够模仿一个被依赖的模块，让自己看起来如同一个真实的被依赖模块，从而可以解开依赖，让系统可以在更小的范围内运作。处在右下角的虚线框部分，就是测试替身。

测试替身能够生效的关键是图 9.6 中的接口。一般而言，如果希望断开依赖，则目标模块需要依赖一个接口定义，而不是具体的实现。这是符合逻辑的：接口即契约。被断开的依赖自然应该是设计的边界，在设计的边界上的契约，具体对应的就是接口声明。

由于测试替身实现了接口，所以从目标模块的视角看，测试替身和目标模块的真实依赖并无差别，也就使得目标模块可以在被依赖模块尚未就绪的情况下运行和被测试。

测试替身的价值

测试替身的用途很广泛。测试替身是一种依赖解耦的方式，被广泛地应用在自动化测试中，包括单元测试、模块测试等场景。只要是在正开发的项目中，被依赖的模块尚不可用，就可以使用测试替身来解耦依赖。这种情况包括：需要单独测试目标模块、被依赖的模块正处于开发中、被依赖的模块还不够成熟、怀疑被依赖模块的缺陷可能影响到本模块的行为、被依赖的模块还依赖其他模块、需要很复杂的逻辑才能让被依赖的模块返回期望的结果等。

解耦真实的依赖很重要。如果代码测试和调试总是需要依赖一个真正的模块，那么上述情况就会影响到正常的工作。有一些开发团队由于缺乏有效的依赖解耦能力，无论在进行多大规模的测试和调试时，都不得不先把整个系统跑起来——不管这个系统规模多么庞大、构造一份测试数据多么复杂。这种现象显然不是高效软件开发所期望的，而测试替身恰恰能完美地解决这个问题。

测试替身的具体分类

在第 6 章中，我已经介绍过依赖的两种分类：命令和查询。命令意味着依赖方对被依赖方发出一个请求，被依赖方按照依赖方的要求执行响应动作。查询意味着依赖方对被依赖方发出一个请求，被依赖方返回特定的数据。

例如，在使用手机码进行登录校验的场景（图 9.7）中，登录模块（目标模块）会向手机验证码模块（被依赖模块）发出一个请求 sendVerificationCode(phoneNumber)，从目标模块的视角看，这就是命令式依赖。用户在收到验证码、填写验证码之后，登录模块给手机验证码模块发送了一个请求 isValidVerificationCode(phoneNumber, code)，从目标模块的视角看，这就是查询式依赖。

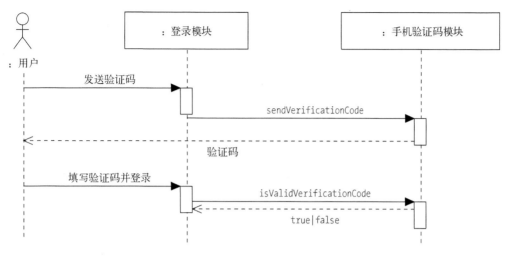

图 9.7 命令式依赖和查询式依赖

从目标模块的视角说，命令式依赖和查询式依赖的关注点是不一样的，对测试替身的要求也不一样。对命令式依赖来说，其重点关注的是目标模块确实发出了 `sendVerificationCode` 命令。如果没有发出这个命令，那目标模块就有错误。只要发出了这个命令，同时参数也正确，目标模块就是正确的。至于手机验证码模块是否真的发送了验证码，和我们关注的目标模块没什么关系。

查询式依赖需要让被依赖模块返回特定的数据。例如，我们需要分别测试验证码有效和无效的情况，那么被依赖模块就得根据需要或者返回 `true`，或者返回 `false`。因此，查询式依赖的返回结果是需要能被操控的。根据具体依赖关系的不同，有些文献中会更详细地区分测试替身的类型，例如下面几个。

- 测试桩（stub）：测试桩能够在测试用例的指示下，按照要求在特定时刻返回特定的值，从而使得被测代码能够跳转到相应的路径，或者执行特定的行为。
- 仿冒对象（mock）：仿冒对象可以校验操作是否被调用、调用顺序是否正确以及参数值是否正确等。
- 测试哑元（dummy）：测试哑元是不会被真正调用的简单桩，仅适用于某些语言。例如在 C 语言中，由于链接步骤的存在，测试哑元是必须的，否则无法通过链接。

测试替身完全可以手写实现，在俄罗斯方块游戏的例子中，最早我们仅是让 Shape-Factory 返回了一个最简单的 Shape，这就是一个使用硬编码的、快速实现的桩。这个桩的作用，就是让我们暂时忽略具体的 Shape 类型，先让游戏的其他部分运行起来，从而快速获得反馈。

在大多数情况下，手写测试替身往往意味着要付出较多的工作量。而且，目前各种语言中都已经有了多种测试替身框架，那我们应该尽量借用这些框架的能力来实现测试替身。此外，几乎所有的测试仿冒工具都能同时支持命令式依赖和查询式依赖，即使一个工具是以 Mock 为名，它本质上也仍然是一个全面的测试替身工具。这一点请读者不要混淆。

9.3.2　使用测试替身框架

测试替身框架非常丰富，几乎在每种语言中都有多种实现。本节我们以 Java 语言的测试替身工具 Mockito 为例，介绍测试替身框架的使用方法。

仿冒查询式依赖

我们先来看要测试的登录服务的代码。

```
1  public class LoginService {
2      VerifyCodeService verifyCodeService;
3      public boolean login(String phoneNumber, String code) {
4          // 省略实际登录的逻辑，如赋予特定的权限、创建后续对话的 Session 等
5          return verifyCodeService.isValidVerificationCode(phoneNumber, code);
6      }
7  }
```

代码清单 9.19　登录服务向校验码服务发出查询指令

在这段代码中，`LoginService` 的 `login` 方法调用了验证码服务对象 `verifyCode-Service` 来验证传入的 `code` 是否有效。如果有效则返回登录成功，否则返回登录失败。

我们不想让 `LoginService` 和 `VerifyCodeService` 紧密耦合在一起，因为后者可能尚在开发，或者是一个需要付费的第三方服务，又或者因为网络等原因不够稳定。因此，我们选择在测试中使用 `VerifyCodeService` 的替身，下面使用 Mockito 工具结合 JUnit 工具来完成这个目标。

```
1  package mockito.demo;
2
3  import org.junit.Test;
4  import org.junit.runner.RunWith;
5  import org.mockito.InjectMocks;
6  import org.mockito.Mock;
7  import org.mockito.junit.MockitoJUnitRunner;
8
9  import static org.junit.Assert.assertTrue;
10 import static org.mockito.ArgumentMatchers.any;
11 import static org.mockito.Mockito.verify;
```

```
12  import static org.mockito.Mockito.when;
13
14  @RunWith(MockitoJUnitRunner.class)
15  public class LoginServiceTest {
16
17      @InjectMocks
18      LoginService loginService = new LoginService();
19
20      @Mock
21      VerifyCodeService verifyCodeService;
22
23      @Test
24      public void shouldSuccessIfVerificationCodeValid() {
25          when(verifyCodeService.isValidVerificationCode(any(), any())).thenReturn(true);
26          boolean loginResult = loginService.login("13812345678", "1234");
27          assertTrue(loginResult);
28      }
29  }
```

代码清单 9.20 使用 Mockito 工具仿冒 VerfiyCodeService

第 14 行和第 15 行表明这是一个测试，测试目标是 LoginService。VerifyCode-Service 已经被声明为接口，现在需要使用 Mockito 工具仿冒一个测试替身。

为了完成仿冒，我们需要完成两个工作。

1. 创建一个测试替身的实例。

2. 把这个实例注入依赖方，让依赖方以为这就是真正的被依赖方。

第 21 行完成了工作 1。这个清单中使用了一些稍微高级的语言功能。如使用 Mock-itoJUnitRunner 作为 Runner 运行测试时，它会扫描带有 @Mock 注解的接口，并自动为这些接口创建一个 Mockito 的实现。当然，使用 verifyCodeService = Mockito.mock (VerifyCodeService.class) 这种传统的方法也可以达到相同的目标。

第 18 行完成了工作 2。在本例中的具体实现机制是：MockitoJUnitRunner 扫描带有 @InjectMocks 注解的实例，在 LoginService 中找到对应的 verifyCodeService 字段，并把该字段指向 VerifyCodeService 的仿冒实例。同样，也有传统的依赖注入方法，就是在第 6 章中介绍的方式。

完成测试替身的仿冒后，还需要能操纵这个替身，让它按我们期望的行为配合依赖方的代码。在本例中，第 25 行"告诉"Mockito 框架：在后续调用 verifyCodeService 这个对象的 isValidVerificationCode 方法时，无论参数是什么[1]，都返回 true。

---

[1] 第 25 行的两个 any() 是参数匹配器。

当测试代码在第 26 行调用 `loginService.login` 时，被测代码（代码清单 9.19）中第 4 行的调用被重新定向到了 Mockito，然后 Mockito 框架按照设定的要求返回了 `true`。这是一种"狸猫换太子"的手法，让我们在还没有真正实现 `VerifyCodeService` 的时候，能顺利地完成 `LoginService` 的编码和测试工作。

测试替身框架的一个优势是：可以使用非常简洁的声明式语句完成对测试替身的操控。在本例中，如果我们希望测试的内容是当验证码无效时登录失败，那么仅需要替换第 25 行的代码。

```
25    when(verifyCodeService.isValidVerificationCode(any(), any())).thenReturn(false);
```

代码清单 9.21　使用 Mockito 工具操控被依赖对象的行为

这样就可以达成操控的目的。Mockito 还提供了更多的机制，如在第 1 次调用的时候返回 `true`，在后续调用时则返回 `false`，或者当手机号是 13812341234 的时候返回 `true`，当手机号是 13856785678 的时候返回 `false` 等。在较为复杂的场景中，这些精细化的操控就比较有用。

仿冒命令式依赖

当用户使用手机验证码登录时，需要点击"发送验证码"，之后用户的手机会收到一个验证码短信。假设被测试的代码如下所示。

```
1  public class LoginService {
2      VerifyCodeService verifyCodeService;
3      public void sendVerificationCode(String phoneNumber) {
4          verifyCodeService.sendVerificationCode(phoneNumber);
5      }
6  }
```

代码清单 9.22　登录服务请求验证码服务发送验证码

同样，我们希望不依赖真实的验证码服务，就让这段代码运行起来并且通过测试。下面使用 Mockito 工具的验证能力来达到这个目标：在没有真实验证码服务的情况下，仍然能知道登录服务 `LoginService` 确实向验证码服务 `VerifyCodeService` 发送了一个请求。

```
1  @Test
2  public void shouldSuccessfullySendVerificationCode() {
3      loginService.sendVerificationCode("13812345678");
4      verify(verifyCodeService).sendVerificationCode("13812345678");
5  }
```

代码清单 9.23　验证登录服务确实向验证码服务发送了请求

verify 是 Mockito 提供的调用验证功能的方法。如果 LoginService 类的实现是正确的，那么这个测试可以通过。相反，如果忘记了调用所期待的方法，那么在测试运行时，Mockito 将会给出以下出错信息。

```
1  Wanted but not invoked:
2  verifyCodeService.sendVerificationCode(
3      "13812345678"
4  );
5  -> at mockito.login.LoginServiceTest.shouldSuccessfullySendVerificationCode(
       LoginServiceTest.java:33)
6  Actually, there were zero interactions with this mock.
```

代码清单 9.24　Mockito 在发现违反了命令契约时报错

Mockito 提供的验证能力是比较丰富的，它不仅可以验证某个方法是否被调用，还可以验证调用时的参数数值是否符合期望、调用次数是否符合期望，或者发生了不期望的调用等。这些机制使我们的测试比连接真实的依赖都更加灵活。

9.3.3　在俄罗斯方块游戏的实现过程中使用测试替身

引入测试替身，使由外而内的软件开发从一种思考方法进化为了更为敏捷的编码实践。现在，由外而内不仅具备了延迟决策、意图导向、随时集成的优势，更诱人的是，待开发的系统可以在低层代码或者服务尚未就绪时，就能够随时测试外层功能、模拟运行系统、提前预览界面、提前发现风险等。

以俄罗斯方块游戏的 moveDown 方法的实现为例。在 moveDown 方法中，会检测活动的方块是否还有下降空间，对应的方法名为 isFallenBottom。该方法在实现时会调用 CollisionDetector 类的 isCollision 方法。我们并不想在实现更重要的功能（如连接区块、消除整行等）之前，先把精力花费在具体地计算两个区块是否碰到一起的数学逻辑上。那怎么办呢？这时我们就可以使用测试替身来仿冒实现这个能力。

下面的测试使用 Mockito 实现一个测试替身，无须使用真实的 CollisionDetector，就可以测试区块落到底之后的连接（join）功能。

```
1  @RunWith(MockitoJUnitRunner.class)
2  public class TestGameController {
3      // 仿冒一个 GameUI。它在本例中是测试哑元
4      @Mock GameUI ui;
5
6      // 仿冒一个 CollisionDetector。稍后我们来操控这个仿冒对象
7      @Mock CollisionDetector collisionDetector;
8
9      @Test
```

```
10    public void moveDownWithCollisionShouldJoin() {
11        // 无论is Collision 的输入是什么，都返回 true
12        when(collisionDetector.isCollision(any(), any(), any())).thenReturn(true);
13        // 通过构造函数注入 ui 和 collisionDetector 的依赖
14        game = new GameController(ui, collisionDetector);
15        game.start();
16        // 将在 moveDown 方法中间接调用 isCollision 方法
17        game.moveDown();
18        // 判断是否发生了预期的行为
19        assertTrue(piledBlockMergedWithActiveBlock());
20    }
21 }
```

代码清单 9.25　使用 Mockito 仿冒依赖

本例中的 GameController 是我们正在关注的设计。在 moveDown 方法中，如果活动的方块已经没有下降空间（符合 isFallenBottom 的条件），那么它将合并入底部堆积的区块。

使用了 Mockito 提供的仿冒能力，我们不需要真的去实现 CollisionDetector 类的 isCollision 方法，就可以完成对方块合并功能的测试。

真正实现一个 isCollision 是要付出一定工作量的。如果你想较快地看到反馈，那么使用仿冒显然是更便捷的策略。而且，如果不仿冒，而是使用真实的依赖而，那为了测试 isFallenBottom，需要很仔细地造数据：方块的位置和形状都要恰当，才能让活动的方块在下降一格时恰好碰撞在一起。数据造得不对，或者 isCollision 实现得不正确，都会干扰对 isFallenBottom 和 moveDown 方法的测试。

仿冒巧妙地解决了这个问题。我们可以随意构造两个方块，不管它们的真实位置距离多远，只要我们告诉 Mockito 框架请返回 isCollision 为 true，Mockito 框架都会返回 true。这样，两个方块的距离就不会成为把它们连接在一起的影响因素了。

灵活巧妙地使用 Mockito 工具，再结合外而内的实现，可以大幅提升编程效率。

附加讨论

在本例中有一个值得关注的细节：为什么我们仿冒的是 CollisionDetector 类的 isCollision 方法而不是 GameController 类的 isFallenBottom 方法呢？这是一个很有趣的关注点。它背后反映的是设计抉择。如果选择的是 isFallenBottom，那么会认为 GameController 对外的边界在 isFallenBottom 处。同理，选择了 isCollision，反映的是 GameController 对外的边界在 CollisionDetector 处。

正确的选择是把 CollisionDetector 作为边界。注意，究竟是像代码清单 9.15 那样把 isFallenBottom 中的代码作为一个单独的方法，还是把代码直接实现在 moveDown 方法的内部，是 GameController 这个设计单元的内部决策，可能会随着认知的变化、设计的改进而发生变化。而一旦把边界移到 isFallenBottom，这个选择权就没有了，这是我们不期望看到的。GameController 的真正边界是对 CollisionDetector 的依赖。关于这一点，请读者注意辨析。

9.4 测试先行和由外而内

测试先行和由外而内是密切相关的两个实践。下面概括一下两者的关系。

- 由外而内和测试先行都是契约先行，两者是统一体。
- 由外而内可以驱动产生契约。
- 测试先行让由外而内的约束更少：由外而内可以从任何需要的层次开始，而不必非从最外层开始。

9.4.1 由外而内和测试先行都是契约先行

由外而内和测试先行都是关于契约的实践。它们有着共同的目标。

- 为什么要由外而内？是因为外部功能更显然、更确定，底层决策在初期并不是那么显然。外部功能就等价于已经被定义清楚的契约。
- 为什么要测试先行？是因为通过测试可以更容易地说清楚契约到底是什么。测试是沟通和澄清契约的高效手段。

因此，从这个意义上讲，由外而内和测试先行是统一体。它们一个使用契约来驱动设计，一个用测试来说明契约。更重要的是，测试先行是由外而内的重要支持。如果单纯应用由外而内，就缺乏及时验证和测试的手段。引入了测试先行后，由外而内就变得更加显然：完全可以采用自动化测试，一步一步地推进由外而内的实现。

测试先行不仅可以应用于最外层，它可以应用于由外而内设计的任何层次。例如，在设计早期，可以应用于 GameController 的 moveDown 方法。在后续过程中，它又会继续应用于 CollisionDetector 的 isCollision 方法。

9.4.2 契约源自由外而内的驱动

测试先行需要设计契约。但是，可靠的契约从哪里来呢？在由外而内的开发方法中，契约就是利用这种层次递进的手段，一步一步驱动出来的。

例如，在俄罗斯方块游戏的例子中，尽管你可以猜测：肯定需要一个检测方块是否碰到一起的功能。但是这个认知也只是停留在一个大概的层次上，对于它应该有几个输入参数，类型是什么，可能并不是那么确切。

编写使用方的代码是让契约明确的最好方式。由外而内的逻辑恰好是一个循环：

1. 根据已经明确的契约编写测试代码；
2. 在编写测试代码的过程中仿冒被依赖方的接口；
3. 实现该层次的产品代码，并通过测试；
4. 把在测试过程中产生的被依赖方的接口作为新的契约，回到第 1 步。

这个过程的示意图如图 9.8 所示。

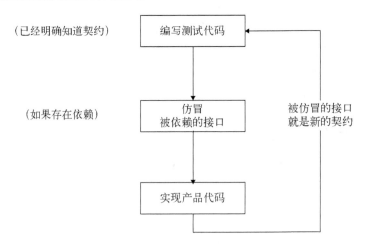

图 9.8 由外而内的设计驱动产生契约

仍然以 moveDown 方法为例。moveDown 方法是最外层功能，和业务逻辑直接相关。在实现它的过程中导出了 isCollision 的契约。于是，就可以先把 isCollision 加入待实现的清单，在后续过程中再继续完成它。当然，如果在实现 isCollision 的过程中又发现了新的契约，也可以把它加入待实现清单。

一个上层实现可能驱动出多个下层的契约和实现需求。然而不是每个被驱动的契约都必须立即实现，由于可以使用测试替身工具，所以它们不会阻碍正在编写的功能。在由外而内的节奏下，可以随时根据当前情况，从待实现清单中选择最重要的功能继续推进。

在包含多个模块、子系统、甚至是组织边界的情况下，由外而内还可能会把契约推进到模块、系统和组织的边界上。这时，由外而内导出的契约也就是本模块、本系统对外暴露的请求方接口。

9.4.3 测试先行扩展了由外而内的范围

在实施由外而内的设计时，你也许会遇到这样的困惑：是不是"外"就一定意味着系统的最外层功能？在俄罗斯方块游戏的实现中，这个最外层，究竟是用户界面 GameUI 呢，还是控制游戏逻辑的 GameController？

由外而内的本质是在恰当的时机做决策。所以，作为起点的"外"不限于功能的最外层，而是当下较为确定性的、可以开始设计和编码的起点，或者是需要探索的地方。高价值或高风险都可以作为由外而内的起点。

测试是提供反馈的好方法。在不少设计层次上可能并没有用户界面或者外部可见的接口，此时自动化测试就是一种非常好的手段。所以，测试先行可以让我们在任何需要的设计层级上开始设计探索，而不一定从设计的最外层开始。

9.5 把由外而内应用于大规模的项目

由外而内的工作方法，在开展复杂度很高的大项目时尤其重要。它和在第 8 章中讲解的用领域模型指导实现可以彼此配合，提升软件设计和编码的效率。

在本章中，我们将继续使用餐品预订的例子，来展示由外而内的方法如何和领域建模、分层架构等设计手段配合，产生高质量的编码。

9.5.1 领域划分和设计分层

餐品预订是一个典型的业务系统。遵循第 8 章所介绍的子域和限界上下文的概念，我们首先将它划分为不同的服务，让每个子域都包含一个或若干个服务，然后在每个服务内应用设计分层的概念。

我们面临的第一个问题是：有那么多的服务要去实现，应该从哪个服务开始呢？每个服务的职责又是什么？仅从粗略的子域划分上很难得到清晰的答案。这就是我们应用"由外而内"的第一个层次，使用由外而内，驱动产生服务的职责和边界。

相信你已经看出来了，这本质上是一种领域模型和由外而内双向驱动的过程。一边是我们对业务本质的认知，它体现为领域模型，包括领域划分以及内部的关键概念模型，一边是业务系统的需求。软件实现是从这两个视角向中间驱动的结果，如图 9.9 所示。

在本图中，我还在底部增加了一个支撑：设计原则和设计模式。下面就让我们通过一个具体的功能，来看这三个关键要素是如何融合在一起的。

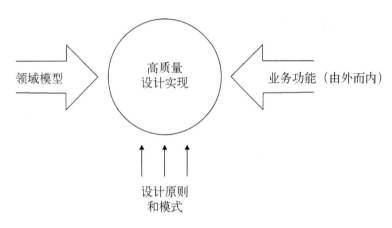

图 9.9 由外而内和领域模型双向驱动出高质量设计

从核心域开始

从哪里开始一个新系统的设计？很有意思的是，我见过不少团队开发的第一个功能惊人地相似：登录。为什么是登录呢？因为对于大多数系统，用户需要先登录，才能开始使用实际的功能。不过，这绝非最好的选择。

没有人会对登录感兴趣。如果你的业务方希望你开发一个系统，过了两个星期，在需要展示进度时，你给业务方展示了辛苦实现的登录功能，界面可能很漂亮，功能可能很完整，但是猜猜业务方会说什么？在比较有耐心的情况下，对方可能会比较无奈地说："好的，我知道搭建一个好的系统需要时间。"更多时候则可能是不理解："都两个星期了，还什么都没做呀！为什么呢？"尽管登录是必须的，但它和业务价值几乎没有关系。所以，从登录开始设计肯定不是一个好的选择。

开发一个登录系统也不会给探索和发现带来帮助。大多数系统的登录逻辑是类似的。如果你真的推陈出新，做了一个很不一样的登录系统，那么用户可能反而会不习惯。登录是一个通用域，尽管是必须的，价值却不高。

正确答案是从核心域开始。核心域反映了最重要的业务价值，而且往往是风险或者未知因素的聚集地。用由外而内的方式，如果需要还可以配合测试替身工具，可以在很快的时间内产出外部可见的成果，推进项目进展。

在本例中，订餐是一个比较好的业务起点。根据由外而内的设计原则，我们完全可以假设餐品目录已经存在、餐品的容量管理（防止超卖）等能力已经存在，用户管理能力也已经存在。这样，我们就可以直接进入更有业务价值的订餐环节了。

选择四层架构

快速开始编码并不意味着不需要设计。事实恰恰相反。在开始动手之前，编程高手往往已经对系统的大概样子做到胸有成竹。不过这并没有什么复杂之处，如果掌握了一些诀窍，经验不是特别丰富一般开发者同样可以做到。这个诀窍就是灵活运用架构和设计模式。

即使是由外而内，你也不可能把所有的代码都写在一层。否则，就真的成了 SmartUI 反模式。餐品预订应用是一个典型的业务系统，我们决定采用领域驱动设计的四层架构来实现它。

9.5.2　由外而内添加功能实现

至此，我们已经明确了接下来要做的事情，就是从核心业务开始编码。我们也定义了大致的项目架构，如采用四层架构。现在是着手实现一个功能的时候了。

在本节中，我们将选用下单这样一个简单的功能来展开讨论。假设本例是一个前后端分离架构下的后端实现。也就是说，本节的例子中不包含用户界面，它的最外层是供图形化界面调用的 RESTful 接口。那么开始吧！

创建需要的领域层对象

在开始实现真正的业务功能之前，我们需要先做一点不那么由外而内的工作。尽管从理论上讲，领域模型的概念也是可以通过由外而内的方式驱动出来的，但这没必要。因为在领域建模阶段，我们已经识别了关键的业务概念，根据统一语言的要求，我们自然应该使用这些概念来表达业务需求。直接在领域层先创建一部分领域层的概念，如 Order、OrderItem 等，是有助于编码工作的。

遵循第 8 章中关于代码结构的建议，我们首先创建一个名为 domain 的包，这代表四层架构中的领域层。然后在其下创建一个名为 order 的包，这代表 order 聚合。接着在该包下面创建 Order 类以及其他相关的类。

```
 1  public class Order {
 2      private OrderId orderId;
 3      private UserId userId;
 4      private List<OrderItem> items;
 5      private OrderStatus orderStatus;
 6  }
 7
 8  public class OrderId {
 9      private final String id;
10
```

```
11      public OrderId(String orderId) {
12          this.id = orderId;
13      }
14
15      public static OrderId of(String orderId) {
16          return new OrderId(orderId);
17      }
18  }
19
20  public class OrderItem {
21      private FoodId foodId;
22      private int quantity;
23  }
24  // UserId, OrderStatus 等代码略
```

代码清单 9.26 在领域层中创建领域模型

这段代码看起来并不完整，Order 和 OrderItem 不可能只有几个私有成员，也不可能既没有构造函数，又没有获取数值的方法。同样，Order 类中也还没有声明获取 OrderItems 的方法。这不是疏漏，而是刻意为之——它们是否需要，取决于后续是否真正有业务场景用到它们，这恰恰是由外而内的设计可以做到的。

需要明确，在第一步就创建领域模型的目的是创建功能描述中的语汇——也就是统一语言。对开发者来说，这也同时是领域概念的回顾过程。做到概念的回顾和语汇的创建，这一步基本上就足够了。剩下的事情则完全可以交给由外而内的开发来驱动，如刚才提到的问题，Order 类是否真的存在一个获取 OrderItems 的方法，是完全取决于业务需要的。如果需要，就把这个方法创建出来。如果不需要，则不用创建。这本质上是一种演进式设计的思维方式。[①]

测试先行

坚持测试先行，也就是契约先行。当用户创建一个订单时，应该提供什么样的输入？应该有什么样的预期输出？

由外而内，首先需要构思的是应用层用户如何使用我们的系统。如果你熟悉网购的常见流程，就会发现用户操作一般并不是先通过一个按钮来创建一个订单，然后把要买的餐品一条一条加到订单中。可能性更大的是，用户首先浏览餐品列表，然后把选中的加入购物车，最后打开购物车，在购物车里勾选特定的餐品，调整数量，并直接下单。

按照这样的逻辑，我们编写一个应用层的测试。

[①] 我们还将在第 11 章中系统地讨论演进式设计。

```
1  public class OrderApplicationTest {
2      OrderApplicaton orderApplicaton;
3      @BeforeEach
4      public void setUp() {
5          orderApplicaton = new OrderApplicaton();
6      }
7      @Test
8      public void createOrderShouldBeSuccess() {
9          List<OrderItemDTO> selectedItems =
10             Arrays.asList(OrderItemDTO.build(FoodId.of("food_1"), 1),
11                 OrderItemDTO.build(FoodId.of("food_2"), 1));
12
13         OrderDTO order = orderApplicaton.create(UserId.of("user_1"), selectedItems);
14         assertEquals(OrderStatus.SUBMITTED, order.status());
15         assertEquals(2,order.itemCount());
16     }
17 }
```

代码清单 9.27 订单创建的应用层契约（初始版本）

在上述测试中，假定用户已经在购物车中选中了一些餐品，并且设定好了数量。这些数据存放在 selectedItems 中。接着，调用 OrderApplicaton 的 create 方法来创建订单。验证条件是：创建后的订单应该是已提交（SUBMITTED）状态，包含所请求创建的 2 个条目。

上述代码还有一个设计的关注点，就是在测试中新引入了两个 DTO（Data Transfer Object）对象，而没有直接使用领域层的 Order 和 OrderItem。这是一种良好的设计习惯，从设计分层上看，接口层的对象和领域层的对象最好不是一个。从变化频率上看，接口层代表对外的承诺。一旦这个接口对外发布，它就应该尽量保持稳定。即使是需要升级，也往往是新增版本，旧版本在一定时间内需要保持向前兼容。领域层代表的是对领域的认知，它可能会随着认知的升级而演进。把二者合二为一就会把这两个变化频率不同的东西硬性捆在一起，不利于设计的演进。

由外而内分配应用层和领域层职责，实现契约

我们来实现代码清单 9.27 中定义的契约。根据分层架构，OrderApplicaton 应该位于应用层。现在创建一个新类。

```
1  public class OrderApplicaton {
2      public OrderDTO create(UserId userId, List<OrderItemDTO> selectedItems) {
3      }
4  }
```

代码清单 9.28 实现应用层的订单创建（版本 1）

现在需要思考：应该如何实现 create 方法呢？Order 是一个聚合，所以我们很快想到了领域驱动设计中的工厂模式。于是，让 OrderApplication 持有一个工厂对象，在 create 方法中将应用层职责交给领域层的工厂看起来是一个比较合理的设计。把设计想法表达为代码。

```java
public class OrderApplicaton {
    OrderFactory orderFactory;

    public OrderApplicaton() {
        orderFactory = new OrderFactory();
    }

    public OrderDTO create(UserId userId, List<OrderItemDTO> selectedItems) {
        Order order = orderFactory.create(UserId.of("user_1"), selectedItems);
        return OrderConverter.toDto(order);
    }
}
```

代码清单 9.29   实现应用层的订单创建（版本 2）

现在 OrderFactory 的职责也明确了：它需要接收一个 UserId 对象和一个元素为 OrderItemDTO 的列表，据此创建出一个 Order。此外，create 方法的实现还表明，需要一个 OrderConverter 对象来负责从领域对象到 DTO 对象的转换。

首先创建领域层对象 OrderFactory。

```java
public class OrderFactory {
    public Order create(UserId userId, List<OrderItemDTO> orderItems) {
        Order order = new Order();
        orderItems.forEach(item->order.addItem(item.foodId(), item.quantity()));
        order.submit();
        return order;
    }
}
```

代码清单 9.30   实现 OrderFactory

这一步导出了 Order 类的两个新方法：addItem 和 submit。下面我们在 Order 类中增加这两个方法，下面是 Order 类的完整代码。

```java
public class Order {

    private OrderId orderId;
    private UserId userId;
    private List<OrderItem> items;
    private OrderStatus orderStatus;
```

```
 7
 8   public Order() {
 9       this.orderStatus = OrderStatus.DRAFT;
10       this.items = new ArrayList<>();
11       this.orderId = OrderId.of(UUID.randomUUID().toString());
12   }
13   public Order(UserId userId) {
14       this();
15       this.userId = userId;
16   }
17
18   public void addItem(FoodId foodId, int quantity) {
19       this.items.add(new OrderItem(foodId, quantity));
20   }
21
22   public OrderStatus status() {
23       return this.orderStatus;
24   }
25
26   public int itemCount() {
27       return items.size();
28   }
29
30   public void submit() {
31       this.orderStatus = OrderStatus.SUBMITTED;
32   }
33 }
```

代码清单 9.31 Order 类的完整代码

　　类似地，再添加一个 OrderConverter 类，完成从 Order 到 OrderDTO 的转换。这部分代码比较简单，既可以手写，也可以使用一些转换框架，此处不再赘述。现在，TestOrderApplication 就可以成功通过测试了，至此我们也结束了由外而内实现功能的第一个循环。

增加存储能力

　　创建订单时要做的事情还有很多。例如，创建的订单必须保存起来，并且在以后可以查询到。此外，如果我们决定采用事件驱动的架构，那么当创建的订单进入"已提交"状态时，应该有一个负责发送支付通知的服务，提醒用户支付订单。这些都应该表现为契约。

　　我们先新增持久化的测试方法。

```
1 @Test
2 public void createOrderShouldBePersistent() {
3     List<OrderItemDTO> selectedItems =
```

```
4        Arrays.asList(OrderItemDTO.build(FoodId.of("food_1"), 1),
5                     OrderItemDTO.build(FoodId.of("food_2"), 1));
6
7    OrderDTO order = orderApplicaton.create(UserId.of("user_1"), selectedItems);
8
9    OrderDTO orderRetrieved = orderApplicaton.getOrderWithId(order.id());
10   assertNotNull(orderRetrieved);
11 }
```

代码清单 9.32　订单创建的应用层契约（新增持久化的要求）

这段代码很简单：创建订单之后，使用订单的 ID 可以查询到该订单。既然涉及存储，那它就和 OrderRepository 相关了。这一部分比较复杂，下面我们来思考如何实现。

第一种选择是仅仅在领域层声明 OrderRepository 为接口，但是并不真正实现它，而是仿冒一个持久化的基础设施层实现。不过对于持久化来说，这种选择比较没有意义：仿冒的存储和仿冒的查询之间是断开的，并没有真正的数据连接和逻辑连接。即使通过测试，也不能说明什么。如果确实想这样做，那正确的做法不是通过查询订单来校验，而是要确保 orderApplication.create 这个动作调用了 OrderRepository 的 save 方法。

第二种选择是实现一个简洁版本的 OrderRepository。我们有很多选择，如使用容器类在内存中模拟一个实现。不过，更简洁的做法是直接使用现成的内存数据库如 h2，我们已经在第 6 章中讨论过这个问题。当然了，h2 仅仅是一个轻量级的数据库，createOrderShouldBePersistent 也显然不再是一个单元测试，而是一个集成测试，因此 createOrderShouldBePersistent 这个测试也就没法和 createOrderShouldBeSuccess 放在一个类中了，而是需要新建一个集成测试的类。

第二种选择距离终极目标更近，我们就采用这种方案来推进项目。集成数据库是烦琐而常见的工作，在 Java 世界中有许多现成的框架可复用。我们选择 Spring Boot 配合 Spring JPA 来完成该订餐应用。改用 Spring 的集成测试框架来编写测试类。

```
1  @SpringBootTest
2  public class OrderApplicationSpringTest {
3      @Autowired
4      OrderApplicaton orderApplicaton;
5
6      @Test
7      public void createOrderShouldBePersistent() {
8          // 测试代码同前，略
9      }
10 }
```

代码清单 9.33　使用 Spring 集成测试

注意,OrderApplicationSpringTest 被加上了 @SpringBootTest 注解。在运行测试时将会建立一个真正的 Spring 应用,并构建和组装相应的组件。这意味着需要一个真正的 SpringBoot 应用,并把应用层的 OrderApplication、负责仓储的 OrderRepository 都声明为组件(Component)。向既有的代码加入注解,摘录部分代码如下。

```
1  @SpringBootApplication
2  public class FoodApplication {
3      public static void main(String[] args) {
4          SpringApplication.run(FoodApplication.class, args);
5      }
6  }
7
8  @Component
9  public class OrderApplicaton {
10     private final OrderRepository orderRepository;
11
12     public OrderApplicaton(@Autowired OrderRepository orderRepository) {
13         this.orderRepository = orderRepository;
14     }
15     // 其他代码略
16 }
17
18 @Entity
19 @Table(name = "[Order]")
20 public class Order {
21     @Id
22     @Embedded
23     private OrderId id;
24     @Embedded
25     @AttributeOverrides({@AttributeOverride(name = "id",
26         column = @Column(name = "user_id"))})
27     private UserId userId;
28     @OneToMany(cascade = CascadeType.ALL, orphanRemoval = true)
29     private List<OrderItem> items;
30     private OrderStatus orderStatus;
31     // 其他代码略
32 }
33
34 @Repository
35 public interface OrderRepository extends CrudRepository<Order,OrderId> {
36 }
```

代码清单 9.34 向既有代码加入注解,完成基于 Spring 的集成

在增加注解的过程中我们同步做出了一些设计决策。一个可能会有争议的点是,要不要保持领域层的"纯净"?即可不可以在 Order 类中增加用于存储的 @Entity 注解?

在讨论接口层对象和领域层对象时(代码清单 9.27),因为它们处于两个不同的变

化方向，不应该紧耦合，所以 DTO 对象和领域对象是刻意被分开的。现在我们面临同样的问题：存储层的对象和领域层对象也可能会有不同，要不要分开呢？

确实，在一些组织中，特别是对于超大规模、24 小时运行的系统而言，调整数据库结构是一个复杂且有风险的任务。从这一点上看，领域层对象和持久化对象最好不要保持同样的变化频率。不过，我们已经有了 OrderRepository 接口做隔离，具备了在未来演进的能力。而且，我们的系统也还没有出现复杂的迁移需求和风险。此时此地就预先考虑太多，未必不是一种过度设计。为了更快更低成本地实现，我们优先选择在领域对象上加入持久化相关的注解。一旦在未来确实需要分离领域关注点和存储关注点，那么只要重写 OrderRepository 的实现，增加一个新的适配器即可。

除了修改代码，还需要在 application.properties 文件中增加如下配置，以方便测试和调试。

```
1  spring.h2.console.enabled=true
2  spring.datasource.platform=h2
3  spring.datasource.url=jdbc:h2:mem:order
4  spring.datasource.driverClassName=org.h2.Driver
5  spring.datasource.username=sa
6  spring.datasource.password=
7  spring.jpa.show-sql=true
8  spring.jpa.properties.hibernate.dialect=org.hibernate.dialect.H2Dialect
9  spring.jpa.hibernate.ddl-auto=update
```

代码清单 9.35 添加 Spring 配置

相应地，如果你使用 maven 或 gradle 构建工具，那么还需要修改 maven 的 pom 文件或 gradle 的 build.gradle 以增加必须的依赖。下面是 maven 的 pom 文件例子。

```
1  <dependencies>
2    <dependency>
3      <groupId>org.springframework.boot</groupId>
4      <artifactId>spring-boot-starter</artifactId>
5    </dependency>
6
7    <dependency>
8      <groupId>org.springframework.boot</groupId>
9      <artifactId>spring-boot-starter-test</artifactId>
10     <scope>test</scope>
11   </dependency>
12   <dependency>
13     <groupId>com.h2database</groupId>
14     <artifactId>h2</artifactId>
15     <scope>runtime</scope>
16   </dependency>
17   <dependency>
18     <groupId>org.springframework.boot</groupId>
```

```
19         <artifactId>spring-boot-starter-web</artifactId>
20     </dependency>
21     <dependency>
22         <groupId>org.springframework.boot</groupId>
23         <artifactId>spring-boot-starter-data-jpa</artifactId>
24     </dependency>
25 </dependencies>
```

代码清单 9.36　修改 pom 文件增加 spring 依赖

现在我们的测试就可以运行起来了。当然，测试暂时是失败的，这不要紧。只要在 OrderApplicaton 类中增加对 OrderRepository 中的 save 方法的调用，让测试通过，就意味着我们已经完成了订餐应用的集成，并且也具备了持久化存储的功能。最终实现的 OrderApplication 类如下所示。

```
 1 @Component
 2 public class OrderApplicaton {
 3     private final OrderRepository orderRepository;
 4     private final OrderFactory orderFactory;
 5
 6     public OrderApplicaton(@Autowired OrderRepository orderRepository) {
 7         orderFactory = new OrderFactory();
 8         this.orderRepository = orderRepository;
 9     }
10
11     public OrderDTO create(UserId userId, List<OrderItemDTO> selectedItems) {
12         Order order = orderFactory.create(UserId.of("user_1"), selectedItems);
13         orderRepository.save(order);
14         return OrderConvertor.toDto(order);
15     }
16
17     public OrderDTO getOrderWithId(String id) {
18         return OrderConvertor.toDto(orderRepository.findById(OrderId.of(id)));
19     }
20 }
```

代码清单 9.37　增加了持久化的 OrderApplicaton 类

再次运行测试，我们可以看到测试会成功通过。从应用运行输出的日志中，我们发现程序也确实执行了数据库的存储和查询功能。

```
1 Hibernate: insert into "order" (order_status, user_id, id) values (?, ?, ?)
2 Hibernate: insert into order_item (quantity, id) values (?, ?)
3 Hibernate: insert into "order_items" ("order_id", items_id) values (?, ?)
4 Hibernate: select order0_.id as id1_0_0_, order0_.order_status as order_st2_0_0_,
      order0_.user_id as user_id3_0_0_ from "order" order0_ where order0_.id=?
```

代码清单 9.38　查看餐品预订应用的持久化日志

与上述步骤类似,我们还可以继续在此基础上,使用由外而内的方式增加触发领域事件的能力。两部分内容的思路完全一致,此处不再赘述。

为应用层增加 RESTful 接口

餐品预订系统被设计为一组微服务应用。尽管我们已经完成了餐品预订子系统的一部分实现,但是这些功能尚且无法从外部通过接口调用。因此我们需要为它们增加 RESTful 接口。

根据 RESTful 规范,我们把订单操作的路径定义为 /orders,使用 POST 方法创建订单,使用 GET 方法获取订单。直接添加 RestController 如下。

```java
1  @RestController
2  @RequestMapping("/orders")
3  public class OrderRestController {
4      private final OrderApplicaton orderApplication;
5
6      public OrderRestController (@Autowired OrderApplicaton orderApplicaton) {
7          this.orderApplication = orderApplicaton;
8      }
9
10     @GetMapping("/{id}")
11     public ResponseEntity<OrderDTO> getOrder(@PathVariable("id") final String id)
12         throws ResourceNotFoundException {
13         OrderDTO order = orderApplication.getOrderWithId(id)
14             .orElseThrow(()->new ResourceNotFoundException("given_id_is_not_exist"));
15         return new ResponseEntity<>(order, HttpStatus.OK);
16     }
17
18     @PostMapping
19     public
20     ResponseEntity<String> createOrder(@RequestBody OrderDTO orderCreationRequest) {
21         OrderDTO order = orderApplication.create(orderCreationRequest);
22         return new ResponseEntity<>(order.getId(), HttpStatus.OK);
23     }
24  }
```

代码清单 9.39 为订单操作增加 RESTful 接口

在完成这一步之后,我们就可以通过 HTTP 协议访问定义的 RESTful 接口并对订单进行操作了。

9.5.3 分析

当把由外而内的设计方法应用于大规模的系统时,设计并不完全是由外而内的。例如,我们并不是优先实现接口层代码或者用户界面代码,而是直接从应用层开始。甚至,在开始应用层之前，我们还先编写了一点领域层的代码。现在让我们从由外而内设计的根本出发点来进行分析。

由外而内的本质是价值导向的设计探索

由外而内的本质是设计探索，所以由外而内的顺序应该和设计探索的顺序是一样的。当我们开始一个新的设计时，会面临诸多不确定因素，如应该实现什么样的功能、架构应该怎样分层、应该采用怎样的框架等。

由外而内是把不确定的信息通过代码表达变为确定性信息的过程。既然领域模型已经在领域分析中有了许多认知，那这部分就应该直接先作为代码写下来。应该实现什么样的功能，在应用层采用编写测试的方式，看起来就比直接通过 RESTful 接口表达更为清晰。这是因为：RESTful 接口的表达同时要包含 2 个关注点：接口的表达和接口的语义。通过优先在应用层完成探索，再去实现 RESTful 接口就变得更为简单而自然。

设计探索不限于接口和契约。如果在实现中使用了一些尚未尝试过的新技术，或者存在某些未知的风险，也应该为该特定的探索点应用由外而内的方法。例如，如果是系统中第一次应用 Spring JPA，此前缺乏了解，那么完全可以直接写一个基于探索目标的用户故事，例如 "验证 SpringJPA 的复杂查询"，把这个探索目标直接作为价值，开始进行由外而内地探索。这就是常说的探针（Spike）方法。

由外而内导出领域层职责

从实现视角来看，领域层对象不仅包括数据，还应该包含丰富的职责。只有数据的领域层对象往往被称为贫血模型。但是，领域层职责从哪里来呢？

在业务分析阶段，如果刻意留意，是能大致推导出领域对象的部分职责的。但是，这类推导往往既不全面，也缺乏足够的验证。唯有在特定的业务上下文中，才可以确切地知道领域对象的职责是不是准确。

9.5.2 节的示例展示了一个更好的推导领域对象职责的方法。在由外而内的模式下，没有必要也不应该只要看到一个领域对象，就立即对包含的每个数据都增加 getter 和 setter 方法。如果确实需要领域对象的某个方法，那由外而内自然会把它推导出来，就像 order.addItem、order.submit、order.status 这些方法，都是在代码清单 9.30 的实现过程中自然推导出的结果一样。

9.6 小结

由外而内是提升软件设计效率的法宝。本章介绍了由外而内的实践方式，并通过演示案例和稍微复杂的案例，展示了由外而内如何和设计契约相结合、如何和测试先行及测试替身有效协同，如何应用设计模式和设计原则，达成高效的软件实现。

图 9.10 总结了本章的核心概念和方法。

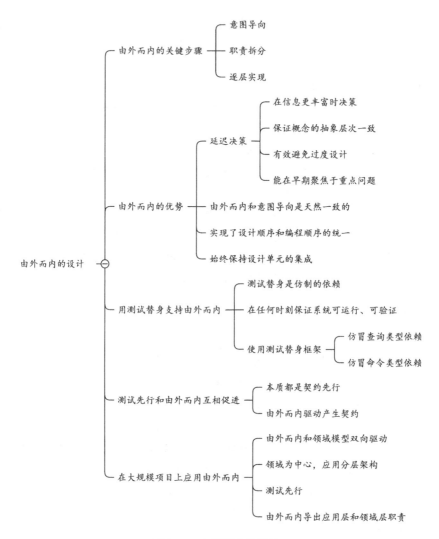

图 9.10 由外而内的设计

第 10 章　设计质量贯穿始终

没有人会认为质量不重要——但是落实到具体行动上就不尽然了。在项目进度的压力之下，牺牲质量，特别是牺牲外部看不到的可理解、可演进和可复用能力，是不少开发者和开发团队下意识的选择。这种做法本质上是饮鸩止渴，也是没有深入理解软件开发的一种表现。

质量免费。对软件开发来说，质量不仅免费，还是持续发展的源泉。质量是软件资产必须满足的特征，质量有问题的软件资产不叫资产。只有真正意识到质量价值的人和团队，才会真正注重质量的投入。

如何最有效地达成质量目标呢？仅仅是做更多的测试吗？并不是。高质量源自优秀的设计实践，包括合理的开发过程、良好的编程习惯、有效的工具等。本章将首先介绍质量内建的概念，然后分别介绍各种主要的质量保障实践。

10.1　质量内建

质量管理的一代宗师戴明博士曾经提出过非常著名的"戴明质量管理十四条"[44]，其中有一条论断是：不能依靠检验来达到质量标准。换句话说，如果一个企业需要依赖检验达成质量目标，就等于它已经接受了"生产的东西一定会包含次品"这个假设。检验有成本，检验出的次品无论是抛弃还是修复也都意味着成本。更好的做法应该是改良生产过程，尽量少生产次品。

> 质量内建意味着质量来自持续改进的生产过程，而不是检验。

第 1 章曾经介绍了缺陷成本递增曲线（图 1.2），其形象地解释了质量内建的价值。质量内建使得缺陷在注入时刻就被发现，从而降低了由缺陷导致的成本。

10.1.1　质量内建意味着过程模型的变化

在具体做法上，软件开发从 V 模型（图 7.1）到 I 模型（图 7.2）的转变，让质量内建成为了可能。V 模型是传统方法，是典型的通过检验来保障质量的做法。诚然，通过后置的测试活动也确实能发现软件开发的质量问题，但是由于质量的延迟成本非常高，软件的复杂性也特别高,因此在后置的测试活动中,无论是缺陷发现成本,还是缺陷修复成本都很昂贵,是不合算的。在完全采纳 V 模型的团队中,一般需要配备和开发人数差不多,甚至更多人数的测试团队,才能基本保障软件的质量。

I 模型的本质就是质量内建。由于质量保证活动和自动化测试贯穿了需求、架构、设计和编码的各个阶段,所以问题会在注入的第一时间就被发现,大幅降低了缺陷的发现成本和修复成本,更是降低了由缺陷发现延迟带来的额外成本。

10.1.2 质量内建意味着组织和职能的变革

I 模型意味着建设性活动(需求分析、架构、设计和编码)和质量保证活动的合二为一,这对组织和职能的设计提出了要求。传统上,测试往往由一个独立的部门负责,该部门承担集成测试、系统测试和用户接收测试等活动。独立的部门固然有技能共享方面的便利,但是容易形成职责的边界,影响合作的顺畅度。

I 模型意味着开发者测试成为趋势。首先,单元测试本来就应该是开发者测试。因为单元测试有非常多的细节,而且在演进过程中的变更也很频繁,它不可能由分离的测试部门执行。其次,对于系统级的测试,可以通过实例化需求等实践,更好地融合需求分析活动和测试活动,并让需求人员、开发人员和测试人员在同一个时空中密切协作,而不是分别进行需求分析、软件设计和测试用例设计及执行,这也重塑了各个角色所承担的职责和他们之间的协作模式。

当然,倡导 I 模型和开发者测试,并不意味着测试技能和测试活动不重要,它们反而更重要。有经验的测试人员往往具备把视角从正向的功能讨论放大到全局的能力,也具备更多的逆向思考能力和风险关注能力。测试人员在项目早期就参与讨论,有助于更早发现问题,更好地发挥测试人员的专业技能。

此外,强调质量内建,不提倡过多地依赖后置测试,不代表后置测试可以完全消失,最起码在当前的技术水平下,探索性测试[45] 等活动仍然有着重要意义。探索性测试的优势在于它可以脱离预设的功能范畴,拓宽思维边界,在更大的范围内发现潜在的质量问题。探索性测试建立在可以完整运行的软件的基础上,所以尽量做到质量内建不意味着全面消除后置的测试环节。

除此之外,还有一些"功能测试"之外的特殊测试类型,如安全性测试、稳定性测试、负载测试、兼容性测试等,往往需要专门的测试设施或测试技术,所要求的开发团队成员的常用技能差异较大,因此往往需要专门的测试团队来完成。

10.1.3 质量内建对自动化测试有很高的要求

如果软件开发的最终交付物只有代码，那么肯定谈不上"质量内建"。软件是持续演进的，如果没有自动化测试作为保障，那么后续迭代时的质量保障就无以为继。所以，无论团队中是否有专职的测试人员，质量内建的首要任务都不是执行手工测试，而是尽量把测试在第一时间自动化，从而为后续开发活动提供持续的质量保障。

10.1.4 质量内建意味着开发方法的升级

质量内建是一种能力。在工程能力不足的情况下讨论质量内建往往显得有心无力。本书的全部章节几乎都在服务质量内建这个目标。本章的标题"设计质量贯穿始终"，既说明了质量是一个全面内建的活动，也说明了每个阶段的活动都需要更好的实践作为支撑。例如，第 4 章介绍的领域建模，是保证软件业务认知正确性的方法；第 5 章介绍的设计分解和职责分配，是保障软件结构设计正确性的方法；第 6 章和第 7 章尤其重要，它们强调了设计契约和测试先行，把软件开发的 V 模型变为了 I 模型，带来了即时的质量反馈。对于优秀的软件开发者来说，对软件设计质量的关注覆盖了软件开发的全生命周期，从需求分析到代码实现，始终让软件的开发活动置于质量保障之下。

10.2 契约式设计和防御式编程

软件运行需要复杂的协作，包括系统间的协作、模块间的协作，甚至类之间的协作。为了做到更好的协作，我们在第 6 章中引入了设计契约的概念。契约是高质量软件设计的基础。可以说，不重视契约的系统肯定无法高效协作，也就更无法做到高质量。那么，契约的定义应该如何加以保障呢？

本节将要介绍的契约式设计和防御式编程，以及 10.3 节将要介绍的自动化测试，就是保障和检验契约的手段。我们先来看契约式设计和防御式编程。

契约式设计和防御式编程是面向契约的两个互补的概念，它们分别聚焦于高可靠性设计的两个不同但相关的方面。

- 契约式设计：解决的是在可控的边界内，基于契约协作的双方是否享有应得的权利，是否履行各自的义务的问题。
- 防御式编程：解决的是在不可控的边界上，如何避免外部世界的复杂性侵入系统边界的问题。

10.2.1　契约式设计

契约式设计的核心是契约。正是因为有了契约，协作才变得更加有效，代码也变得更加简单，系统也因此变得更加健壮。

严格遵守设计契约

契约式设计是以契约为核心关注点的设计，它强调权利和义务的对等。设计契约明确定义了各个设计单元的权利和义务。以接口的方法为例：从契约视角看，该方法只有在前置条件得到满足的情况下才提供服务，这是提供方的权利，同时也是调用方的义务；只要前置条件得到满足，那提供方必须提供相应的服务，并达成后置条件承诺的结果，这是提供方需要履行的义务，同时也是调用方可获得的权利。

契约式设计如何在软件设计中发挥作用呢？我们先来看一个例子。假如有一个短信发送模块，它接收 11 位的手机号，并向这个手机号发送一条短信。在调试过程中发生了一件奇怪的事情——接收到的调用请求中包含一个 13 位的手机号，而且前两位是 86（中国的国际区号）。问题所在显而易见，这个手机号其实是合法的。当遇到这种情况时，该如何处理呢？

有些程序员非常负责。虽然原来定义的是 11 位，但现在既然是 13 位，那不妨截取后 11 位吧。我们暂且不讨论这种做法是否合理，而是先想一下在现实世界中，你和合作方是怎么履行合同的。如果你购买了一批螺母，收到的货中有一些瑕疵，你会用丝锥加工一下，然后开始用吗？

在现实世界中，我们非常重视契约，在约定了权利和义务后，就一定会遵守约定。这很重要，为什么呢？道理很朴素：我既然履行了义务，就应该享有约定的权利。回到螺母的例子，即使抛开经济上的考量，你为供货方修补瑕疵也不是那么合适。第一，收到的货中出现次品，意味着供货方的生产线可能已经出现了某些问题，你悄悄进行了修补，供货方可能就失去了及时纠正问题的机会，会继续生产出更多的次品。第二，供货方作为专业的螺母生产厂商，应该会用更多、更专业的手段来修补瑕疵，比你用丝锥加工便利得多。

现在回到短信发送模块的例子。为什么接收到的调用请求中会包含 13 位手机号，而不是约定的 11 位？可能是前端页面忘记了做校验；可能是现在的业务已经扩展到了海外，需要通过国际区号区分不同国家的手机号；可能是在数据迁移过程中增加了区号，而你不知道确切的原因。在不知道原因的情况下，直接截取后 11 位是有很高风险的。如果真的是业务扩展到了海外，那你这个系统具不具备向海外手机发送短信的能力？费用该如何计算？这会涉及一系列问题。如果是忘记了做校验，那接收到一个 15 位的手机号时该怎么办？还是截取后 11 位吗？万一后 4 位代表的是分机呢？

要在最合适的地方处理问题。最合适的地方，是职责约定的地方。不是本模块该承担的职责，不要越俎代庖。下游模块距离问题的成因处更远，一般没法知道造成问题的根本原因，试图修复逻辑往往是典型的好心办坏事。同时，由于试图修复的逻辑本质上属于其他模块，因此很容易造成职责膨胀和知识耦合。

契约式设计的精髓就是："有限承诺、使命必达"。在契约形成阶段，要和合作方厘清责任，定义清晰的契约。在系统运行阶段，则要严格检查合作方是否满足了前置条件，只要它没能满足，就应该拒绝服务。当然，权利和义务是对等的，我们在确保对方满足要求的情况下，应该提供正确的服务。

早崩溃，越早越好

当调用方未能满足约定的前置条件时，提供方应该如何抱怨呢？由于在开发阶段测试数据量有限，一般也不是真实数据，因此契约违反的问题往往在系统运行中才能被发现。断言（或类似断言的机制，如异常）是发现这类问题的好办法。

不过，这会引入一种让很多人担忧的问题：断言可是会导致系统崩溃的啊。抛出异常如果没有被恰当地捕获，系统就会出现严重的问题。记录一条错误日志和抛出异常相比，是不是能让系统更为稳定呢？

现在我们来了解契约式设计中的早崩溃这一概念。

> 早崩溃指的是在契约违反的第一时刻就暴露问题，并且采取严厉的措施。

早崩溃是一种优秀的软件设计实践。崩溃越多，系统越稳定，这句话听起来似乎反直觉，却是事实。与早崩溃对立的实践是尽量弥补、试图修复错误、静悄悄地忽略，或者采取不容易引起注意的记录手段。这些看起来很温和、很好心的策略，往往却会危害系统的稳定性。这是为什么呢？

第一，早崩溃最大程度地保证了上下文的精确。由于问题是在第一时刻暴露的，引起问题的原因往往和问题暴露的地方较近，这时候定位问题相对容易，修复也会比较快速。相反，如果只是在出错的地方记录了一条日志，系统继续保持运行，一个不正确的状态必然导致其他地方也出错，这会使问题更多、更严重、更难修复。

第二，由于抛出异常，特别是诸如断言的崩溃措施，后果比较严厉，它会让问题得到立即的处理，避免问题蔓延到更多的场景下。如果只是温和地记录一条日志，那么察觉时，问题往往已经蔓延到了许多地方。

通过早崩溃提升系统稳定性

我曾经为电信系统开发过一个比较重要的模块。系统中的其他所有模块几乎都依赖这个模块，所以如果这个模块出错，问题必然会非常严重。

这个模块有大约 1 万行代码，逻辑也比较复杂。怎么保证可靠性呢？好在这个模块的设计广泛应用了早崩溃的概念：在每个输入和输出关键点都加入了断言。最终，1 万行代码总共包括 150 多个断言。

在开发这个模块时，持续集成的概念还没有流行，是开发完成后才对它和其他模块进行集成的。在开始集成的时候，系统几乎运行不起来，每隔几分钟就崩溃一次。对早崩溃的概念不了解的开发者一定会觉得：这个系统的稳定性太差了！

事实恰恰相反。正是由于系统在早期频繁崩溃，使得每个问题都立即得到了解决。随着解决的问题越来越多，系统开始变得越来越稳定。最终，当这个系统离开实验室，被部署在生产环境的时候，变得异常稳定，从未出现过逻辑方面的缺陷。

具备如此高的稳定性，背后的实现逻辑就是"早崩溃"：一切可能发现的错误，都已经通过早崩溃机制暴露并且修复了。试想一下，要是没有在测试环境中发现这些问题，那它们早晚会在生产环境中暴露出来，彼时问题的暴露点和产生根源之间应该距离很远，系统的可靠性以及修复速度自然也好不到哪里。

无论怎么解释，还是会有很多人对"崩溃"非常担心。其实不必如此。早崩溃的核心不是纠结"要不要崩溃"，只要把握好下面两个最关键的因素，那么即使系统不真地崩溃，也能达到类似的效果。第一，错误报告必须及时。第二，错误报告必须严厉。倘若系统的情况比较特别，一旦崩溃就将面临重大经济损失，那么这时候的关键思考点就变成了：在你当前的环境中，最严厉的措施是什么？用什么措施才会让问题得到立即处理？

使用不变性约束发现问题

不变性约束（invariant）是形式化方法中的一个术语，它指的是在任何情况下都为真的逻辑。例如，当调用 Stack 对象的 size 方法时，如果返回值是 -1，那么无须再做任何判断，就可以笃定有些地方出错了。

在契约式设计中，不变性约束是前置条件和后置条件之外的一个非常重要的内容。软件的状态是非常复杂的，软件的规模越大，可能出现的状态组合就越多。无论是在调用某个对象的方法之前检查一下是否非空，还是在某些关键的节点上检查一下必然为真的逻辑，都是利用早崩溃技术尽早发现问题的有效手段。

利用不变性约束发现需求遗漏

我曾经参与开发过一个试卷的出题和批改系统。在分数逻辑中，有一个不变性约束是"分数不可能小于 0"（该系统没有倒扣分数的逻辑）。但在实际场景中，确实发现了分数为负的情况。于是我们对系统进行了问题排查。

问题定位下来比较简单：在生成试卷之后，由于需求分析和方案设计的疏忽，没有锁定已生成试卷的题目分数。在试卷印刷出来，批改之前，试题管理员不小心更改了系统中某些题目的分数，就导致实际计算分数时出现了错误。

正是因为系统会对不变性约束进行检查，所以才会在学生看到分数之前，自行发现该问题，并及时完成修复，避免严重伤害用户体验。

和契约式设计相关的语言特性

需要注意，契约式设计首先是一种设计思想，而不是语言特性。不过，契约式设计的思想最终还是要通过编程来实现。了解利用语言特性实现契约式设计的方法，有助于编写更易于维护的代码，在一定程度上还可以加强对契约式设计的理解。

(1) 使用内建的语言特性。

有些语言内建了契约式设计的特性。对契约式设计最好的支持来自 Eiffel 语言，它也是后续许多其他语言扩展契约式设计时的仿照对象。这其实并不意外，毕竟提出契约式设计的人和发明 Eiffel 语言的人是一个人——Bertrand Meyer。下面我们就以 Eiffel 语言为例，介绍如何使用语言特性支持契约式设计。

契约式设计的重点在于通过断言检验契约。如前所述，有三种重要的断言：前置条件、后置条件和不变性约束。Eiffel 语言相应地定义了三个关键字，即 require、ensure 和 invariant，用于支持这三种断言[①]。

下面以前述的 Stack 为例[46]。

```
1  class interface
2      STACK[G]
3  feature
4      count: INTEGER -- 获取栈中元素的数量
5      item_at(i: INTEGER): G -- 获取某个位置的元素
6          require  -- 前置条件
7              i_not_overflow:
8                  i <= count
9              i_large_than_zero:
```

---

① Eiffel 语法可参见 http://eiffel-guide.com/。

```
10                    i >= 1
11      push(item: G) -- 把一个元素压栈
12          ensure   -- 后置条件
13              count_increased:
14                  count = old count + 1;
15              g_on_top:
16                  item_at(count) = item
17
18 invariant   -- 不变性约束
19     count_should_never_negative: count >= 0
20 end
```

代码清单 10.1　Eiffel 语言内建了对契约式设计的支持

在本例中，我们看到 item_at 方法中具有前置条件。如果输入的 i 不满足条件，则程序运行将会失败。push 方法中则具有后置条件，调用完该方法之后，count 值会增加 1，并且栈顶的元素就是新压入栈的元素 item。此外，整个类具有一个不变性约束：在任何时刻，count 的值都不可能小于 0。

后续其他语言的发展基本上继承了 Eiffel 语言的机制，如在 .NET 语言中，分别通过 System.Diagnostics.Contracts 的 Requires、Ensures、[ContractInvariant-Method] 支持契约式设计的三种断言。有些语言本身没有内建的断言，程序员就开发了扩展机制，来完善契约式设计的断言能力。例如，Contracts for Java（Cofoja）[①] 就是一个适用于 Java 语言的契约式设计断言增强。

(2) 断言。

大多数语言拥有内建的断言机制，契约式设计的断言也是断言的一种，所以直接使用语言的断言机制来实现契约式设计也是一种可行的方案。在前面讲早崩溃时提到的电信系统的例子，就直接使用了 C/C++ 语言的 assert 机制。

和内建的语言特性相比，直接使用断言在可读性上确实有所削弱，如果涉及继承关系，也无法做到像内建的语言机制那样智能，但是由于断言极为方便，所以在多数场景下是一个可以考虑的选择。

(3) 异常。

异常对契约式设计的支持能力和断言比较相仿。无论是前置条件、后置条件，还是不变性约束，在违反了契约的情况下都可以抛出异常，并且在外部捕获异常加以处理。

(4) 基于 AOP 的校验机制。

在许多情况下，函数调用会有约定的前置条件。如果把前置条件的检查逻辑放到各个函数的调用入口处，那在一定程度上会削弱人们对主要逻辑的关注，降低它的可理解

_____

[①] https://github.com/nhatminhle/cofoja。

性。此外，在各处分散的逻辑也不利于管理。在 Java 等支持面向切面编程（AOP）的语言中，人们引入了更为丰富的校验机制，如 JSR380 定义的 Java Bean 校验。

下面是用 Java 语言描述的对用户数据的一个校验策略。

```
1  import javax.validation.constraints.NotNull;
2  import javax.validation.constraints.Size;
3  import javax.validation.constraints.Email;
4
5  public class User {
6      @NotNull(message = "姓名不可为空")
7      private String name;
8
9      @Size(max = 100, message = "描述至多允许100个字符")
10     private String description;
11
12     @Email(message = "Email地址格式需要为a@b.c"格式)
13     private String email;
14 }
```

代码清单 10.2　使用 javax.validation 定义数据约束

其中，@NotNull、@Size、@Email 就是对用户的姓名、描述、Email 地址字段的校验。如果使用 Spring，就可以在 Controller 层简单地通过 @Valid 自动校验数据的有效性。如果不使用 Spring，则可以通过手工校验机制，如 ValidatorFactory，来对数据有效性进行校验。

(5) 用单元测试支持设计契约。

单元测试是用来描述设计契约的非常有效的手段。我们已经在第 7 章详细讨论了这部分内容，在本节再次提及它，是为了强调单元测试对于契约的重要性。当然，单元测试不会在系统运行时执行，这一点和上述几种机制有所不同。也就是说，单元测试对于契约的主要价值体现在清晰的契约描述上，对于系统在运行时的契约违反的检验则无能为力。

10.2.2　防御式编程

契约式设计和早崩溃技术属于积极的错误处理策略，通过严格检查模块之间的依赖，能够让系统保持简单和稳定。但这种方法只是在可控的系统边界内部运作良好，在系统的边界上则不然。

在系统的边界上，情况是不一样的。假如用户只是输入了一个非法数值，系统就因此崩溃了，这显然是不可接受的。一个高质量的系统，无论外部环境如何变化、用户输入怎样的数据，甚至在遭遇刻意的攻击数据时，都会始终保持可靠和健壮。

防御式编程就是用于确保系统在边界上也可靠的方法，这意味着要始终为最坏情况做打算，防范一切需要防范的问题。例如：

- 用户给出不正确的输入；
- 消息不能及时送达；
- 服务器的响应可能超时；
- 恶意用户的攻击等。

根据具体的问题域和边界情况的不同，防御式编程的解决方案也有所不同。例如，对于第一个例子，可以给用户返回友好的提示，告知其输入的数据有错；对于第二个例子，可以采取重试的策略，以尽可能保证消息送达。此外，还可能需要使用降级策略，以避免最重要和最核心的功能受到影响。或者使用某种近似策略，如当传感器暂时不能返回数据时，使用最近一次收到的数据。虽然具体的做法不同，但目的都是一样的，就是尽量优雅地处理边界上的错误，提升系统的可用性和可靠性。

防御式编程是契约式设计得以实施的保证。图 10.1 展示了二者的关系。真实的系统面对的是一个不可信的世界——正是因为防御式编程在系统的边界上做好了防护，内部的模块之间才可简洁地定义设计契约，并基于清楚的契约进行协作。防御式编程就好比网络世界中的防火墙：内部网络之间之所以可以简单协作，恰恰是因为防火墙严格隔离了外部世界的不可信数据。

图 10.1　在系统边界上应用防御式编程

在手机号码的有效性检验这种场景中，在安全区域内应该使用契约式设计，如果经检验无效就拒绝提供服务。在边界上，则采取防御式编程。具体如何做呢？

第一步是定义安全的边界究竟在哪里。是选择用户界面作为安全边界？还是选择接口层作为边界？系统架构不同，选择也会所不同。对于前后端分离的架构，选择接口层作为边界更为合理，因为在这种情况下，用户界面和接口层之间是松耦合的协作关系，形成的是不可靠的边界。对于传统的富客户端应用，用户界面层也可以是正确的选择。

第二步是通过防御式编程的设计手段建立更好的防护，提升稳定性和易用性等用户体验。可以在用户界面上通过合适的设计以降低出错概率，如分离国家的选择和手机号的输入，提供即时的号码有效性反馈等。此外，需要在接口实现中返回友好的出错信息。最后，还要确保将错误的数据拒之门外，避免影响后续环节。

10.3 高质量的自动化测试

自动化测试是在本书中不断出现的话题。在第 2 章中，我们明确把自动化测试定义为了高质量代码的内部特征之一。在第 7 章中，自动化测试是一种有效的契约定义手段。在本节，自动化测试再度出现。这从侧面反映了测试和质量、契约、软件资产的演进之间具有密切的关系。在软件开发过程中编写优质的自动化测试是可持续的软件开发的根本保证，也是程序员基本素养的重要表现。

自动化测试的一个基本逻辑是低成本、高收益。当然，如果组织和编写它的方式不恰当，结果也很可能是高成本、低收益，导致自动化测试难以落地实施。如何用最低的成本获取最高的收益呢？如下是几个非常重要的实践。

- 在合适的粒度上做合适的测试。
- 编写高质量的测试。
- 关注外部契约而非内部实现。

10.3.1 测试粒度和测试分布

图 10.2 是测试的金字塔模型。它形象地反映了在不同测试粒度上的自动化测试的数量分布。

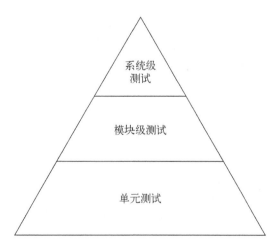

图 10.2 测试的金字塔

自动化测试按照测试粒度可以分为不同的类型，如系统级测试、模块级测试、单元测试等。之所以有这么多类型，是因为设计本质上是一个分形结构，处在各个层次上的设计单元都有其清晰定义的职责。

在每一个设计层次上的测试都是有价值的。系统级测试反映了系统在边界上的承诺，模块级测试和单元测试则分别反映了宏观设计单元和微观设计单元的责任等。任何一个层次上测试的缺失，都会导致对应层次上的责任无法得到保证。这正如建造一座房子，首先每个小的部件，如钢梁、窗户等，在各自出厂前都是经过检验的；在房子的建造过程中，又需要就整体结构进行检验；在验收阶段，还需要就最终的成品进行检验。

不过，在软件开发实践中，细粒度的检验常常得不到足够的重视。许多开发团队要么是没有自动化的单元测试和模块级测试，要么是虽然曾经有自动化测试，但随着设计演化，自动化测试已经变得过时，不再那么可信，总之最终仅仅保留了系统最外围的接口测试，甚至只保留了用户界面测试。这是不合适的。

图 10.2 是自动化测试的理想分布图。金字塔的各个层次仅仅是示意，它也可以是四层甚至更多层，或者可以把系统级测试替换成接口测试和界面测试。不过最本质的是测试金字塔所表达的核心概念，即下面这段。

> 尽可能在细粒度的设计单元上提供充分的自动化测试，从而在大粒度的设计单元上主要聚焦于本层次的设计正确性。

在实际工作中，非常多的团队出于种种原因不编写自动化的单元测试和模块级测试用例，而把系统级测试作为质量保障的主要手段。这是非常有害的。如果细粒度测试的质量没有保障，那在系统级别上进行测试时，就会发现很多单元设计和实现层次的问题，从而需要付出更多的调试成本和修复成本，并且延长系统级测试的时间——细粒度的问题，应该在细粒度发现。

想要实现测试金字塔期望的测试分布，不仅仅是改变意识这么简单。越是细粒度的测试，数量就越多。方法要是不当，成本就会更高。同时，细粒度的测试更容易随着设计职责的变化被破坏。第 7 章已经介绍的测试先行是保障测试金字塔的重要手段。

图 10.2 并不适用于已经存在多年的遗留系统。对遗留系统来说，设计职责往往划分得不是那么清晰，甚至很难清晰说出"单元"的概念，贸然通过补充单元测试去满足测试金字塔的要求，在大多数场景下是不值得的。当探讨测试粒度和分布的时候，要注意成本和收益才是真正的评估标准。面向遗留系统，可以更加强调较大粒度的设计单元的资产价值，仅仅在条件具备且必要的地方加入少量的单元测试。图 10.3 展示了一个在遗留系统中更务实的测试分布图。

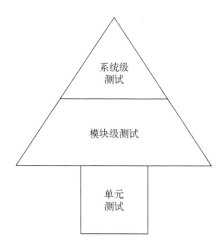

图 10.3 在遗留系统中更务实的测试分布

10.3.2 编写高质量的自动化测试

用正确的方法编写高质量的自动化测试，才能让自动化测试持续地发挥作用。我们首先介绍编写自动化测试时遵循的 FIRST 原则，然后介绍测试的四阶段模式和测试夹具的概念。

FIRST 原则

在自动化测试中，常常会出现一些不期望的反模式，如测试运行缓慢、测试运行结果不可靠、模块彼此之间存在依赖等。针对这些反模式，人们在实践基础上总结了若干自动化测试的原则，其中比较有名的是 FIRST 原则。

FIRST 由 Fast、Independent、Repeatable、Self Validating 和 Timely 这 5 个单词的首字母组成。下面分别介绍这五条原则。

(1) 运行必须快速——Fast。

自动化测试的核心价值就是可以反复运行以提供质量保障。最好是系统一有修改，就立即运行测试以发现问题。

但是，有些自动化测试运行得实在是太慢了，以至于开发者不得不在下班前才开始运行测试，等第二天上班后再查看结果。如果结果是正确的还好，如果是错误的，或者是在运行过程中出了某些问题导致运行中断，那一个晚上就白白浪费掉了。

快速执行是自动化测试能够有效的核心。如果测试运行得缓慢（有时虽然单个用例不算慢，可当测试集相当庞大时，运行一次完整的测试往往需要相当长的时间），就阻碍了测试的及时反馈。

究竟多快才算快呢？根据测试类型的不同，运行频率的不同，对"快"的定义也有所不同。在测试金字塔中，越靠近底层，测试数量越多，运行越频繁，要求的速度也就越快。相应地，处在测试金字塔顶部的测试类型，由于用例数量相对较少，运行也不那么频繁，对速度的容忍度就稍微高一些。一般来说，单元测试的运行速度如果超出十毫秒这个量级，就算比较缓慢了。而对于系统级测试，即使运行速度稍微慢一些，也仍然可以接受。

要编写运行速度快的自动化测试并不困难。在大多数时候，测试的计算逻辑不会很复杂，被测试系统的响应速度也不会真的特别慢，最关键的问题是如何解耦外部依赖。

过多或者过深的外部依赖是导致测试缓慢的首要因素。如果测试还依赖数据库、网络等本身就比较缓慢的设施，那问题就更严重了。单元测试尤其应该减少外部依赖，首选的技术手段是使用测试仿冒工具（如 Mockito）来仿冒依赖（见 9.3 节），如果这在特定场景下确实不可行或者会增加测试的复杂度，那么可以使用更快的替代品，如内存数据库或一个虚拟的本地网络环境也是可能的选择。

(2) 让每个测试尽量保持独立——Independent。

独立性指的是一个测试的成功运行不应该依赖于其他测试的成功运行。经验不足的开发者很喜欢按顺序编写测试。例如下面这样。

- 第 1 个用例创建了一个用户账户。
- 第 2 个用例创建了一个菜品。
- 第 3 个用例选择了该菜品，创建了一个订单。
- 第 4 个用例基于上一个用例创建的订单完成了支付。
- ……

这样来设计测试用例，一定程度上是受传统手工测试的执行方式影响——用尽量少的步骤完成尽可能多的场景测试。但是，在自动化测试场景中，这种测试用例的设计方式会带来以下几个不良后果。

- 如果前序测试失败，那之后的测试也必然失败。此时再去分析究竟是哪几个测试失败了就很困难了——到底是测试真的失败了，还是由于测试的前置条件没有被满足而失败了。
- 测试运行的成功与否依赖于测试用例的运行顺序。有些自动化测试框架并不能保证用例运行的顺序就是编写的顺序。如果测试不独立，就很容易出现问题。
- 由于存在运行顺序的依赖，因此如果试图在软件演进过程中更改某些用例，或者重新组织测试用例，就会受到约束。

上述分析针对的是测试用例之间彼此不独立的情况。还有一种更糟糕的"不独立"的做法是：把上述的几个用例要测试的内容全部写到一个用例里面。这样做，在用例这个级别确实是独立了，但是用例内部变得非常复杂，违反了一个功能一个测试的原则。这是一种更加不可取的做法。

自动化测试是为质量保障而生，简单和可靠是对其的基本要求。所以，必须保持测试用例的独立性：测试用例应该自己负责创建初始条件、自己负责清理环境，而不是依赖于其他测试用例的执行结果。我们即将介绍的四阶段模式，就是保持测试用例独立性的基本手段。

(3) 可重复的测试——Repeatable。

可重复指的是对同一个版本的被测试系统运行同一个测试，总是能确定地返回成功或者失败。

测试用例需要可重复，是一个看起来比较容易，实际上很容易违反的要求。有一定经验的开发者想必都曾有这样的经历：某个测试用例运行失败了，可如果重新运行一次或者换一个测试环境运行，又运行成功了。这种"一会儿成功、一会儿失败"的测试，比持续失败的测试还要糟糕很多。

首先，运行结果具有不确定性会让测试用例失去它的根本价值：提供可靠的反馈。由于存在不可信的测试，所以不得不多次运行，以得到一个相对可信的结果。这是我们不期望的。此外，一会儿成功、一会儿失败的测试还会给调试带来烦恼。

为什么测试用例会不可重复呢？有时候人们会想当然地把问题归结为被测试系统不可靠。固然这样是会导致测试用例不可重复，但它并非主要原因。最常见的原因是采用了不正确的测试策略，例如下面这几种情况。

- 包含网络通信且假定网络是可靠的：如果被测试系统在测试场景中包含网络通信，那么由于网络可能存在不可靠行为，因此测试有可能失败。
- 依赖于同一个数据库且测试不独立：当不同的被测试用例都依赖于同一个数据库时，若是有些前序的测试用例在拆除部分没有被处理干净，就有可能对后续测试造成影响。
- 依赖于同一个资源且造成竞争：如果测试用例需要用到较多的资源，如内存或文件，那么当多个用例并行运行时，就可能出现资源征用或资源不足的情况。
- 依赖于预定义的数据，而数据被无意更改了：测试用例依赖的数据不是在测试上下文中创建出来的，而是预先写进数据库的数据。这些数据在某些场景下会被其他用例或者人为更改。
- 测试运行依赖于特定的环境：测试用例使用了操作系统相关的数据。如 Windows

和 Linux 中的换行符及文件分隔符、路径设定、临时目录等都不相同，如果测试用例中包含这些数据，那么从一个运行环境切换到另外一个运行环境时，测试就会运行失败。

下面是一些可以应对这些问题的测试策略。

- 尽量对不可控的外部环境进行隔离。如果实在没法隔离，就把场景替换为更可控的，如把网络数据库替换为本地内存数据库、把网络通信替换为本地通信等。
- 保持测试用例的独立性和完整性。尽量在测试用例或测试套件中设置需要用到的测试数据，而不是把测试数据和测试用例放置到不同的位置。
- 约定标准的测试运行环境。如果不现实，就考虑不同测试环境的兼容性，如使用与操作系统无关的测试数据生产方法。（举例：临时文件系统和文件分隔符。）

此外，测试中包含外部资源不仅容易造成测试用例不可重复，同时也是测试运行缓慢的常见原因。消除不必要的外部依赖，往往能提升测试运行的效率。

(4) 自动化测试意味着自我验证——Self Validating。

自我验证是自动化测试的基本要求。经验不足的程序员在编写测试用例时，有时候只是把自动化测试当作了自动运行测试的手段，并未让自动化测试进行自我验证。

例如，在运行了自动化测试之后，由于测试的结果是写在数据库的，所以还需要测试人员登录数据库控制台，查看期望的数据是否写入了数据库表。这是一种非常典型的不能进行自我验证的自动化测试。毫无疑问，运行这种测试的成本非常高昂。

如果发现测试用例的验证环节居然是外部不可验证的，那这往往反映了测试用例在设计上的问题：是不是应该进行黑盒测试却做成了白盒测试？是不是系统缺乏了某些必要的查询机制？是不是设定了不正确的测试范围？在任何情况下，都不能牺牲测试的自我验证特征。如果一个测试不能自己判断是运行成功了还是失败了，需要人工的介入，那么这种测试就不是真正的自动化测试。即将介绍的四阶段模式，其中的第三个阶段就是"验证环节"。

(5) 自动化测试必须及时编写——Timely。

几乎没有人会否定自动化测试的重要性。但是到了实际的开发活动中，大家总是会自觉不自觉地要给予产品代码更高的优先级。特别是当项目压力紧张的时候，就变成了这样："先完成产品代码，以后再去补充自动化测试"。这个说法在大多数时候只是一种自我安慰，无数事实证明这些以后补齐自动化测试的承诺往往是兑现不了的。这是为什么呢？这不仅是因为还有后续项目的压力，还有后补测试根本就是一种不现实的想法。

背后的原因非常简单：自动化测试脱离当时的上下文后，在以后补充测试时就不得不回忆原来的需求的各种场景和分支、原来的模块职责和种种异常、原来的设计思路。这些内容充斥了大量细节，一般是没有办法回忆得清清楚楚的。所以，即使勉强补充了一些自动化测试，也会有大量遗漏。总而言之，在自动化测试领域，一个规律屡试不爽：在当下没有做的事情，在未来大概率也不会做。

及时是让自动化测试发挥最大价值的做法，而测试先行是及时的极致。如果当你写完代码时，发现自动化测试早已准备好，无须任何手工测试，一键运行即可，你一定会很开心、很快乐。

及时还在一定程度上改变了自动化测试代码的维护主体。在传统团队中，往往会设一个专门的自动化测试团队，负责编写系统级测试或者模块级测试，甚至还要负责编写单元测试。但是，当考虑到及时性时，如果这个专门的自动化测试团队不参与需求分析、架构设计和编码活动，那么自然不可能做到及时。所以，强调及时不仅能够保证单元测试成为真正的开发者测试，还能促进专职测试人员参与到需求和架构阶段的活动中。

四阶段模式

执行测试的四个基本步骤分别是建立、执行、验证和拆除。在编写自动化测试时应该非常显式地表达这四步。具体如下。

- 建立意味着为要执行的测试做好准备，如初始化数据、初始化依赖关系、创建被测试对象或被测试系统等。
- 执行和验证是真正的测试过程。其中，执行是对被测试系统发出指令，可以通过命令行、API 接口，或者调用类中的方法等。验证是检查被测试系统是否做出了正确的响应，如返回了正确的数值、达到了特定的状态、发出了特定的指令等。
- 拆除是一个可选的阶段。它适用于测试产生的数据或所做的状态更改可能影响后续测试执行的情况。请读者注意，大多数情况下，应该尽量避免测试之间彼此影响，即减少共享的数据和状态。这时，拆除动作就可以省略。当不得不共享某些数据或状态时，拆除动作就是必须的。通过拆除动作，将系统恢复到测试执行之前的状态，避免对后续测试造成影响。

请看下面的测试代码。

```
public class OrderApplicationTest {
    @Test
    public void createOrderShouldBeSuccess() {
        /* 1. 建立 */
        OrderApplicaton orderApplicaton = new OrderApplicaton(null);

        List<OrderItemDTO> selectedItems =
            Arrays.asList(OrderItemDTO.build(FoodId.of("food_1"), 1),
                        OrderItemDTO.build(FoodId.of("food_2"), 1));
```

```
10
11          /* 2. 执行 */
12          OrderDTO order = orderApplicaton
13              .create(new OrderDTO().userId("user-1").items(selectedItems));
14
15          /* 3. 验证 */
16          assertEquals(OrderStatus.SUBMITTED.name(), order.getStatus());
17          assertEquals(2, order.itemCount());
18
19          /* 4. 拆除（仅为示例，本例中可省略）*/
20          orderApplicaton.delete(order.getId());
21      }
22 }
```

代码清单 10.3　测试的四阶段模式示例

以上测试代码由代码清单 9.27 改编而来，把四个测试阶段集中到了一起，将 setUp 方法中的内容放入测试方法 createOrderShouldBeSuccess 中，并且显式地清除了测试过程中创建的新订单。为了便于理解四阶段模式，我在代码清单 10.3 中添加了注释，大家在实际工作中也可以通过空行布局，显式地体现四阶段模式，以便于测试代码阅读。

当然，四阶段模式并不总是出现在同一个方法中，甚至在代码中呈现的顺序也有可能变化，但是执行的时候，一定是严格遵循四阶段顺序的。如果我们分析代码清单 9.27，会发现它也是严格遵循了四阶段模式，只不过它的建立动作位于被 @BeforeEach 修饰[①]的 setUp 方法中，由于 setUp 方法总是可以重新创建 orderApplicaton 对象，自然消除了 createOrderShouldBeSuccess 方法带来的系统状态影响，从而可以省略掉拆除阶段的代码。

我们再来看一个新的自动化测试。

```
1  public class OrderApplicationTest {
2      @Test
3      public void shouldNotExistMoreThanOneActiveOrderPerUser() {
4          /* 1. 建立 */
5          String userId = "user-1";
6          OrderDTO order = createOrder(userId);
7
8          /* 3. 验证 */
9          assertThrows(ActiveOrderAlreadyExistedException.class, () -> {
10             /* 2. 执行 */
11             createOrder(userId);
12         });
13     }
14
```

[①] @BeforeEach 是 JUnit 中和测试夹具相关的一个注解，10.4 节有详细的介绍。

```
15    private OrderDTO createOrder(String userId) {
16        List<OrderItemDTO> selectedItems =
17            Arrays.asList(OrderItemDTO.build(FoodId.of("food_1"), 1),
18                          OrderItemDTO.build(FoodId.of("food_2"), 1));
19        OrderDTO order = orderApplicaton
20            .create(new OrderDTO().userId(userId).items(selectedItems));
21        return order;
22    }
23 }
```

代码清单 10.4　测试的四阶段模式示例：测试异常情况

让我们把注意力集中在 shouldNotExistMoreThanOneActiveOrderPerUser 这个测试方法上。在代码清单 10.4 中，我们提取了 createOrder 方法和 deleteOrder 方法，以简化测试代码的编写，也让测试代码更易读。本例测试的是一个异常场景。如前所述，这段测试代码从布局上看，执行阶段和验证阶段好像是反的，但是从实际执行顺序上，肯定还是首先进行了 createOrder 的尝试，然后发现该异常并检查，它也同样遵循建立-执行-验证-拆除的步骤。

和代码清单 10.3 相比，代码清单 10.4 展示了一个对异常行为的测试。验证的预期可以分为三类，分别是查询、异常和命令。查询类的预期指的是被测试系统给出了期望的结果或者进入了期望的状态，测试代码通过调用查询接口获取数据，然后执行断言。这类测试的验证方法如代码清单 10.3 所示。异常类的预期，往往通过测试框架提供的异常验证能力完成验证，如代码清单 10.4 所示。还有一类是对命令的验证，即被测单元是否对外发出了所期望的指令。这类预期一般需要通过 mock 工具验证被测试系统对外发出的命令。代码清单 10.5 就是一个命令类型的预期验证示例。

```
1     @Test
2     public void createOrderShouldTriggerOrderCreatedEvent() {
3         EventNotifier eventNotifier = mock(EventNotifier.class);
4         OrderApplicaton orderApplicaton = new OrderApplicaton(eventNotifier);
5
6         List<OrderItemDTO> selectedItems =
7             Arrays.asList(OrderItemDTO.build(FoodId.of("food_1"), 1),
8                           OrderItemDTO.build(FoodId.of("food_2"), 1));
9         OrderDTO order = orderApplicaton
10            .create(new OrderDTO().userId("user-1").items(selectedItems));
11
12        verify(eventNotifier).notifyEvent(any(OrderCreatedEvent.class));
13    }
```

代码清单 10.5　测试的四阶段模式示例：验证对外命令

良好地组织测试用例——测试套件和测试夹具

测试用例是最小的自动化测试的粒度。在大多数情况下，它测试的是系统的一个单一职责下的某一个场景。例如，对于用户注册这个功能来说，我们可以设计出如下的测试用例。

- 成功注册用户。
- 如果用户名字符长度超出限定的字符长度，注册失败。
- 如果用户名已经存在，注册失败。
- 如果用户的初始密码不符合规则，注册失败。

我们希望这些密切相关的测试用例被组织到一起，而且最好不要和其他的功能混在一起。这就是测试组（Test Group）或者测试套件（Test Suite）的概念。

> 测试组和测试套件代表了紧密相关的一组测试用例。

在 JUnit 中，测试套件是通过把测试用例写在一个 Test 中实现的，代码如下所示。

```
 1 public class UserRegistrationTest {
 2     @Test
 3     public void registrationShouldBeSuccessful(){}
 4     @Test
 5     public void registrationShouldBeFailedIfUserNameTooLong(){}
 6     @Test
 7     public void registrationShouldBeFailedIfUserNameExisted(){}
 8     @Test
 9     public void registrationShouldBeFailedIfPasswordNotMatchRule(){}
10 }
```

代码清单 10.6 使用测试套件组织测试用例

测试夹具（Test Fixture）是和测试套件相关但不同的概念。夹具是来自机械加工行业的隐喻，其作用是固定加工工件，从而方便后续的处理。所以，一般来说，把具有相同的建立动作的测试用例集中在一起，可以简化测试用例的编写。在测试工具中，有些有单独的 Test Fixture 能力，更多时候则是把具有相同的建立动作的测试用例集中在一起，形成一个测试组。

例如，在创建订单的各种测试用例中，都需要在建立阶段创建一个用户。虽然分别在每个测试用例中执行这个动作也是可以的，不过会显得重复。这时候就可以写一个通用的建立动作，并把这些测试用例放到一起，这样就形成了如下代码。

```
1  public class OrderCreationTest {
2      String userId;
3      @BeforeEach
4      void setup() {
5          userId = createUser("zhangsan");
6      }
7
8      @Test
9      public void createOrderShouldBeSuccess() {
10         /* 直接使用 userId 创建订单 */
11         createOrder(userId);
12         /* 其他代码略 */
13     }
14
15     @Test
16     public void createOrderShouldTriggerOrderCreatedEvent() {
17         /* 直接使用 userId 创建订单 */
18         createOrder(userId);
19         /* 其他代码略 */
20     }
21 }
```

代码清单 10.7 使用测试夹具统一管理建立和拆除动作

其中，@BeforeEach 是 JUnit 定义的注解，它表示自动化测试框架在运行每个测试用例之前都要运行 setup。同理，也可以使用自动化测试框架管理测试用例之后必须运行的动作，这类动作对应的注解是 @AfterEach。

对比代码清单 10.6 和代码清单 10.7，会发现测试夹具中包含的测试用例很可能也是相关的。在这种场景下，测试组和测试夹具的概念确实有所重叠。在实际应用中，只要明白这两个概念之间的区别，在编写和组织测试代码时就可以更加灵活。

让每个测试用例的责任明确，清晰易懂

测试代码和产品代码一样，都是重要的软件资产。因此和产品代码一样，易于理解和易于维护对测试代码而言也是非常重要的。

一致的编码风格、清晰的命名、简洁的实现、声明式的表达、单一职责等适用于产品代码的手段，也都是提升测试代码质量的手段。例如，在代码清单 10.7 中，create-OrderShouldBePersistent 和 createOrderShouldTriggerOrderCreatedEvent 这两个名字很明确地表达了测试的目的，createOrder 则是对具体如何创建订单做的方法封装，提升了测试代码的表达力。

10.3.3 关注外部契约而非内部实现

这里我们来谈两个关键的测试概念——黑盒测试和白盒测试，以及它们和自动化测试的关系。

根据是否需要了解被测试对象的内部结构，测试理论把测试分为了黑盒测试和白盒测试。

- 黑盒测试又称为行为测试，它关心的是被测试系统是否做出了期望的行为。
- 白盒测试又称为结构测试，它关心的是测试动作是否完全覆盖了被测试系统的所有内部结构（如语句、分支等）。

这两种测试各有其价值，但是在实践中经常被误解。例如，单元测试是白盒测试，因为单元测试需要了解内部结构。[①] 这种说法非常普遍，甚至很多教科书和参考书也是这样定义的。这其实是对"被测试系统"这个概念的误解。

"被测试系统"其实就是当前测试所关注的对象。在系统粒度上，它当然是一个系统。而在单元粒度上，它就只是一个被测单元。所以，只要关注的是被测试系统的外部契约，那么就是黑盒测试。只有当关心的是被测试系统的内部实现时，才是白盒测试。按照这样的定义，我们以测试先行的方式编写出的测试，究竟是黑盒测试还是白盒测试呢？

以测试先行方式编写出的测试，无论是系统级测试、模块级测试，还是单元测试，统统都是黑盒测试——因为它们反映的都是被测试系统的行为，而不关注被测试系统的内部结构。现在我们就面临一个新的问题：既然测试理论包含了黑盒测试和白盒测试，那么是否还需要为白盒测试编写自动化测试用例呢？

> 没有特殊理由，不需要编写自动化的白盒测试。

白盒测试当然是有价值的，但在很多时候它是被误解和被误用的。我们首先给出结论。

- 黑盒测试是关于价值的，白盒测试是关于风险的。
- 作为测试先行的自动化测试，仅仅应该实现黑盒测试。

白盒测试可以帮助发现风险

白盒测试作为结构测试，关心的是代码的内部结构。测试理论认为：白盒测试属于知己知彼，熟悉内部结构可设计出更好的测试，也有助于发现潜在的安全隐患或者优化机会。例如下面两点。

---

① 注意：这是错误的说法。

- 如果某些代码行没有被测试覆盖,那很可能是有缺失的测试用例或者冗余的代码。
- 分析功能的实现可以发现系统上的薄弱点。

避免自动化白盒测试

尽管白盒测试可以帮助发现风险。但是,如果把白盒测试直接以白盒的形式自动化,会带来显然且致命的危害。

软件会持续演进。如果白盒测试追求的目标是代码行覆盖、分支覆盖等,那当在演进过程中添加了新代码、删除了旧代码、调整了业务逻辑时怎么办呢?这些白盒测试很可能就被破坏了。所以,尽管功能依然正确,测试却失败了,这无疑降低了测试的权威性。

正确对待白盒测试的态度是:在基于契约进行测试的基础上,结合覆盖率、内部结构等,以发现额外的风险,并把这些风险实现为自动化测试。但是,自动化测试仍然需要以外部契约的形式进行测试,不允许测试和被测试系统的内部结构相关,更不允许读取被测试系统的内部数据和状态。

10.4 代码评审和结对编程

测试是发现代码质量问题的有效手段。但在大多数时候,测试关注的是功能问题,难以发现设计问题。

软件设计本质上是一个智力活动。为了有效地发现设计质量问题、提升设计质量,最好的方法是引入更多人的智慧。本节我们将介绍两个彼此相关的实践:代码评审和结对编程。

10.4.1 正确认识代码评审的价值

顾名思义,代码评审是在代码编码过程中,或编码完成后,由其他开发者阅读代码,以提升代码质量的活动。代码评审看起来很简单,但是在现实中,经常出现各种错误的做法。这些做法导致许多团队付出了代码评审的成本,却没有取得应有的收益。

代码评审的目标不是发现功能上的缺陷

代码评审最本质的作用并不是发现问题。如果只是发现问题,那代码评审是一种极其低效的方法,测试先行已经建立了自动化测试,用计算机来查错比人类查错可高效多了。

代码评审的核心作用是提升设计质量、统一设计风格和建立长期的代码文化。在代码评审的过程中,团队成员对于什么是好的设计的认知会逐渐趋同,并会以编写高质量的代码为荣。与此同时,无论是评审者还是被评审者,都能持续学习,并因此提高编程技能。

当然，不可否认的是，代码评审一定也能或多或少地发现代码中的逻辑问题。但是，把发现问题作为代码评审的目标，显然是一种不合理的责任转移。代码实现者有义务保证代码逻辑的正确性。把检验代码是否正确的期望过多地寄托到代码评审上，既低效，又有害。

代码评审保障了代码的可理解性

高质量的设计应该是易于理解的。什么是易于理解呢？一般来说，不管一段代码有多么糟糕，它的作者都不会觉得自己的代码难以理解。

尽管设计原则、度量工具等都可以在一定程度上为可理解性提供指导和反馈，但是最有效的方式是：在代码写完之后立即请人阅读。如果不是立即阅读，而是在若干月，甚至若干年后用到这段代码时才发现代码不可读，那显然已经太迟了。

代码评审强制提前了反馈周期。对于结对编程，由于两个开发者始终坐在一起，所以反馈速度会更快。引入评审者角色后，代码立即就有了一位或多位读者，这段代码也就立即经历了可读性的检验，从而避免了持续累积的复杂代码给团队带来维护噩梦。

代码评审引起知识传播，促进设计共识

几乎没有程序员不知道"高内聚、低耦合"这个设计原则。但是，知道设计原则是一回事，能把设计原则灵活地运用在实践中是另一回事。不少程序员有过这样的经历：尽管已经花费了许多时间学习技能，但是在具体的场景中还是不知道怎么应用它。通过代码评审可以见识很多鲜活的设计案例，这是促进知识传播的好方法。

有时候即使对于同一个具体的概念，团队中的不同开发者可能会有不同的想法。我就曾经在代码评审活动中参与过关于早崩溃设计原则的激烈讨论。有人认为早崩溃很合理，有人则更担心可靠性，并对早崩溃激烈地提出反对意见。这其实是非常好的达成设计共识的机会。

抽象的讨论往往不容易引起争议，但是具体的业务场景就不一样了。把抽象的理论和概念落实到具体的事情上，会让案例更鲜活，讨论也更充分。这正如海洋法系的"判例"制度。判例制度把抽象的法律条文形成了具体的案例解释，可以让其他法官在面对类似的问题时有据可依。要是只是抽象的法律条文，那不同的法官就可能会有不同的解读。代码评审其实也形成了设计上的判例：哪一类设计是合理的，哪一类设计是不合理的。通过针对具体的问题进行具体分析，团队成员会逐渐形成设计共识。

代码评审有助于塑造代码文化

一个充满代码文化、非常关注代码质量的团队是不可能产出低质量代码的。在一个拥有更好的代码文化的团队中工作，程序员的幸福感也会大大增强。那么，怎么塑造代码文化呢？

在实际项目中，有一个非常重要的代码文化干扰因素——交付压力。当交付迫在眉睫的时候，不少人会下意识地做出短期有利的选择——优先保证交付。至于质量问题，特别是看不见的设计质量问题——则是"以后再说"。

代码评审引入了一种非常有趣的系统动力。对于评审者来说，由于代码评审本来就是探讨应该如何提高设计质量的过程，所以通过不断的辩论，他们脑海中关于质量的意识都会得到加强。对于被评审者来说，除了这种讨论过程，还存在一种良性的社会压力：只要想到"还会有很多人会阅读我的代码"，程序员就不太会选择那种只在短期获得收益，在长期会造成较大损失的"投机"行为。毕竟，爱惜个人荣耀是人与生俱来的特征。

10.4.2　正确组织代码评审

组织高质量的代码评审需要一些策略。毕竟，代码评审是较为消耗脑力和时间的活动，因为策略不当把代码评审做成表面文章的情况也不在少数。

应该采用线下评审还是线上评审

线下评审也叫作圆桌评审，是团队级别的评审，实施成本相对较高。毕竟要召集许多人，就一份代码展开讨论，是需要腾出大块时间的。线上评审则比较便利，发出评审、完成评审的操作可以异步进行，能较好地利用碎片时间。

不过，线下评审和线上评审的收益也有所不同。线下讨论往往会更深入，知识的传播面也比较广。有时候，他人的意见往往能给参与者带来更多启发，形成思维的碰撞。线上评审的参与者则一般较少，由于缺少实时互动，知识传播或者思维碰撞的范围也就较小。

因此，不少团队采取的是线上、线下相结合的方式。在日常的评审活动中，他们通过线上评审提升效率，同时定期或者不定期地组织线下评审，对比较集中或者关注度较高的问题进行讨论，同线上评审形成互补。

尽量减小所评审代码的批量

不要让一次代码评审涉及太多代码。想象一下，一个本来就对你的代码上下文不是太理解的人，在忙碌于各种各样任务的同时，一下子收到了成百上千行需要评审的代码，那他需要付出多大的耐心，具备多强的理解力才能给出有效的反馈？

在保证评审的代码具有完整意义的情况下，规模越小，代码评审就越有效。有研究表明 [47]，当评审的代码量较少时，发现问题的概率会大大增加。如果每次评审的代码量超过 400 行，那么发现问题的概率会大幅减小。

在实践中，成熟的团队会避免对大批量的代码进行评审。例如，一项针对 Google 的代码评审实践的调研表明 [48]，有 35% 的情况是仅仅修改了一个文件，90% 的情况修改的文件数在 10 个以内，甚至有 10% 的情况下仅仅修改了 1 行代码。好处是显而易见的——修改了哪里非常清晰，问题也会一目了然。

重视单元测试的价值

在代码评审中也会涉及单元测试？是的——单元测试非常重要。带有单元测试的代码会提供更多关于代码更新的上下文，让代码评审具有更高的效率和质量。

团队如果真正重视单元测试，就需要把单元测试作为代码资产的一部分，代码评审在一定程度上也让单元测试的策略得到了更好的实施。所以，代码评审和单元测试具有双向的推动作用。

采用结对编程实践

当把代码评审中的代码批量减少到极致，把面对面的代码评审推进到极致时，就出现了一种新的实践：结对编程。

结对编程源自极限编程，它是少有的同时融合了知识传播、开发质量和开发效率的编程实践。结对编程看起来很容易，但绝不意味着给一台电脑接上两个鼠标和两个键盘就是结对编程了。真正决定结对编程效果的因素往往是细节。文化因素对结对编程的效果有着至关重要的影响。

结对编程中结对的程序员需要持续地进行沟通和讨论。这会带来两方面的益处：第一，由于必须把思路说出来，所以会立即检验代码的设计思路，保证其可理解性。第二，把思路说出来本身会促进思考，从而使思考结构更清晰，减少了编码过程中的错误。

10.5 代码质量度量和问题检测

程序员通过代码来自动化业务逻辑、自动化控制系统、自动化各种场景。那么，程序员每天关心的代码质量是不是也应该自动化？这就是我们本节的主题：使用工具来度量代码质量、检测代码问题，从而辅助程序员写出更高质量的代码。

实现代码质量度量和问题检测的难度是很高的。这是因为软件代码的问题极其复杂。严格来说，能对代码进行精确评价的工具迄今为止还没有产生。不过，作为提升代码质量的辅助手段，存在许多经过实践检验的指标和方法。而且，理解这些指标往往有助于程序员写出更高质量的代码。

下面我们就按照度量和检验目标的不同，介绍一些常见且重要的度量指标以及背后的设计思想。由于具体的检测工具会持续发展，因此本节提到的工具仅作为示例，请读者重点关注它们背后的方法。

10.5.1 缺陷检测

缺陷检测是最为实用的软件开发工具之一。按照一般的方法，如果想发现软件缺陷，就必须运行程序并且执行测试用例，无论是自动测试或者手工测试。而在使用缺陷检测工具时无须运行程序，就能发现软件中的隐含缺陷。这确实非常有趣，性价比也非常高。

静态代码分析技术可以在不运行程序的情况下，通过分析源代码、字节码或者二进制程序的执行路径，根据一定的启发式规则，指出代码的潜在缺陷。

静态代码分析工具的背后是比较专业的技术，如符号执行。对于大多数程序员来说，只要学会使用这类工具，理解其基本原理就可以，无须精通背后的技术方法。如果你还没有使用过这类工具，那么了解它们最好的办法就是立即下载、安装，然后运行一下，试一试。

我们以 SpotBugs[①] 为例来介绍这类缺陷检测工具。SpotBugs 是一个用于 Java 语言的静态代码分析工具，可以检测许多类型的缺陷。图 10.4 展示了使用 SpotBugs 对某个程序进行检测后的部分结果。

图 10.4 应用 SpotBugs 发现代码中的潜在问题

SpotBugs 在该程序中检测出了若干错误。图 10.4 中的错误是对一个未初始化对象进行了读操作：cache2 变量从未被初始化，但在第 19 行中的 get 方法却调用了这个变量，显然此处代码是有风险的。

① https://spotbugs.github.io。

SpotBugs 这类工具能发现许多类型的代码缺陷或者代码中的潜在问题。在本示例的项目中，它还发现了如下类型的错误。

- 错误地使用了 == 符号（应该使用 equals）。
- 声明了从来未用到的成员变量。
- 没有检查所调用函数的返回值。
- 含有不必要的条件检查语句。
- ……

使用缺陷检查工具，肯定会有漏报，一般也会存在误报。可即便如此，由于静态代码检查的成本非常低，收益却很高，因此尽可能多地利用缺陷检查工具来提供代码质量，是非常推荐的选择。

优质的代码不仅需要没有功能缺陷，还应该体现好的易于理解、易于维护、易于扩展等特征。为此，第 2 章也介绍了高质量软件的许多内部特征，如编码风格应该一致、命名应该规范、实现应该简洁、没有重复、具备自动化测试等。借助于设计质量检测或度量工具，可以在一定程度上让内部设计质量变得可见。

10.5.2　代码规约检测

代码规约检测是一种特别有用的编码质量检测辅助工具。代码规约中通常包含易于理解、易于维护等方面的许多重要特征。通过分析代码，代码规约检测工具可以发现许多平常得不到注意的问题。

图 10.5 是应用 p3c 代码规约检测工具[①]对某个程序进行检测后的结果。其中显示的是一处命名不够规范的问题，即变量名应该使用小写，而该处代码的参数名却使用了大写。

图 10.5　应用 p3c 代码规约检测工具发现的代码规约问题

[①] https://github.com/alibaba/p3c。

10.5.3 函数复杂度

代码应该尽量简洁。对此，有一些简单而有效的指标，如函数代码行、圈复杂度等，都可以较好地反映代码的简洁性。

函数代码行

函数代码行或语句数是一个非常简单的指标，这个指标很容易统计，且非常有效。通过暴露那些长函数，促进每个函数变得更简洁，好的设计往往会自己浮现出来。

圈复杂度

圈复杂度是另一个度量函数实现的复杂性的经典方法。圈复杂度（CCN，Cyclomatic Complexity Number）也叫作 McCabe 复杂度，由 McCabe 于 1976 年提出[49]。为了说明圈复杂度的概念，我们先来看一段来自真实项目的代码。

```java
public void createThumbnail(File from, File to) throws Exception {
    BufferedImage buffer = ImageIO.read(from);
    double ratio_x = w / buffer.getWidth();
    double ratio_y = h / buffer.getHeight();
    if (ratio_x >= 1) {
        if (ratio_y < 1) {
            ratio_x = height / h;
        } else {
            if (ratio_x > ratio_y) {
                ratio_x = height / h;
            } else {
                ratio_x = width / w;
            }
        }
    } else {
        if (ratio_y < 1) {
            if (ratio_x > ratio_y) {
                ratio_x = height / h;
            } else {
                ratio_x = width / w;
            }
        } else {
            ratio_x = width * 1.0 / w;
        }
    }
    // 后续代码略
}
```

代码清单 10.8 圈复杂度较高的一段代码

　　这段代码的作用是为一个图片文件创建缩略图，当然它的行数确实也不少，不过真正导致它更加难以理解的是它里面包含大量条件分支语句。如何用数值的形式反映上述代码的复杂性呢？圈复杂度的思路是：如果一个方法的可执行路径越多，那这个方法就越难得到充分测试，它的风险也就越高。基于这样的思想，我们可以画出如图 10.6 所示的结构。

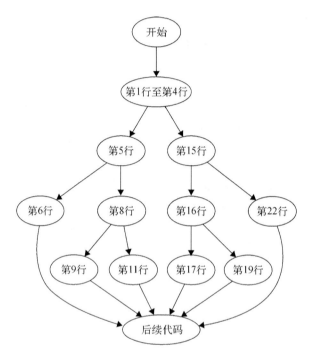

图 10.6 createThumbnail 方法的执行流程

　　从图 10.6 中可以数出来，这个方法共有 6 条可执行路径，所以至少需要 6 个测试用例才能保证每条可执行路径都能被测试到，它的圈复杂度就为 6。

　　圈复杂度可以很简单地通过节点和边的数量计算出来。它有两个公式，一个是

$$V(G) = E - N + 2,$$

其中 E 代表流程图中边的数量，N 代表流程图中节点的数量；另一个是

$$V(G) = P + 1,$$

其中 P 代表包含条件的节点的数量。

认知复杂度

圈复杂度虽然是一种很好的复杂度度量，也确实反映了执行路径的多寡，但有时候它的计算结果可能和人的主观感受不符。例如下面的例子[50]。

```
1  int sumOfPrimes(int max) {              // +1
2      int total = 0;
3      OUT:
4      for (int i = 1; i <= max; ++i) {    // +1
5          for (int j = 2; j < i; ++j) {   // +1
6              if (i % j == 0) {           // +1
7                  continue OUT;
8              }
9              total += i;
10          }
11      }
12      return total;
13  }
```

代码清单 10.9　较复杂的代码 1——求解质因数之和

```
1  String getWords(int number) {           // +1
2      switch (number) {
3          case 1:  return "one";          // +1
4          case 2:  return "a_couple";     // +1
5          case 3:  return "a_few";        // +1
6          default: return "lots";
7      }
8  }
```

代码清单 10.10　较复杂的代码 2——对数字进行语义解读

代码清单 10.9 和代码清单 10.10 的圈复杂度都是 4，但从感受上来说，这两段代码的复杂度是完全不同的。问题在于，代码清单 10.10 中的 switch-case 语句虽然从执行路径上讲确实有很多条，但是人一眼就可以看出其中的规律，认知起来并不困难。而代码清单 10.9 中的嵌套逻辑，就很难认知。

从可理解性视角看，认知复杂度是一种更好的表达函数实现复杂度的方法，它计算起来也较为简单。下面从原理上进行分析。

- 线性执行是最简单的逻辑。只要从线性流中拉出了分支，复杂度就增加 1，如 for、while、if、switch 语句等。
- 嵌套会增加复杂度。每增加一个嵌套，复杂度增加该嵌套层次的深度。

- 凡是从认知视角是等价的逻辑，都不会影响复杂度。例如 if-else、switch-case、
if (a&&b||c) 这些，复杂度都仅是增加 1，并不会像圈复杂度那样每增加一条
执行路径就增加 1。

有许多工具支持复杂度的度量。通过度量数据，从代码中挑选出那些复杂度较高的
方法并进行优化，是一种有效的提升代码质量的方案。

10.5.4 测试覆盖率

自动化测试对代码很重要。那么，有没有什么办法能检验测试是否完备呢？测试覆
盖率就是一种有效的度量。不过，在使用测试覆盖率时要谨慎，因为它很容易被误用。它
不可以作为目标，只能作为指示器。现在我们就来分析一下测试覆盖率指标。

测试覆盖率是指示器

为什么说测试覆盖率可以作为测试完备程度的指示器？这是因为：没有被覆盖的代
码要么是漏测、要么是死代码，二者必有其一。

在 6.4 节，我们曾经使用了一个计算表达式的例子。图 10.7 展示的是执行完既有测
试之后，在 IDE 中看到的测试覆盖率情况。

```java
public Integer evaluate(String expression) throws ExpressionError {
    Integer result ;
    Stack<Character> op = new Stack<Character>();
    Stack<Integer> num = new Stack<Integer>();

    char temp ;
    int pos = 0;
    int end = expression.length();
    if( pos - end > 50) {
        throw new ExpressionError();
    }
    while(pos < end)
    {
        temp = expression.charAt(pos);
        if(isDigit(temp)){
            String str = new String();
            while(pos < end &&isDigit(expression.charAt(pos)))
            {
                str+=expression.charAt(pos);
                pos++;
            }
```

图 10.7 一段代码的测试覆盖情况

从图中可以看到，第 85 行的一个分支没有被覆盖。仔细阅读代码，我们会发现它不能处理字符长度超过 50 的四则运算算式。根据覆盖率指示的信息，我们不仅仅发现了漏测的功能，还发现了这是一处未经声明的契约。因此，我们需要编写一个新的测试来补充功能测试上的遗漏，同时补足契约。

```java
@Test
@DisplayName("不能处理超过50个字符的算式")
void testExpressionsLonggerThan50ShouldBeRejected() {
    // 构造一个长度为51位的算式
    String expression = "1" + String.format("%050d", 0);
    Assertions.assertThrows(ExpressionError.class, () -> {
        calculator.evaluate(expression);
    });
}
```

代码清单 10.11 增加测试，补足契约

当然，没有被测试覆盖的代码也很可能不是漏测了，而是在演进过程中变成了死代码，即已经完全无用了。例如，图 10.8 是在一个真实项目[①]上运行测试后的结果。

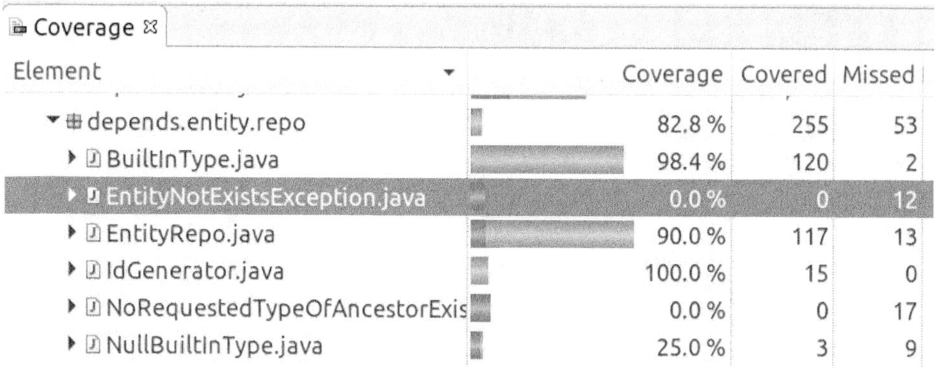

Element		Coverage	Covered	Missed
▼ ⊞ depends.entity.repo		82.8 %	255	53
▶ 🗎 BuiltInType.java		98.4 %	120	2
▶ 🗎 EntityNotExistsException.java		0.0 %	0	12
▶ 🗎 EntityRepo.java		90.0 %	117	13
▶ 🗎 IdGenerator.java		100.0 %	15	0
▶ 🗎 NoRequestedTypeOfAncestorExis"		0.0 %	0	17
▶ 🗎 NullBuiltInType.java		25.0 %	3	9

图 10.8 通过覆盖率发现死代码

显然，EntityNotExistException 和 NoRequestedTypeOfAncestorExisted 这两个类没有被任何测试覆盖。经过仔细调查，发现这两段代码确实是无用代码，它们就应该被移除。[②]

测试覆盖率在各种语言下都有许多工具。在 Java 语言中，最有名的覆盖率测试工具是 Jacoco。

---

① Depends 项目[14]，本示例对应的版本号是 1d52a1。

② 分析项目变更日志，这两个类在后续版本 80c825 中被移除。

不要把测试覆盖率作为指标

既然测试覆盖率很有用,那把它定义成项目的目标如何呢? 例如,要求至少达到80%的测试覆盖率? 如果高测试覆盖率是团队基于优秀工程实践形成的共识,那这是一个好的目标。可如果高测试覆盖率仅仅是行政性要求,就很容易出现问题。

好的动机未必会产生好的结果。下面这些都是在实践项目中,由于仅要求了测试覆盖率,但是没有优秀工程实践和设计共识导致的后果。

1. 无断言测试。无断言测试当然不是真正的测试。不写断言未必是偷懒,更常见的场景是一些代码已经非常复杂,也说不清究竟输入、输出是什么,但是测试覆盖率有要求呀! 怎么办呢? 只好写一个测试,以保证会覆盖到这段代码,但是没法写断言。无断言测试是有害的,它不仅没有任何价值,还会造成"这段代码已经被覆盖"的虚假安全感。

2. 读写代码的内部状态。有些设计不良的代码有着复杂的内部分支和状态,要通过黑盒测试实现高测试覆盖率很难。这时候如果片面追求测试覆盖率,那必然会迫使程序员通过分析内部状态,甚至访问和暴露内部变量或内部状态,来提升测试覆盖率。如前所述,这种做法是非常危险的:它建立了测试代码和产品代码的耦合,而且对外暴露了本不该暴露的内部状态。

3. 达到测试率就完事大吉。图 10.7 对应的测试覆盖率结果,其实仅用一个测试就可以达到。这个测试仅需使用一个用例:1+1-1*(1/1)。显然这个测试什么也说明不了,但它已经达到了 91.9% 的高覆盖率。这绝非测试覆盖率本来的要求。如果仅是要求测试覆盖率,而没有关于质量的共识和能力,很容易就会造成这种后果。

提升测试覆盖率最有效的做法是测试先行。在测试先行的实践中,由于是先制定契约,再编码实现,所以测试覆盖率不可能太低,而且每个测试用例的意义都会很明确。

10.5.5 结构问题检测

软件总是会被分解为彼此协作的设计单元。结构问题检测的目标在于使用代码分析工具,了解不合理的分解和依赖。如果代码结构不合理,就会影响设计的易于理解、易于维护和易于演进特征。例如,模块 A 依赖于模块 B,而模块 B 经常发生变更,那么模块 A 就没法稳定,这就不是一个好的设计。

设计结构矩阵

首先我们介绍在结构问题检测中会使用的一个基本工具:设计结构矩阵(简称 DSM,Design Structure Matrix)[51]。图 10.9 展示了由某个项目的源代码生成的 DSM。①

---

① DSM 是使用 DV8 Explorer 工具生成的。

	1	2	3	4	5	6	7	8	9	10	11	12	13
/depends/addons - 1	**1**												
/depends/ParameterException.java - 2		**2**											
/depends/matrix - 3			**3**										
/depends/deptypes - 4				**4**									
/depends/importtypes - 5					**5**								
/depends/DependsCommand.java - 6			5			**6**				4			
/depends/entity - 7				4			**7**		71				
/depends/generator - 8			71				121	**8**	21				
/depends/relations - 9				49	3		312		**9**	17			
/depends/extractor - 10				8	73		1286		129	**10**			
/depends/LangRegister.java - 11										20	**11**		
/depends/format - 12			168	9						9		**12**	
/depends/Main.java - 13	5	7	7			49	2	19	9	15	4	10	**13**

图 10.9　某项目的 DSM

DSM 是一个二维正方矩阵，它能比较直观地表达设计单元之间的依赖关系。矩阵中的每个元素都表达了两个设计单元之间的依赖情况。如在图 10.9 中，$A_{10,7}$ 的值 1286 代表从设计单元 depends/extrator 到设计单元 depends/entity 之间共有 1286 个依赖。由于软件分解具有自相似性，所以可以使用 DSM 分析任意粒度的设计单元，如包和包之间的依赖关系、类和类之间的依赖关系等。通过观察矩阵反映的依赖关系，可以比较容易地发现哪些设计单元之间存在比较密切的耦合，从而发现设计中的潜在问题。

发现问题热点

虽然 DSM 可以较好地可视化设计单元之间的依赖关系，但是当设计单元的数量很庞大时，仅仅可视化是不够的，我们需要一些能快速找到问题热点的方法。

研究者们不断探索了许多结构度量和问题发现的方法，如稳定性度量、抽象性度量、主序列距离等[31]。其中，Yuanfang Cai（蔡元芳）等总结了一组架构热点模式[52]。其中的热点模式包括以下这些。

- 不稳定的接口：一个接口如果被很多设计单元依赖，而这个接口自身是不稳定的，那必然意味着不良的设计。
- 意外地共同变更：如果两个设计单元之间看起来没有显式的依赖关系，但是它们经常共同变更，则意味着它们必然存在隐式依赖。

- 不合理的继承：如果在一个继承树中，父类的某些部分依赖于自己的子类，则必然意味着父类抽象的失败。而如果一个外部的调用方同时依赖于父类和子类，也必然意味着设计层次的不一致。

- 繁忙的十字路口：如果一个设计单元依赖于许多其他设计单元，同时也被许多其他设计单元依赖，那这就是所谓的"设计的十字路口"。十字路口很重要，如果该设计单元自身经常变更，势必会存在严重的问题，会导致上下游都变得不稳定。

- 循环依赖：循环依赖是失败的模块化。凡是参与到循环依赖中的设计单元，在复用时就只能同出同进，也就是在本质上只能将它们作为一个模块看待。无论是直接的循环依赖还是间接的循环依赖，都会导致严重的耦合。

- 包循环：在正常情况下，软件系统中的模块应该是一个树形结构。有时候，在类这个粒度上，或许没有循环依赖，但是由于设计分割得不合理，会导致在更高层次的粒度上出现循环依赖，这也会影响到设计的可复用性和可理解性。

利用这些热点模式，可以较快地发现设计中的问题。只要能识别到设计单元之间的依赖[1]，获取到设计单元的历史变更数据[2]，就可以通过一些简单的规则发现上述热点模式。

结构问题的度量指标

有一些指标能较好地反映结构视角的设计质量。其中比较有影响力的指标包括解耦度[53]（DL，Decoupling Level）、传播成本[54]（PC，Propagation Cost）等。由于这类指标计算起来较为复杂，因此这里我们不介绍具体算法，有兴趣的读者可以阅读相应的参考文献。

10.5.6 明智地应用度量指标

灵活应用度量和检测工具，可以有效地提升设计质量。要注意如果误用，或者过度使用，很可能会适得其反。前文我们已经从测试覆盖率的示例中看到了把度量数据作为目标可能会引起问题。在本节中，我们介绍正确应用度量的策略。

把度量和检测工具作为助手

程序员总是希望写出高质量的代码。如果能通过工具及时了解代码中存在的问题，自然是再好不过了。

---

① multilang-depends（https://github.com/multilang-depends/）是一个支持多种语言的依赖分析开源项目。此外，可使用多种工具获取在不同场景中的设计单元之间的依赖关系——如通过分析微服务系统之间的调用关系来获得服务间的依赖等。

② 可以使用版本管理工具获取历史变更数据。

有经验且自律的程序员大多习惯于在编码时使用代码检查工具进行自我检查，看是否不小心违反了编程规范、是否引入了潜在的缺陷、代码质量是否有下降等。这是使用度量和检测工具的最佳状态。真正有效的行为是出于主动的，而不是他人要求的。持续反馈不仅有助于提高代码质量，个人能力也能不断得以增强。

明智地选择度量指标

度量指标不是越多越好，尤其对于软件设计而言。软件设计是一个极度复杂的问题。经过许多年的发展，人们提出了特别多的度量指标，本节介绍的只是冰山一角。

好的度量一定是有目的的度量。也就是说，要弄清楚这个度量是否明确回答了某个清晰的问题，指引了一个确定的方向。对于检测工具来说，只要误报率不是特别高，往往就是有用的。但是，度量就不一定了，有一些指标很值得商榷。

在面向对象中，有一组著名的度量指标，叫作 C&K 度量，源自 Chidamber 和 Kemerer 于 1994 年发表的论文[55]。C&K 度量共有 6 个度量指标，分别是：每个类的加权方法数（WMC）、继承树的深度（DIT）、子类的数目（NOC）、类间的耦合（CBO）、类的响应（RFC）和内聚方法缺失（LCOM）。我不准备详细介绍这 6 个指标，只取其中的 NOC 作为示例。

NOC 这个指标很容易理解：就是一个类有多少个子类。Chidamber 和 Kemerer 认为，子类数目如果超过了一定的阈值，就意味着设计不够好。这个结论是真实的吗？为什么子类的个数多，就意味着问题？

这个指标背后的逻辑其实是变更影响。也就是说，子类越多，当父类发生变更后，受到影响的类的数目就越多，变更的成本也就更高。但是如果父类很稳定，这个指标显然就不合适了，恰恰相反，这说明抽象设计很好，复用机会很多，此时 NOC 的数值高反而是设计质量高的体现。

所以，像 NOC 这类度量指标反映的问题是不精确、模糊的，不应该被选作软件度量的指标。如果要回答变更影响的问题，那么可以考虑代码的解耦度、架构热点分析等更有效的代码度量指标或者问题检测工具。

类似于 NOC 这类意义不明显或者有歧义的度量指标有很多，其中有不少已经被实现到了代码度量的工具中。对这类指标，我的态度是：度量不是目的，用尽量少的指标撬动尽可能大的质量改善行动，带来更好的设计结果，才是我们追求的真正目标。

持续地对度量进行监控

软件具有天然腐化的趋势。在没有刻意提升质量的情况下，软件的设计质量一定会随着时间的流逝逐步下降。"熵增原理"，也就是封闭系统的混乱度一定会逐步上升，这不仅适用于自然世界，对软件世界也同样适用。

造成软件腐化趋势的原因很简单：每次新增功能，都是对于过去设计的一次扰动。如果只是在旧的设计上修修补补，那一定是补丁摞补丁，导致系统越来越难以维护。图 10.10 展示了一个函数的圈复杂度是如何随着代码演进持续增长的，这个案例来自真实项目，它的圈复杂度在做了近 300 次修改后，增长了 10 倍之多。

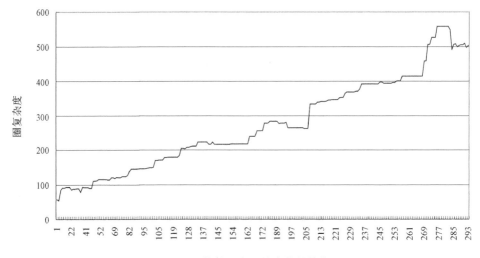

图 10.10 软件具有天然腐化的趋势

如果能监控度量指标，就可以在问题蔓延之前快速发现问题，从而让代码的质量始终处于一个可控的水平，提升设计质量。

10.6 小结

质量是软件设计的核心，持续的高质量一定来自质量内建。本章介绍了质量内建的策略以及相关的关键实践，并介绍了支撑高质量软件设计的度量和工具。图 10.11 总结了本章的核心概念和方法。

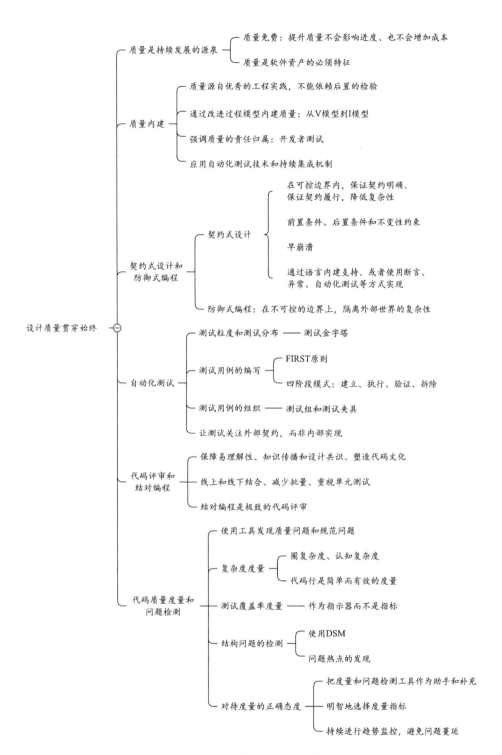

图 10.11 设计质量贯穿始终

第 11 章　让设计持续演进

演进是软件的本质特征。在人类通过智力劳动创造的一切事物中，软件大概是最为独特的了。这不仅是因为软件很复杂，更重要的是软件具有可变更和可演进特征。"软件"这个名字本身，已经充分凸显了这一点——软件应该是"软"的。

不过，如果设计方法不当，软件就可能一点也不"软"，面对纷至沓来的变更需求，往往很难轻松适应。而且随着软件的持续"生长"，一些在初期看起来写得很好的代码，很快变成了人见人厌的"遗留代码"，变得难以理解、维护和扩展。

持续演进必须成为软件内建的能力。为了达成这个目标，本章将从如下三个方面讨论演进式设计。

- 软件设计的演进本质：为什么必须用演进式思维来设计软件？在 11.1 节，我们将讨论用"生长"思维开发软件的重要性。
- 简单的设计才是易于演进的设计：什么样的软件特别适于演进呢？或许和有些读者想的不一样——个系统如果做了很多预先设计，那么它在面临新的场景时反而非常脆弱。在 11.2 节，我们将介绍简单设计，并把它和大规模预先设计比较。
- 演进式设计的思维方法和实践：演进式设计本质上是一种思维方法，是一种持续的探索过程和适应过程。11.3 节将要介绍的重构和 11.4 节将要介绍的测试驱动开发都是重要的演进式设计技能。

熟悉极限编程 [7] 的读者应该已经发现，简单设计、重构、持续集成、测试驱动开发、代码集体所有制都是来自极限编程的实践，确实如此。从技术实践①角度看，极限编程的根本出发点就是演进式设计。

11.1　软件设计的演进本质

软件设计的本质是演进，不过最开始人们并不是这样认为的。软件工程之所以被命名为工程，很大程度上是因为向成熟的工程领域学习。工程是按照严格的步骤执行的一系列活动。比如，我们可以把软件设计类比为建筑设计，那么很自然地就会想到：首先进行需求分析，然后进行架构设计，接下来严格按照设计开始建造，建造完成后进行项

---

　　① 极限编程是完整的方法学，除了本章介绍的技术实践外，它还涵盖组织和过程维度的敏捷原则和实践。

目验收，之后就进入了维护阶段，整个工程过程也就完成了。

两个领域在许多方面具有一致性，如要了解用户需求、要有高质量的架构等。但是在建筑领域，很少出现在大楼建造完工之后进行大幅修改的需求，用户即使有什么不满意，也只是在充分考虑可行性的基础上适当地调整。

软件开发则完全不是这样。可以说，根本不存在一次写就，此后再也不需要变更的软件。大多数软件解决的是现实世界的业务问题。业务问题往往很复杂，导致认知不能一步到位，需要通过软件演进来持续地实现认知升级。同时业务自身也在不停地演进，这就更需要软件持续演进，来适配业务要求的变化。持续演进是对软件的根本性要求。

11.1.1 业务问题的复杂性要求持续演进

有些业务问题看起来很简单，但只要一深究，就会表现出它的复杂性。

有经验的开发者都有这样的体会，一些对软件开发缺乏理解的用户，往往很难理解为什么一个功能实现起来会如此复杂。"不就是增加一个功能吗？"他们经常会发出此类疑问。以一个外卖订餐系统为例，订单项中应该有一个送货地址，这个功能乍一看不算复杂，可只要结合真实场景多想一下，就会挖掘出非常多的业务逻辑。

- 地址要按照什么样的层级划分？是按行政区，还是商圈？
- 为了避免让用户重复输入，是否需要某种"常用地址"机制？
- 如何提升用户的输入效率？哪些常用地址应该出现在前面？
- 是否可以基于用户定位信息推荐地址？
- 地址可能涉及用户隐私，如何平衡便利性和保护机制？
- ……

诸如此类的细节实在太多了。关键是，如果想把一切都想清楚后再开始实现，几乎是不可能的。只有选一些比较确定的需求先实现起来，甚至在这个基础上再开展一些业务，后续的认知才能逐渐加深。压根不踏入一个领域，就想成为这个领域的专家几乎是不可能的。

这种"边做边升级"的模式会让自己对业务的理解逐步加深，逐渐发现业务中关于种种细节的合理选择，也逐渐接近问题域的本质，让软件获得持续演进。

11.1.2 业务自身会持续演进，导致软件必然演进

业务在空间上就已经很复杂了，再引入时间维度，复杂性就会更高。业务除了在不停地演进，演进方向往往也很难预测。

例如，在一个社区订餐系统中，肯定会有一个菜品的展示页面，用于说明菜品的名称、价格等信息。但是，需不需要增加折扣功能呢？这完全取决于业务的发展需求。如果业务模式非常受欢迎，每天的菜品总是供不应求，那折扣这个功能似乎就是浪费。

与此同时，一些原来未曾想到的功能，如更精准的备货预测、更丰富的货源信息，反倒可能出现在模型中。在快速变化的商业时代，想要完美地开发，甚至预测恐怕是完全做不到的，提升适应性、做到灵活应变才是根本。

11.1.3　用园艺而不是建筑来隐喻软件设计

人们对于软件设计的本质的认识经历了漫长的过程。从最初尝试"控制变化"到敏捷方法推荐的"适应变化"，经历了几十年的时间。直到 2000 年左右，敏捷运动兴起，人们才充分意识到变化不是偶然现象，而是软件问题的本质。

敏捷方法强调快速迭代，这首先需要有软件工程实践作为支撑。如果每次增加一个很小的功能就会带来高昂的成本，那快速迭代自然没法完成。

从这个视角看，对设计软件更合适的隐喻不是建造大楼，而是建造园林。大楼的建造可以说是一次性的，建完之后的大楼整体结构几乎无法更改。园林就不一样了。一个园林在造好之后，新增几座假山、把树移栽一下，甚至开辟一条小河都不会造成"伤筋动骨"的影响，反而会让园子更有生机。

这么说来，软件工程师应该把自己当成园丁，提高自己的审美能力和柔性设计能力。在园林规划中，迪士尼乐园曾经创造性地使用了演进式设计的思维，并获得了巨大成功。设计师当时所采用的方法，已经是当今园林设计的标准实践。

迪士尼乐园的路径设计

在园林设计中，如何设计游园路径，从而让各景点之间的连接最方便又与众不同，是非常考验智慧的。如果设计不合理，就很可能会导致这样的结果：游客不走设计好的路径，而那些整整齐齐的草坪上却被踩出了一条条光秃秃的小路。像迪士尼乐园这种游客数量多、规模大的园区，更是对路径设计的巨大挑战。但是，当 1971 年奥兰多迪士尼乐园开门迎客的时候，人们发现路径设计得非常合理，这个设计后来还获得了伦敦国际建筑艺术研讨会授予的"世界最佳设计"奖。

这样的优秀设计是如何做到的呢？主持设计的格罗培斯事后解释，他发现无论怎样设计，都很难找到最佳的路径。在苦苦思索之后，他采取了一种完全不同的策略：当乐园主体工程完工后，在乐园撒下草种并提前开放。五个月后，草长成了，草地上也自然出现了不少宽窄不一、幽雅自然的小径。然后，格罗培斯让工人们在这些踩出的小径上铺设人行道，这些小径也就理所当然地成了最合理的设计。

迪士尼乐园路径设计的成功，是演进式设计的智慧成果。在复杂系统中，柔性往往比刚性更有竞争力，"无为而治""因时而动""以柔克刚"这些古老的智慧，若是应用得好，往往会收到意想不到的效果。

11.1.4 快速完成创建，在全生命周期中演进

迪士尼乐园的路径设计真的是"没有设计"吗？其实并不是，它本质上构建的是一种设计机制，是"设计的设计"。在软件开发中也是类似的，构建一个"柔性"的设计才是最重要的。图 11.1 比较形象地展示了在软件的生命周期中，大多数时间在演进。

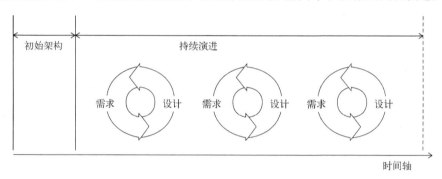

图 11.1 持续演进的软件

演进和建造的根本区别在于，建造会有一个较为明确的终点，而演进其实是没有终点的。在演进式设计中，初始阶段的设计理念自然很重要，但是更重要的是支持演进的机制和基础设施。也就是说，如果没有坚实的技术实践作为支撑，易于演进的软件只是空中楼阁。本章的后续各节将介绍支持演进式设计的思维模式和技术实践。

11.2 简单设计

和许多人想象的不同，易于演进的设计并不是那种深谋远虑、对未来做了大量预测、预留了大量扩展点的设计。本节首先会分析为什么不可能通过大规模预先设计获得演进能力，然后介绍"柔性"设计的基础技能：简单设计。

11.2.1 大规模预先设计并不会增强演进能力

软件开发总是会面临变化。当我们遇到一些很难应对的变化时，总是会下意识地觉得肯定是"以前的考虑不够周全"，下一次设计时要考虑得更周全才行。

但是你常常会发现,"周全的设计"似乎永远没法达到。无论考虑得多么周全,好像总是会有那么一些"漏网之鱼"。正是这些没被考虑到的点,让你精心设计的结构再一次变得千疮百孔。

这并不是因为你的设计不够精巧。最根本的原因是:当你试图把一切未来的变化考虑在内时,其实是在和软件的复杂性做对抗。软件的复杂性是由其业务领域的复杂性决定的,对抗并不会有好的结果,关键是要去适应。

> "大规模预先设计"是一种反模式,指的是在开始编码之前花费较长时间试图一次性完成设计的行为。大规模预先设计希望精准地预测未来,提前做好设计,或者预留充分的扩展点。

没有办法精准地预测未来

在 11.1 节中,我们已经讨论过,商业世界中的演进往往是很难预测的。它受到业务发展阶段、竞争环境、当前认知局限等多个方面的影响。有时候,如果不开始,我们就永远学不会。

有时候不仅预测未来很难,连预先知道要在哪个地方做扩展都是不容易的。例如,在移动互联网和社交网络兴起之前,登录认证方式只有一种:通过用户名和密码登录。但在今天,登录方式非常丰富:可以通过用户名和密码登录,也可以通过手机号认证登录,还可以通过社交账号登录。

这样看来,登录确实是一个扩展点,它应该有一个抽象的概念,叫作凭据。无论是通过用户名和密码登录,还是通过社交账户登录,都是一种认证凭据,如图 11.2 所示。

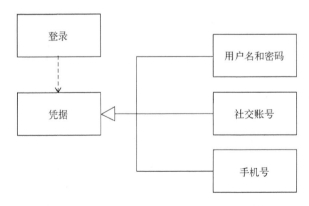

图 11.2 一个较为理想的登录凭据设计方案

问题是，现在把时间退回到我们觉得应该预留扩展点的那个年代，你能想到今后还可以用手机号登录吗？那时候还没出现社交账号，你又怎么可能想到能够用社交账号作为一种登录方式呢？在设计世界里，"一"和"二"是有本质区别的。如果只见过一种方式，就不可能做出合理的抽象。

> 抽象和扩展都源自场景激励，不可能在见到多种场景之前就设计出合理的扩展点。

预留的设计影响可理解性

预测未来很难。退一步讲，即使你真的具有穿越的本领，能够成功地预测未来，你还是要面对一个艰难的问题，就是如何让人们理解这些"超前"的设计。

例如，就算你成功地在出现多种登录方式之前，通过深思熟虑提取到了"凭据"这个概念，你也很可能会被不断质疑："这不就是用户名和密码吗？为什么搞这么复杂呢？"此外，抽象和扩展一定都意味着成本。超前的设计不但不会被人理解，在短期内也不会带来回报，因此在实践中非常难以得到支持。

还有一些预留的设计不是类似于"凭据"的抽象概念，它们的扩展设计很"朴素"，看起来你一下子就能明白这是个扩展点。例如，有一种数据库表或数据库模型的设计方案，是把一些字段命名为 reserved_1、reserved_2，以备将来的不时之需。可当你看到下面的代码时，会是什么感受呢？

```java
public class User {
    private String name;
    private String description;
    private String email;
    private String reserved_1;  // 为将来保留，字段1
    private Integer reserved_2; // 为将来保留，字段2
}
```

代码清单 11.1 不合理的保留字段

这种保留字段对于未来的代码理解来说是一种负担。每次读到这种地方，阅读者都不得不去了解：这个字段被用过了吗？它代表什么意义？对于想使用这个字段的人，更是不轻松：如何避免语义冲突，例如当两个人把一个保留字段分别用于两种用途时怎么办？究竟预留几个字段才够？它们应该是什么类型？这些做法本质上都是非常脆弱的，一旦发生了稍微剧烈一点的变化，就很难适应。

为未来编写的功能很容易被破坏，而且无法测试

预先设计带来的一个很大的问题就是"当前的设计暂时用不上"。这种"暂时用不上"的设计是非常尴尬的，由于这些代码没有办法和实际的业务联系起来，所以无法确认功能是否正确实现。

再有，考虑到在长期的演进过程中，存在那么一块代码一直没有人用，终于有一天出现了一个类似的场景，这块代码派得上用场了。但是，原来设计它的人和今天使用它的人不是一个，原来的许多契约也已经模糊了——更常见的是根本就没有明确的契约。这段代码是否真的可以如预期那样正常工作？有很大概率是需要花费一定代价的。对比成本和收益后，很难说这种预留的设计是合算的。

根本问题在于脆弱性

我们总是尝试"尽可能提前做好设计"，这些时候内心已经假设了"设计在未来变化起来会非常困难"。如果设计可以随时随地变化，那么"预先设计"还有那么重要吗？

软件行业在早期参照的行业，如建筑行业，适应变化的能力并不强。如果那会儿就参照园艺行业，就可以以较低的成本变化，预先设计的重要性也就没有那么大了。这就是柔性设计。

> 柔性设计是通过增强根本能力来降低变化成本的方法。

自然界中的生命是柔性设计的典范。无论自然环境如何变化，生命总能找到它存活和繁衍的方式。相对于"强壮"带来的"刚性"，"柔性"是更有竞争力的。对于刚性的系统，一旦防线被突破，造成的问题就是灾难性的。柔性设计则不同，它看起来并没有一个清晰的边界，却能够以柔克刚，具有很强的生命力。

那么，如何让软件设计也如此具有柔性呢？这就是极限编程所推崇的简单设计。

11.2.2　通过简单设计增强设计的柔性

简单设计的理念来自极限编程。简单设计是大规模预先设计的反面，它不尝试预测未来，而是始终保持设计的简洁性以随时应对未来的变化。

> 简单设计仅保留必需的设计元素，以此来保证代码和概念清晰。

究竟怎样才算"必需的"设计元素？怎样才是"保持代码和概念清晰"呢？Kent Beck给出了以下四条简单的设计原则。

- 实现了期望的功能。
- 易于沟通和理解。
- 没有重复。
- 最少的代码元素。

实现了期望的功能

这条原则无须过多解释，功能正确性是软件设计质量的首要外部特性。

为了让软件能做到"实现了期望的功能"，要满足一个隐含的设计要求——自动化测试。这是由于代码始终在演进，靠无休止的手工回归测试来保证代码始终实现了期望的功能是根本不现实的。自动化测试必不可少。

易于沟通和理解

演进意味着代码可以在过去的基础上持续"生长"。如果代码的可理解性出现了问题，那持续"生长"自然也无从谈起。合理的命名、清晰的结构、简洁的实现、基于领域模型的统一语言等，都是支持代码易于沟通、易于理解的手段。在本书的第 2 章中，我们介绍了许多用于支持代码的可理解性的技术。

没有重复

本书在 2.5 节中介绍了"没有重复"的设计原则。重复不仅会影响代码的可理解性和可维护性，更关键的是，它是设计得以改善的驱动因素。

正如 2.5 节所讨论的，重复往往意味着隐含的关注点。如果能在设计中消除重复，就可以更好地分离关注点。例如，在代码清单 2.16 中，通过消除重复，分离了"如何遍历文件"和"遍历文件之后需要做什么"这两个关注点。

在任何时刻都保持关注点分离，是代码持续演进的基础。根据单一职责原则，职责的定义就是变化方向的识别。由于在长期的演进过程中，职责都被分离了，所以在今后出现新的变化时，它要么是在过去变化方向上的一个扩展，即开放-封闭原则的一个具体实例，要么是新出现的一个变化方向，即新增加了一个关注点。

如果没有及时分离关注点，那么会造成多个关注点叠加，形成网状结构，只要有那么几个关注点耦合在了一起，后续的演进就会很困难。

最少的代码元素

这一条原则是简单设计的精髓。如果只是满足了前三条，那只能算是"好的"设计，还不能算"简单"的设计。"如无必要，勿增实体"这一条原则保证了不会出现过度设计。

最少的代码元素当然不是说把所有的东西都写到一个长长的函数中，因为那样会影响第二条原则：易于沟通和理解。Kent Beck 刻意对这四条原则进行了排序，它们是有优先级的。也就是说，如果除了重复之外，没有更好的办法能够获得可理解性，那么这种重复是可以允许的。同样，增加可理解性和消除重复往往意味着增加一些必需的代码元素——概念封装或者关注点分离，这时候也不会违背最少的代码元素这一原则。

在实现了期望的功能、易于沟通和理解、没有重复的基础上，应该尽一切可能减少类的数量、方法的数量、代码的数量。尽管为了关注点分离、为了易于理解，提取方法、分离类等都是好的，但如果只是为了在未来某个时刻"可能用得上"的功能，就不满足第四条原则了。

简单设计是"以不变应万变"这一古老智慧的具体实践。当然，要做到"简单设计"，一点都不"简单"，这正如"大道至简"一样，需要对设计原则烂熟于心、运用自如。

11.2.3　简单设计不是没有设计

简单设计的根本出发点是为演进而设计。为了便于演进，当前设计必须更清晰、更简洁。简单设计不鼓励过度预测未来，更不提倡在代码中为未来留下所谓的扩展点——未来有许多不可知因素，"预测的没发生，没预测的发生了"是常事。预测未来，结局往往适得其反。

此外，简单设计也绝非没有设计，更不是拙劣设计的借口。例如，一个常见的困惑是：简单设计是不是不需要领域建模？不是，领域建模是对问题域的深入洞察和认知，缺少了领域建模这一过程的代码，不可能有好的可理解性。基于当前的需求进行领域建模，并且基于一些潜在的变化方向检验领域模型的正确性，恰恰是有助于产生稳定的高质量代码的。

同时，领域模型也需要遵循简单设计的原则。领域模型不是一蹴而就的，它也需要持续演进，所以和代码元素一样，领域模型也需要简单设计：保证每个业务概念清晰、关注点分离，并且不添加多余的元素。

11.3　重构

重构对于演进式设计的重要性可能超出许多人的想象。如果说正是简单设计让代码可以随时随地演进，那么重构就是演进式设计的发动机，它能让简单设计始终保持简单，并且随时随地都在演进。

> 重构是演进式设计的发动机，能够驱动设计演进的进程。

这其实不是重构的原始目标，重构的本意只是避免设计腐化。下面是 Martin Fowler 给出的定义。

> 重构指的是在保持外部行为不变的前提下对内部设计进行改进。

重构的这个定义确实是正确的。不过，如果一个系统已经腐化了 10 年以上，把它全部重写一遍，同时保持"外部行为不变"，这算不算是重构呢？这种做法或许仍然叫作"重构"，或者更精确一点叫作"大规模重构"，不过和极限编程最早提出重构概念的动机相去甚远。真正的重构，指的是在编码过程中每当看到代码有重复、有命名不规范、有一定复杂性的时候，就立即进行设计改善的活动。

11.3.1 重构保持了设计的简单性

要用"生长"的思维开发软件。软件会"生长"，同时也会趋于无序，这和自然界非常类似。如果一个草坪长期没有人修剪，那过不了多久，就会杂草丛生。同理，如果对于一段代码，只是一直在里面增加自己需要的特性，没有人付出额外的努力维护它的质量，那这段代码很快也会变得"杂草丛生"。图 10.10 就是这一现象的形象示例。

最合适的时机是在代码质量还不错的时候

保持房间整洁的要诀是经常整理。如果你平常善于观察，那一定会发现，经常整理的房间，其中的布置始终整整齐齐，各种东西找起来也非常迅速。而平常不整理，等到乱成一团再来一次大扫除的房间，往往很让人费力气而且充满挫败感。代码的重构与此类似。"经常整理"建立的是机制，"大扫除"建立的则只是一种临时的结果。最好的重构时机是代码看起来还不错的时候，这时候腐化趋势刚刚冒头，把它打压下去丝毫不费力气。

警惕破窗效应

"年久失修"的代码会加速腐化，这是"破窗效应"在软件实现中的表现。

> 破窗效应是一种很有趣的心智，它本质上和人的心理活动相关。破窗效应是指：如果环境中的不良现象被放任存在，就会诱使人们仿效，甚至变本加厉。[56]
> 比如有一幢非常漂亮的街边房子，里面没有住人，东西一直保持整齐、完好无损。直到某一天，一个小孩在踢球时不小心踢破了一扇窗户。虽然一开始房子的变

化不明显，但是渐渐地，第二扇、第三扇窗户也被打破了。人们逐渐意识到这幢房子没人维护，于是纷纷更加放肆，最终这幢房子变得破败不堪。

这一切的发生，都源自最早被不小心打碎的一扇窗户。

破窗效应在各个行业都极为普遍。对软件开发来说，当你去维护一段别人的代码时，如果那段代码本身结构清晰，设计优美，你自然也会小心翼翼，肯定不愿意破坏原来的优雅设计。即使有时间压力，或者技能不足，你也会想尽办法保持代码原来的质量。

相反，如果那段代码本身就乱糟糟的，那这种小心翼翼就会少很多：反正代码已经很乱了，我再添加一点不太好的代码也没啥吧？很多时候，这种微妙的心态是造成代码质量越来越差的根本原因。

重构如何驱动设计演进

重构具有强大的力量。如果你已经有了一定的重构经验，自然知道我说的是什么意思。如果还没有系统地尝试过持续重构，那么你会发现，重构为设计质量带来的提升可能超出想象。除了重构，再也找不到一个仅通过简单的原则，就可以大幅提升设计质量和程序员抽象能力的实践了。

我们仍然使用第 2 章用过的例子——杨辉三角（代码清单 2.1），来说明重构是如何驱动设计演进的。为了阅读方便，我把那段代码搬到了这里。

```java
 1  public class Yhsj {
 2      public int[][] yanghui(int r) {
 3          int a[][] = new int[r][];
 4          for (int i = 0; i < r; i++)
 5              a[i] = new int[i + 1];
 6          for (int i = 0; i < r; i++) {
 7              for (int j = 0; j < a[i].length; j++) {
 8                  if (i == 0 || j == 0 || j == a[i].length - 1)
 9                      a[i][j] = 1;
10                  else
11                      a[i][j] = a[i - 1][j - 1] + a[i - 1][j];
12              }
13          }
14          return a;
15      }
16  }
```

代码清单 11.2　一个不好的杨辉三角实现

这段代码写得不怎么好，它就是个复杂的算法，既没有领域概念，算法的意图也不明显。接下来，大家将会看到，如何仅通过基本的重构，就让这段代码一步一步变成代码清单 2.2 的样子。在这个过程中，概念和算法会慢慢浮现，代码的可读性会越来越好。

首先观察第 3 行至第 5 行和第 14 行，可以看出 a 是杨辉三角的输出结果。把它作为 Yhsj 这个类的成员变量，看起来更符合面向对象的逻辑。当然，Yhsj 这个类名也不合适，我们在第 2 章已经讨论过这个问题。我们把几个关键的标识符名字修改一下，就得到了下面的代码。

```
public class PascalTriangle {
    int data[][];
    public PascalTriangle(int rows) {
        data = new int[rows][];
        for (int i = 0; i < rows; i++)
            data[i] = new int[i + 1];
        for (int i = 0; i < rows; i++) {
            for (int j = 0; j < data[i].length; j++) {
                if (i == 0 || j == 0 || j == data[i].length - 1)
                    data[i][j] = 1;
                else
                    data[i][j] = data[i - 1][j - 1] + data[i - 1][j];
            }
        }
    }

    public int[][] data() {
        return data;
    }
}
```

代码清单 11.3　重命名和调整代码结构

注意这一步的变化和重构要求的外部行为是不变的关系。从严格意义上说，这一步的外部行为是改变了的。虽然语义并未真正改变，不过它还是重新定义了类名和函数名，并重新定义了使用方式。

这是值得的，因为从此以后的新客户端都能以一种更有意义的方式来获取服务，例如以下代码。

```
public class Client {
    public void foo(){
        int data[][] = new PascalTriangle(5).data();
    }
}
```

代码清单 11.4　语义更清晰的 API

当然，是否要调整旧客户端呢？此时有两种选择，一种是继续提供兼容旧版本的接口，如下所示。

```
1  public class Yhsj {
2      public int[][] yanghui(int r) {
3          return new PascalTriangle(r).data();
4      }
5  }
```

代码清单 11.5　提供兼容旧版本的接口

代码清单 11.5 确实保证了最狭义意义上的"外部行为不变"。如果客户端的调用并不复杂，那么选择直接替换当然也是一种更便捷的方式。可从系统行为上看，我们并没有增加新的功能，因此这是系统级别的"外部行为不变"。

在经历了关于外部行为不变的思考之后，我们重新回到代码清单 11.3，继续重构进程。

观察第 4 行和第 6 行的循环体。这两个循环体共同完成了一件事，就是构建杨辉三角中某一行的数据。下面把它们修改为更有语义的代码。

```
1  public PascalTriangle(int rows) {
2      for (int row = 0; row < rows; row++)
3          buildDataOfRow(row);
4  }
5
6  private void buildDataOfRow(int row) {
7      int[] dataOfRow = new int[row + 1];
8      for (int col = 0; col < dataOfRow.length; col++) {
9          if (row == 0 || col == 0 || col == data[row].length - 1)
10             dataOfRow[col] = 1;
11         else
12             dataOfRow[col] = data[row - 1][col - 1] + data[row - 1][col];
13     }
14     data[row] = dataOfRow;
15 }
```

代码清单 11.6　提取方法并重命名

继续观察代码清单 11.6 的第 8 行至第 13 行，这部分代码的意义就是为当前行的每个元素赋值。下面按照这个语义将赋值策略提取到方法 elementOf 中。

```
1  public PascalTriangle(int rows) {
2      for (int row = 0; row < rows; row++)
3          buildDataOfRow(row);
4  }
5
6  private void buildDataOfRow(int row) {
7      int[] dataOfRow = new int[row + 1];
8      for (int col = 0; col <= row; col++) {
```

```
9        dataOfRow[col] = elementOf(row,col);
10      }
11      data[row] = dataOfRow;
12  }
13
14  private int elementOf(int row, int col) {
15      if (row == 0 || col == 0 || col == row)
16          return  1;
17      else
18          return data[row - 1][col - 1] + data[row - 1][col];
19  }
```

代码清单 11.7　继续提取方法并重命名

现在的代码看起来已经比较清晰了，每一步是做什么的全都一目了然。elementOf
方法还可以继续精化（参见代码清单 11.8）。

最终让我们看一下重构完成之后的杨辉三角实现。

```
1  public class PascalTriangle {
2      int data[][] = new int[r][];
3      public PascalTriangle(int rows) {
4          for (int row = 0; row < rows; row++)
5              buildDataOfRow(row);
6      }
7
8      private void buildDataOfRow(int row) {
9          int[] dataOfRow = new int[row + 1];
10          for (int col = 0; col <= row; col++) {
11              dataOfRow[col] = elementOf(row,col);
12          }
13          data[row] = dataOfRow;
14      }
15
16      private int elementOf(int row, int col) {
17          if (isFirstOrLastElement(row, col))
18              return  1;
19          else
20              return upperLeftOf(row, col) + upperOf(row, col);
21      }
22
23      private int upperOf(int row, int col) {
24          return data[row - 1][col];
25      }
26
27      private int upperLeftOf(int row, int col) {
28          return data[row - 1][col - 1];
29      }
30
31      private boolean isFirstOrLastElement(int row, int col) {
```

```
32        return col == 0 || col == row;
33    }
34
35    public int[][] data() {
36        return data;
37    }
38 }
```

代码清单 11.8　重构完成之后的杨辉三角实现

　　几乎所有重构过程都是这样的：思考代码的可理解性及结构问题，并运用一些重构手法如重命名、提取方法等，让代码的结构得到改善，意义得到提升。重构后的代码不仅比原来的代码更清晰，更重要的是，领域概念得以凸显。重构对代码的演进具有强大的推进力量：只要持续重构，代码的质量一定会持续提高。

11.3.2　用代码坏味道作为重构信号

　　在修剪园子里的杂草前，需要看得到杂草。对代码进行重构前，也需要看得到代码中的问题。代码坏味道是一组有助于看到设计问题的反模式。一旦识别到代码坏味道，就可以意识到又有些代码需要重构了。

　　Martin Fowler 在《重构》[8] 一书中介绍了 22 种代码坏味道。概括一下，可以把它们分为五类，见表 11.1。

表 11.1　22 种代码坏味道

分　类	影　　响	代码坏味道
膨胀	意味着关注点没有分离，可理解性遭到了破坏	过长的方法、过大的类、过多的参数、数据泥团
耦合	意味着在设计单元之间引入了不必要的耦合关系	特性依恋、狎昵关系、消息链、中间人、不完整的类库
冗余	意味着违反了简单设计原则，存在重复、过度设计	注释、重复代码、冗赘类、数据类、死代码、夸夸其谈未来性
修改困难	意味着违反了单一职责原则。一个关注点分布在若干处，或者若干个关注点分布在同一处	发散式变化、散弹式修改、平行继承体系
面向对象的误用	该抽象的没有抽象、该封装的没有封装、不合适的继承等对面向对象的利用不足和误用	switch 语句、临时字段、被拒绝的馈赠、异曲同工的类

我们没必要在此重复这些代码坏味道的定义，从名字中大家就能明白其中一部分代码坏味道的意思，对于一些不那么直观的，则可以从参考文献 [8] 中检索。

表 11.1 给出的这些代码坏味道，恰好是一系列优秀软件设计原则的反面。例如，重复代码直接违反了简单设计的第三条原则；过长的方法、过大的类等是本书 2.3 节中简洁设计的反面；散弹式修改、中间人等则是本书 2.4 节中高内聚、低耦合原则的反面。

11.3.3 熟悉重构手法

重构是有套路的，这些套路大幅降低了做出高质量设计的门槛。例如，我们都知道单一职责原则，都知道要分离关注点，但是究竟怎样才是单一职责，设计是一个关注点还是多个关注点，这些往往是模糊的。职责分离得太细碎了就是过度设计，分离得不足则会影响内聚性。

重构降低了定义单一职责、分离关注点的门槛。如果是先看到两段代码只有某个局部不同，那大概率这个局部就是一个变化方向，需要被提取为一个关注点。而那些不变的部分，暂时可以被视为一个关注点。以后如果发现了不变部分的差异，那么继续分离就是了。

单独看这些重构手法，都是非常简单的。例如下面几个。

- 重命名：重命名只是简单地给对象起一个更合适的名字。显然它提升了可理解性，此外重命名能让代码的概念和领域模型保持一致，符合统一语言的原则。
- 提取方法：提取方法是把一段代码语句转换为一个方法。因为这段代码里的内容都是相关的，所以把它们从原来的方法中分离出来必然会提升内聚性。此外，提取的方法必然要有一个名字，这个名字需要表达清晰的概念，提升可理解性。如果不是提取方法，那么原来的代码大概率要通过注释来说明自己实现的是什么功能。
- 替换魔数（Magic Number）：替换魔数是把数字替换为常量，这不仅能提升可理解性，还能在这些常量发生变化的时候保证一致性。

参考文献 [8] 中系统描述了这类重构手法，读者可以进一步学习。如果你还没有太多的重构经验，我建议你从重命名、减小膨胀、消除重复开始尝试。有时候仅通过一些极简单的重构手法，就可以让代码质量得到大幅提升。例如，在本节杨辉三角的例子中，就仅使用了重命名和提取方法这两个重构手法。

11.3.4 使用领域模型牵引重构，在重构中精化领域模型

从面向对象的视角看，重构的本质是概念的精化、分离、抽象和重组。例如，当你执行重命名动作时，必然会考虑更精确的名字究竟是什么。当你执行提取方法、提取类

动作时，必然会考虑提取出来的方法或者类的意义是什么。当执行方法上移动作时，就是把这个方法的责任交给了其父类。当执行消除中间人动作时，往往这个中间类在问题域中已经没有价值。

这些重构方法背后的牵引力量，都是领域模型，所以重构本质上是在领域模型的指导下发生的；同时，那些新发现的代码坏味道又会迫使我们进一步精化领域模型。

在早期进行领域建模和在后期进行代码重构之间，有一个天然的平衡点。图 11.3 是一个关于领域建模和重构如何作用于问题域认知的示意图。如果对问题有更好的洞察，那在一定程度上就能在早期逼近问题域的本质，重构发生的频率就较低。但是，即使你对问题的洞察没那么深刻，也不太要紧，因为重构降低了对问题洞察的要求。即使在早期没有做出较好的领域模型，只要坚持重构，一个高质量的领域模型仍然可以自然地浮现出来。

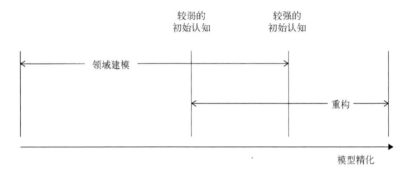

图 11.3 领域建模和重构共同提升了概念认知

11.4 测试驱动开发

测试驱动开发（TDD，Test-Driven Development）完美结合了测试先行和持续演进的思想，集二者的优势于一身，是卓越的编程实践。

11.4.1 基本步骤

测试驱动开发是以测试作为驱动手段，让设计逐渐浮现的开发方式。在测试驱动开发的方式下，测试扮演了两个角色。

- 测试定义了应该实现的契约。本书第 7 章中已经介绍过这部分内容。
- 测试和设计的迭代循环形成了设计演进。软件是复杂的，通过快速地迭代，降低认知门槛，控制复杂性，可以让演进成为设计的内在基因。

在有良好的设计背景的基础上，测试驱动开发是很容易掌握的。下面介绍它的两个基本要求："红-绿-重构"三步法和小步前进的策略。

"红-绿-重构"三步法

测试驱动开发的本质就是小步骤的测试先行和持续重构，它由以下三个基本步骤构成。

1. 编写一个测试，描述一个将要实现的功能或存在的错误。运行测试，证明系统中确实存在这个功能或错误。
2. 编写产品代码来修复这个失败的测试。
3. 审查产品代码和测试代码中有没有出现代码坏味道。如果有，就对代码及时重构，并运行测试进行检验。然后回到步骤 1，进入下一循环。

由于在整个过程中，一直都在使用自动化测试工具，而大多数自动化测试工具使用红色代表测试失败，使用绿色代表测试通过，所以上述工作步骤也被形象地称为"红-绿-重构"三步法。图 11.4 是对测试驱动循环的一个示意。

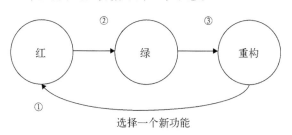

图 11.4　"红-绿-重构"三步法

事实上，在本书前面的章节中，我们已经使用过测试驱动开发的思想，只不过没有特别强调它和演进式设计的关系。第 7 章中的先编写测试再编写代码，本质上就是一个从红到绿的循环，只不过那时候没有限定一次循环的粒度。我们刚介绍了重构，并且要求是持续的重构，本质上就是图 11.4 中的步骤 ③。代码坏味道是系统开始腐化的征兆，及时消除代码坏味道才能保证代码持续演进。

小步前进

如果测试驱动开发只是叠加了测试先行和重构，那么它还不足以成为一个独立的实践。测试驱动开发的真正魅力，来自小步前进的能力。小步前进是和复杂性做斗争的能力，是支持分而治之、渐进认知的手段。

Robert C. Martin 把这种小步前进的策略进一步总结为了更具指导性的三条法则[57]。

- 法则 1：除非是为了通过测试，否则不要编写产品代码。
- 法则 2：写尽量少的测试来证明产品代码中存在一个错误。
- 法则 3：写尽量少的产品代码来通过这个测试。

其中法则 1 确保了所有的代码都是通过测试驱动出来的，法则 2 保证了每一步都是小步，法则 3 强调了避免产生过度设计。小步非常重要：过大的功能可能需要编写很久的产品代码才能进入第二次循环，在一定程度上会削弱测试驱动开发的快速演进收益。熟练掌握技巧的开发者会谨慎地选择一个最小的功能，把设计向前推进一小步即可。

11.4.2　一个极简案例

我们使用一个极简案例来说明测试驱动开发的过程。这是一个很有名的编程练习，它叫作"质因数分解"。

质因数分解的意思是：给出任意自然数，把它分解为质数的积。例如，12 是一个自然数，因为 $12 = 2 \times 2 \times 3$，所以给出输入值 12 后，应该输出结果 $[2,2,3]$。

编写第一个测试

测试驱动开发从编写一个测试开始。选择哪一个自然数做测试呢？12 肯定不是一个好的输入，它太复杂了，我们选择的第一个输入是 1，这样会返回空。这个测试看起来足够简单。下面是测试代码。

```
public class TestPrimeDecomposer {
    @Test
    public void oneShouldReturnEmpty() {
        PrimeDecomposer decomposer = new PrimeDecomposer();
        List<Integer> result = decomposer.decompose(1);
        assertThat(result.size(), is(0));
    }
}
```

代码清单 11.9　质因数分解：编写第一个测试

毫无疑问，这是一个不能成功运行的测试，甚至都不能通过编译器的编译。Prime-Decomposer 类还没有创建，名为 decompose 的方法也还没有。使用 IDE 的自动修复错误功能，可以快速得到如下的代码实现。

```
public class PrimeDecomposer {
    public List<Integer> decompose(int input) {
        return null;
    }
}
```

代码清单 11.10　质因数分解：修复编译错误后

修复实现的错误

这个实现显然是错误的。运行自动化测试，它告诉我们，应该返回一个空的数组，而不是 null。快速把代码清单 11.10 中的第 3 行替换为 return new ArrayList<>()，然后再次运行测试，oneShouldReturnEmpty 通过。

由于当前代码看起来比较清晰，没有需要重构的内容，所以第一个循环结束。现在开始编写第二个测试。

编写一个新的测试

按照图 11.4 的要求，我们开始编写一个新的测试。同样，选择一个比较容易的用例，输入 2 看起来是一个比较好的选择。编写自动化测试如下。

```
@Test
public void twoShouldReturnArraysOf_2() {
    PrimeDecomposer decomposer = new PrimeDecomposer();
    List<Integer> result = decomposer.decompose(2);
    assertThat(result, is(Arrays.asList(2)));
}
```

代码清单 11.11　质因数分解：新增一个测试

运行测试，这个测试如预期那样失败了——因为还没有编写代码。我们可以在控制台上看到如下输出。

```
java.lang.AssertionError:
Expected: is <[2]>
     but: was <[]>
```

代码清单 11.12　自动化测试报告了一个错误

编写尽量少的代码，让测试通过

现在我们需要修复这个错误。要点来了，根据 Robert C. Martin 的法则 3，修复这个错误的最小代价是什么？答案或许有些出乎你的意料，代价最小的错误修复方法是硬编码。也就是说，既然需要返回 2，不妨我就返回一个 2。让我们基于这个"尽量少的代码"的假设，编码如下。

```
public class PrimeDecomposer {
    public List<Integer> decompose(int input) {
        ArrayList<Integer> result = new ArrayList<>();
        if (input == 2)
            result.add(2);
```

```
6        return result;
7    }
8 }
```

代码清单 11.13 用最少的代码修复错误

这段代码看起来很不专业。魔数和硬编码显然是违背设计原则的，不过很快我们将会讲到，在测试驱动开发的循环中，编码阶段并不是真正的设计阶段，重构才是。这段代码看起来需要重构，但是重构的理由暂时还不明显。我们继续下一个测试驱动开发循环。

新一轮测试驱动开发循环：失败、修复和重构

现在我们需要用一个新的测试来"证明代码中存在一个错误"。这很容易，输入 3 就可以了。不过，我们注意到前两个测试的编写方式非常一致，为了方便后续的测试编写，我们首先用 JUnit5 的参数化测试来对测试进行一下重构。为了节省篇幅，我们直接给出重构且加入新用例的测试代码，如下所示。

```
1  public class TestPrimeDecomposerParameterized {
2      @ParameterizedTest
3      @MethodSource("dataProvider")
4      public void testPrimeDecomposer(String caseName, Integer input,
5          List<Integer> expectedResult) {
6          PrimeDecomposer decomposer = new PrimeDecomposer();
7          List<Integer> result = decomposer.decompose(input);
8          assertThat(result, is(expectedResult));
9      }
10
11     private static Stream<Arguments> dataProvider() {
12         return Stream.of(
13             Arguments.of("1应该返回空", 1, new ArrayList<>()),
14             Arguments.of("2返回2", 2, Arrays.asList(2)),
15             Arguments.of("3返回3", 3, Arrays.asList(3))
16         );
17     }
18 }
```

代码清单 11.14 重构测试并加入新的测试用例

运行测试，继续失败。进入修复步骤。当然，在这一步，最简单的修复方式仍然是硬编码。

```
1  public class PrimeDecomposer {
2      public List<Integer> decompose(int input) {
3          ArrayList<Integer> result = new ArrayList<>();
4          if (input == 2)
5              result.add(2);
```

```
6        if (input == 3)
7            result.add(3);
8        return result;
9    }
10 }
```

代码清单 11.15　用最小的代价通过测试

测试是通过了，但代码也变得非常糟糕。让这样的代码进入下一次测试驱动开发循环是不允许的，因此迫切需要进行重构。对比前面三个测试场景，我们发现，2 和 3 有一个共同的规律，即它们都大于 1[①]。所以只要把代码简单改成代码清单 11.16 的样子，就可以通过测试，继续进入下一个循环。

```
1 public List<Integer> decompose(int input) {
2     ArrayList<Integer> result = new ArrayList<>();
3     if (input > 1)
4         result.add(input);
5     return result;
6 }
```

代码清单 11.16　寻找规律，消除重复

继续测试驱动开发循环

在代码清单 11.14 中新增一条：
```
Arguments.of("4 返回 2,2", 4, Arrays.asList(2, 2)),
```
测试失败并予以修复。

```
1     public List<Integer> decompose(int input) {
2         ArrayList<Integer> result = new ArrayList<>();
3         if (input % 2 == 0) {
4             result.add(2);
5             input /= 2;
6         }
7         if (input > 1)
8             result.add(input);
9         return result;
10    }
```

代码清单 11.17　处理以 2 为因子的合数的情况

针对 4 这种可以被 2 整除的情况，新增了第 3 行至第 6 行的代码。显然这段代码中再次出现了魔数 2，且是硬编码逻辑，只需一个新测试就可以轻松证明这种设计有问题：

---
① 这一步体现的设计本质是：1 不是质数，也不是一个合理的因数。

Arguments.of("9 返回 3,3", 9, Arrays.asList(3, 3))。这个错误的修复也很简单。继续保持先实现再优化的策略。

```
1   public List<Integer> decompose(int input) {
2       ArrayList<Integer> result = new ArrayList<>();
3       if (input % 2 == 0) {
4           result.add(2);
5           input /= 2;
6       }
7       if (input % 3 == 0) {
8           result.add(3);
9           input /= 3;
10      }
11      if (input > 1)
12          result.add(input);
13      return result;
14  }
15  }
```

代码清单 11.18 处理以 3 为因子的合数的情况，先实现，再优化

第 3 行至第 10 行是显然的代码坏味道。如何修复呢？从重复的模式中可以看出来，需要用大于 1 的各个自然数去尝试整除，我们可以如下编码。

```
1   for (int factor = 2; factor < input; factor++) {
2       if (input % factor == 0) {
3           result.add(factor);
4           input /= factor;
5       }
6   }
```

代码清单 11.19 根据重复发现规律，重构代码

现在系统中还有没有错误呢？8 看起来似乎是一个反例。继续在代码清单 11.14 中新增测试 Arguments.of("8 返回 2,2,2", 8, Arrays.asList(2, 2, 2)) 来验证，测试果然失败了。原因很简单：if 语句不能处理相同的质因子，这个错误很容易修复，只要把 if (input % factor == 0) 改成 while (input % factor == 0) 就可以了。现在我们看一下最终完成的代码。

```
1   public class PrimeDecomposer {
2       public List<Integer> decompose(int input) {
3           ArrayList<Integer> result = new ArrayList<>();
4           for (int factor = 2; factor < input; factor++) {
5               while (input % factor == 0) {
6                   result.add(factor);
7                   input /= factor;
```

```
8            }
9        }
10       if (input > 1)
11           result.add(input);
12       return result;
13   }
14 }
```

代码清单 11.20　最终完成的质因数分解代码

案例分析：在迭代循环中发生了什么

代码清单 11.20 虽然是测试驱动的结果，但它也是一个标准的质因数分解算法：短除法。以自然数 12 为例，短除法的过程如图 11.5 所示。

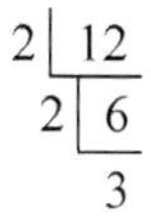

$$\begin{array}{r}
2\,\big|\,12 \\
2\,\big|\,6 \\
3
\end{array}$$

图 11.5　短除法示例

为什么看起来没有特意琢磨算法，却还是导出了正确的算法呢？不管你有没有意识到，每个测试用例都在解决一个特别的场景，见表 11.2。

表 11.2　测试用例描述了不同的场景

测试用例	对应的场景
input=1	1 不是质数，所以不应该包含在返回的结果中
input=2 和 input=3	如果最后剩下的是大于 1 的数（整除后的，或本来就是），该数应该加入到结果中
input=4 和 input=9	从 2 开始试除，如果能被某个数整除，应该先整除该数
input=8	如果包含多个相等的质因子，应该循环整除该质因子

在上述测试驱动开发的过程中，使用的一个个具体案例恰恰是一个从简单到复杂、从特殊到普遍的质因数分解算法的推导过程。当然，在这个过程中我们还有别的收益，例如，通过这样的过程，天然获得了 100% 的测试覆盖率。

必须小步，还是小步前进的能力

尽管确实通过一步一步地测试也推导出了短除法，不过或许你会有些疑惑：如果我已经知道短除法，为什么不直接实现呢？是的，如果你确实知道短除法，请不要这样一步一步推导，直接实现就可以了。但是，如果你遇到一个更复杂或者更烦琐的问题，例如，当你面临许多功能需求，你没法同时记住它们，以及分析清楚它们之间的关系时，或者面临一个你暂时不知道如何求解的问题时，你仍然可以试着把步子放慢，让测试、具体的案例帮助你整理思维、记忆各种情况，从而支持你渐进地实现需求。

"小步前进"的步子应该有多小，是因问题的复杂程度和解决问题的人的认知程度的差异而不同的。Kent Beck 很早就针对这个问题给出了明确的洞见[58]。

> 测试驱动开发并不必然要求每一步都很小，但是它给了你小步前进的能力。

11.4.3 测试驱动开发的价值和困难

测试驱动开发并不像它看起来那样容易。能够小步前进，确实是降低了认知的门槛。但是，测试驱动开发的本质仍然是设计。深厚的设计功底对高效应用测试驱动开发有巨大的作用。当然，通过刻意的学习和训练，测试驱动开发的学习过程自身也是增强设计功力的过程。

核心是渐进认知

测试驱动开发本质上解决的是一个渐进认知的问题。尽管在现实的软件开发中，算法不是问题的主流，但是业务逻辑也往往有着复杂的规则，甚至业务规则之间彼此冲突、互相缠绕。

人类的大脑在解决这类复杂问题方面并没有优势。如果能有一种巧妙的手段来降低逻辑方面的难度，那么可以极大地提高大脑的处理效率。测试驱动开发就是这样的实践。

数学家波利亚曾经写过一本很有名的书：《怎样解题》[59]。这本书中提到了一个重要的解题技巧：如果一个问题很难，那么首先应思考的是，是不是可以把它简化为一个更简单的问题？作者还用一个长方体体对角线的问题作为示例，对这个思路进行了讲解，见图 11.6。

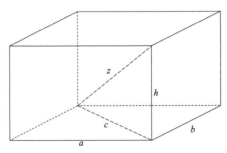

图 11.6 问题分解示例

图 11.6 中有一个长方体。已知长方体的长、宽、高分别为 a、b、h，如何求长方体的体对角线 z 的长度呢？当然，你肯定学过立体几何，知道正确的解题思路。但是，如何让一个没有学过立体几何的学生明白这个问题呢？这就用到了前述的思路：能先解决一个简单的问题吗？

尽管长方体的体对角线的长度不能直接得到，但是可以找到一个已经知道如何解的问题，即可以先求底面中对角线 c 的长度。这只是一个平面几何的知识：$c = \sqrt{a^2 + b^2}$。在求得 c 的基础上，z 的求解问题也就变成了一个平面几何的问题，于是可以求得 $z = \sqrt{a^2 + b^2 + h^2}$。

测试驱动开发之所以有效，渐进认知是核心。正因为有了这个能力，所以减小了程序员必须思考的深度，让复杂的编码问题得以分解，从而降低了设计难度，提升了实现效率。

测试驱动开发仍然需要设计能力

尽管测试驱动开发降低了设计难度，但它绝对不是"无脑式编程"。能把测试驱动开发方法运用娴熟的程序员，往往设计功底也是比较深厚的。只是理解表面上的"红-绿-重构"循环，很难把测试驱动开发做好。

如果程序员对于什么是好的设计没有感觉，对于代码坏味道不敏感，对于问题分解的方法缺少逻辑，那测试驱动开发也帮不了他太多。例如，如果看不到如代码清单 11.18 中出现的重复模式，就没法重构。测试驱动开发只不过是遵循了"先实现，再优化"的策略。尽管在实现过程中可以比较"无脑"，但是优化部分的本质就是设计。所以，如果想发挥测试驱动开发的能力，熟练掌握设计原则和重构手段是程序员的必修课。

11.4.4　应用在实际场景中

测试驱动开发结合由外而内、测试先行，构成了高效率软件实现的实践组合。本小节我们分别从算法、烦琐的细节以及一般应用类项目的典型场景出发，探讨测试驱动开发的应用。

编写俄罗斯方块的碰撞检测

在第 9 章中，我们使用由外而内的方式编写了一个俄罗斯方块游戏。其中有一个碰撞检测的算法，即检测两个区块在指定的方向上移动时，是否会碰撞到一起。这段代码的实现已经在代码清单 9.17 中给出。

这段代码是如何使用测试驱动开发的方法实现出来的呢？它遵循的就是一个从简单到复杂的步骤。在实际项目过程中，我们使用 6 个测试驱动了 6 次快速的设计迭代，这

6 个测试如下所示。

```java
public class TestShapeCollisionDetector {
    ShapeFactory shapeFactory;
    CollisionDetector collisionDetector;
    @Before
    public void setup()
    {
        shapeFactory = new ShapeFactory();
        collisionDetector = new CollisionDetector();
    }

    @Test public void moveDownWithoutCollision() {
        Block block_1 = new Block(0, 0, shapeFactory.make(ShapeFactory.I));
        Block block_2 = new Block(2, 0, shapeFactory.make(ShapeFactory.I));
        assertFalse(collisionDetector.isCollision(block_1, block_2,
            GameController.MOVE_DOWN));
    }

    @Test public void moveDownWithCollision() {
        Block block_1 = new Block(1, 0, shapeFactory.make(ShapeFactory.I));
        Block block_2 = new Block(2, 0, shapeFactory.make(ShapeFactory.I));
        assertTrue(collisionDetector.isCollision(block_1, block_2,
            GameController.MOVE_DOWN));
    }

    @Test public void moveLeftWithCollision() {
        Block block_1 = new Block(0, 4, shapeFactory.make(ShapeFactory.I));
        Block block_2 = new Block(0, 0, shapeFactory.make(ShapeFactory.I));
        assertTrue(collisionDetector.isCollision(block_1, block_2,
            GameController.MOVE_LEFT));
    }

    @Test public void moveLeftWithoutCollision() {
        Block block_1 = new Block(0, 5, shapeFactory.make(ShapeFactory.I));
        Block block_2 = new Block(0, 0, shapeFactory.make(ShapeFactory.I));
        assertFalse(collisionDetector.isCollision(block_1, block_2,
            GameController.MOVE_LEFT));
    }

    @Test public void moveRightWithoutCollision() {
        Block block_1 = new Block(0, 0, shapeFactory.make(ShapeFactory.I));
        Block block_2 = new Block(0, 5, shapeFactory.make(ShapeFactory.I));
        assertFalse(collisionDetector.isCollision(block_1, block_2,
            GameController.MOVE_RIGHT));
    }

    @Test public void moveRightWithCollision() {
        Block block_1 = new Block(0, 0, shapeFactory.make(ShapeFactory.I));
        Block block_2 = new Block(0, 4, shapeFactory.make(ShapeFactory.I));
```

```
49        assertTrue(collisionDetector.isCollision(block_1, block_2,
50            GameController.MOVE_RIGHT));
51    }
52 }
```

代码清单 11.21 CollisionDetector 的设计用例

应用在开源项目 depends 中

有些项目具有非常烦琐的细节。例如，在编写一个语法解析器时，就需要处理各种烦琐的语法规则和细节。有一个分析代码元素间依赖的项目 depends，其中共使用了 29 个单元测试来渐进实现不同的语法关注点。图 11.7 给出了这些测试的运行时截图。

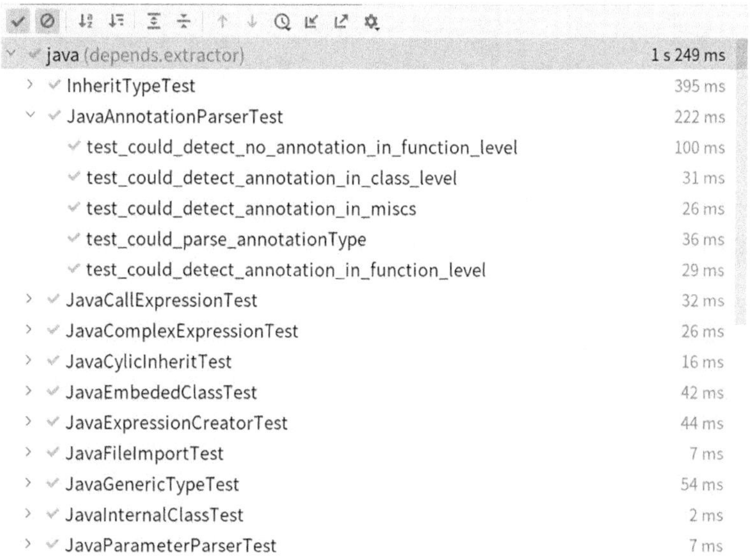

图 11.7 depends 项目的测试驱动开发实例

注意该图中的测试用例中，除了包含那些刻意的已知语法点的测试之外，也有一些是在后期的实际项目使用过程中发现的新问题，它们无一例外地都采用由外而内、测试驱动开发的方式得到了解决。如图 11.7 中的 JavaCylicInheritTest 就是一个关于循环依赖的例子，这个场景在初始阶段并未想到，但是一旦在实际项目中发现了这类问题，马上就会先补充测试，再进行实现。

应用于一般的业务型代码

一般的业务型代码虽然没有算法类代码复杂，但是其烦琐程度未必比语法解析类问题低。语法毕竟还有标准，也相对稳定，业务却往往是因时因需而变的。特别是在持续数年的业务中，有时候前期做过哪些需求可能都记不清楚了，后期提出的需求和前期的需求有冲突是完全有可能的。

事实上，我们已经在前文的例子中应用过测试驱动开发，只是当时没有显式地提出这种实践。例如，代码清单 9.27 所表达的创建订单就是一次测试驱动开发循环。当然这一次循环的粒度比较大，它还内嵌了由外而内的许多层的实现。在此基础上，还可以继续完成支付订单、取餐等多种业务需求。

测试驱动开发作为测试先行的更高级形式，具有测试先行的全部价值，如可以同时产生完备的自动化测试，由外而内进行思考，面向契约进行设计等。除此之外，它还具有渐进认知、演进式设计的优势。也正因如此，熟练掌握测试驱动开发需要一个过程，大多数开发者需要经过较长时间的刻意训练。

掌握这种技能并没有太多技巧，就是在了解设计原则和重构技能的基础上，持续进行练习，并体会每一次练习中的不同之处。练习得越久，体会就越深。虽然练习会有一些成本，但是开发者一旦熟练掌握，回报会远远大于投资。

11.5　持续集成

持续集成是重要的软件工程实践。它既是有效的软件质量保障机制，也是演进式设计的协同手段。在持续集成的概念基础上，还衍生出了持续交付、DevOps 等现代的软件工程实践。

设计演进是个长期的过程。如果没有持续集成机制，代码的长期演进就会缺乏机制上的质量保障，也就无法保证以前的功能在演进过程中不会被破坏。

此外，多个开发者可能工作在同一个代码库上，这对设计协作形成了挑战。如果没有持续集成机制，就很难保证开发者之间的有效交流，工作在同一个模块上的概念一致性和设计一致性也得不到保障，工作在彼此相关的模块上的契约也缺乏持续验证。

11.5.1　持续集成的对立面

在图 7.2 中，我们已经见过持续集成。持续集成的对立面是先分别独立开发，在项目的最后阶段再进行集成。例如，如果要开发一个俄罗斯方块游戏，可以把它分成用户界面模块、游戏控制模块、计分模块和底层数据模块。在架构设计之初，就定义好每个模块的职责和接口，然后分别开发它们，最后在各个模块完成之后放到一起进行集成测试。

从上述叙述中，读者很容易就会发现，因为接口和职责必须事先定义，所以这种工作方式很难适应演进式设计，也无法和由外而内的编程模式兼容。

先独立开发，最后再进行集成造成了很多问题，如接口理解不一致、设计冲突等。为此，在极限编程中提出了持续集成的概念。按照持续集成的理念，从架构开始定义的第一天就应该保持一个始终可工作的系统。

11.5.2 如何做到持续集成

持续集成的本质是一种以质量为基准的沟通方式。它分为空间和时间两个维度。

在空间维度保持有效的质量沟通

在空间维度上，如果有多个成员工作在同一个产品或项目上，如何能保证这些成员的工作彼此一致，没有冲突和意外呢？最好的办法就是让所有的成员都使用代码库的同一个分支，每个人都经常性地提交自己的代码，并且在提交时立即运行一组测试，保证自己的提交没有破坏任何既有的功能，并且可以和上下游依赖的模块顺利地集成在一起。

所以，频繁提交，且始终保持主分支①的工作正常，是持续集成的基本要求。如果提交不频繁，就没法做到及时沟通和交流，错误和问题就会累积。如果提交分支不能始终保持正常工作，就会阻碍新的提交的合入——在一个已经不能正常工作的分支上提交，显然得不到有效反馈，还会导致问题累积。

在时间维度保持有效的质量沟通

在时间维度上，代码始终在演进，如何保证新开发的内容不会破坏过去的功能，不引起意外的问题呢？最好的办法就是每前进一小步，就立即运行自动化测试。只要自动化测试失败，就意味着出现了问题，这时候由于代码的修改并不多，往往非常容易发现问题。如果是已经开发了很久很久之后才进行集成，往往错误已经累积，无论是调查还是修复错误都要困难得多。

使用持续集成服务器

频繁的质量验证显然需要自动化工具的支持。持续集成已经形成了非常具体的工具环境和策略，其基本思路如图 11.8 所示。

---

① 指开发团队成员共同工作的分支。

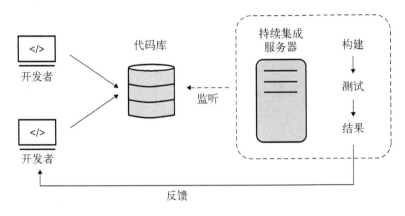

图 11.8 持续集成的工具环境和策略

图 11.8 中的开发者都工作在同一个分支上。持续集成服务器扮演了关键角色。无论哪个开发者向代码服务器提交了代码，持续集成服务器都会监听到代码库的变化，并取得最新的代码进行所需的构建工作，接着它按照预定义的策略执行一系列测试。如果构建或测试失败，持续集成服务器会将本次集成标记为失败状态，并发出警告。

遵循持续集成的工作规范

有效的工具只是持续集成真正有效的基础。更重要的是工作规范。如果代码只有很少的测试，就没法指望有高质量的测试反馈。如果主分支始终处于构建失败状态，那么新的提交是否正确也没法验证。所以，为了让持续集成有效，开发团队需要遵循如下规范的步骤和准则。

- 要保证持续集成的构建（如编译、测试等）始终处于成功状态；如果构建失败，那么最高优先级是修复构建，而不是添加新的功能。
- 为了尽量避免破坏主干分支，在提交到远端代码库之前必须确保已经通过了本地测试，并且本地测试的环境应该和持续集成服务器的环境一致。
- 提交到远端代码库之后要关注持续集成的状态。如果出现问题，需要及时修复。如果无法快速修复，需回滚本次代码提交。

11.6 小结

演进是软件设计的本质特征。不幸的是，许多软件并不像它们被期望的那样"软"，它们连变更都很难，更不要说持续演进。

本章介绍了持续演进背后的基本原理，以及如何通过简单设计提升软件设计的柔性，并通过重构、持续集成、测试驱动开发等工程实践，实现设计的持续演进。

图 11.9 总结了本章的核心概念和方法。

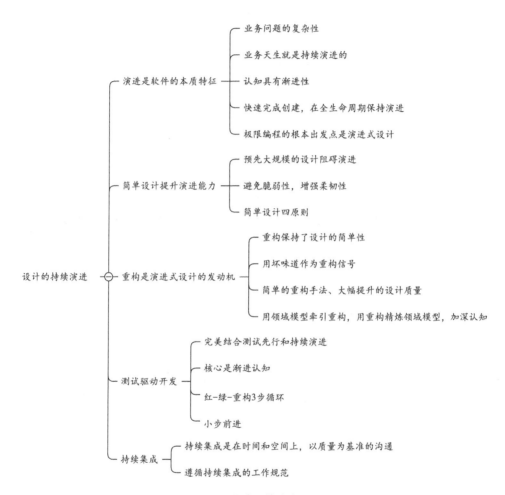

图 11.9 设计的持续演进

第 12 章　精益思想和高效编程

本书所介绍的各项编程实践是彼此相关和互相促进的，它们共同构成了卓越工程师的技能体系。在本书的最后一章，我们来探讨一下这些编程实践背后的基本逻辑，以及是什么将它们连接在了一起，并且提升了它们的实际价值。

12.1　精益思想

精益思想是适用于许多领域的思想方法，因为它抓住了问题的本质：结果导向，持续改进。丰田生产系统（TPS，Toyota Production System）是精益思想的前身，后来学者们基于它，提出了精益思想的五大原则，把精益思想扩展到了不同的业务领域。

12.1.1　丰田生产方式

二战结束后，日本的汽车工业刚刚起步，汽车市场规模较小，对多样化的需求很高，所以当时以美国福特为代表的大规模生产方式并不适合日本市场。于是丰田汽车选择了不同的道路，这种方法被总结为丰田生产方式（The Toyota Way）。

后来事实证明，丰田生产方式非常适合日益多样化的用户需求和日益多变的商业环境。到了二十世纪八十年代，日本汽车业大幅超越美国，背后的核心竞争力就是丰田生产方式。当然，时至今日，全世界几乎所有的汽车制造商，都全面采用了这种方式——因为在今天如果不这样做，企业可能根本就无法生存。

丰田生产方式的创始人大野耐一认为，丰田生产方式的两个核心要素是：即时生产和自働化。

即时生产（JIT）

即时生产是与大规模生产对立的生产管理方式。在大规模生产中，一次生产的数量越多越好，因为这样可以充分发挥规模效益。但是，在大规模生产中，尽管单位生产成本降下来了，却是以稳定的市场需求、强大的协调能力和雄厚的资金为前提的。如果市场需求突变，原来已经大规模生产完毕的东西就会卖不出去，成为库存积压。同样，如果各个生产部门的进度不一致，也会出现一些部门的产品缺货，另一些部门的产品却在积压的问题。

即时生产把降低库存作为核心目标：在每个工序上维持尽可能低的库存水平，即 JIT（Just In Time），意味着恰好在需要的时候才进行生产。这种生产目标使得一个叫作拉动的生产管理方式被广泛采用。

拉动是一种以终为始的思考逻辑：为什么我要生产汽车呢？那肯定是因为客户的需要。如果客户并不需要，我生产的汽车就成为了库存，这是不应该的。同样，生产某个零部件是因为有组装的需要，采购某种原材料则是生产的需要。每个生产环节都服务于它的下游环节。也就是说，上游环节的生产动作，取决于下游生产环节的指令，即下游环节"拉动"了上游环节的生产。

通过拉动的方式，不必要的部件在没有需要的时候就不会被生产出来。这样就最大程度减少了库存，降低了资金占用，提升了企业的风险应对能力，可以最大化地响应市场变化。

自働化

自働化（Jidoka，Autonomation）并不是自动化（Automation）。自动化解决的是速度问题，而自働化的关注点在质量。

在生产制造领域，人们很早就发现，如果不及时发现缺陷，就会导致高昂的成本。在丰田公司的创始人丰田喜一郎创立丰田汽车前，其父亲丰田佐吉已经在织机领域具有很高的建树。丰田佐吉在生产实践中发现：如果织机的线断了，工人没有立即发现，就会导致大量的残次品。为此，丰田佐吉发明了一种改良型织机，这种织机可以识别是否断线，一旦断线，该织布机可以无须人工干预，自动停止。

自働化其实是这样的一种自动化：首先它应该自治，在正常情况下无须人工干预即可运行。但是，如果出现问题，它应该自动停止，让问题得到及时修复。这一点也可以从 Autonomation 这个单词来理解：Autonomation 就是 Autonomy 和 Automation 两个单词的组合，也就是"带有自治能力的自动化"。

大野耐一曾说："追求数量会造成浪费，而追求质量会产生价值。"没有质量基础的数量是毫无意义的。在数字化尚未普及的时代，安灯系统就是一种广泛应用在精益生产线上的自働化方法，它使用一盏或一组灯来指示当前生产系统的状态，绿色代表正常。在这种生产线上，有一种被称为安灯绳的设施，一旦它被拉下，整条生产线将暂停。拉动安灯绳的权利被下放给所有工人。也就是说，任何工人只要发现品质问题，都可以拉动安灯绳，叫停整条生产线。这样，问题就可以被及时发现，防止其进一步扩散。

12.1.2 精益思想的五大原则

虽然精益思想起源于丰田，但 "精益" 这个词是由美国人命名的。在丰田生产方式取得巨大成功之后，James P. Womack 等人对丰田生产方式做了深入调研，并且通过《改变世界的机器》[60]《精益思想》[61] 等著作，系统地总结了丰田生产方式背后的思想，让精益思想传播到了全世界，其影响范围也远远超出了汽车工业。

《精益思想》概括了精益思想的五大原则，分别是价值、价值流、流动、拉动和持续改善。

价值

精益思想认为：应该从客户视角定义价值，而不是从生产者的立场出发。这意味着要定义清晰的价值，就要从价值出发来思考整个过程。

价值流

一旦识别了价值，就需要关心价值生产过程中的所有活动，向那些不能创造价值的行为发出挑战。例如，价值流图就是精益管理方法中的一个常用工具。它把生产的每个环节区分为有增值的活动、无增值但必需的活动、无增值且非必需的活动。其中，无增值且非必需的活动必须立即去除，对于无增值但必需的活动，应该思考如何通过改进流程、工具等加以改善。

流动

想让生产高效，就要让增值活动在价值流上顺畅流动。如果价值链的流动不顺畅，就会导致浪费。导致流动阻滞的原因有很多，如不同工种之间的等待，质量原因导致的返工等。

拉动

拉动是一种用需求方的需要来驱动提供方的生产活动的协同方式，它也是一种实现即时生产的方式。拉动总是从真正的客户价值，也就是位于最末端的用户需求开始，逐步倒推至生产的每个步骤，让每个步骤都服从下游的指令，从而实现高质量的协同。

持续改善

持续改善是精益思想的重要心智。对于复杂系统来说，在一开始就把一切都规划好是不现实的。需要在实践中持续思考当前的方法，持续地追求尽善尽美。和许多组织把持续改善作为一种口号不同，精益方法从系统角度让持续改善持续发生。

12.2　精益思想和软件设计的关系

精益思想虽然源自制造领域，但其应用范围早已扩展到各种各样的领域，成为非常普遍的思想方法，例如精益营销、精益餐饮、精益医疗、精益供应链等。其中，精益创业和精益项目管理是和软件开发高度相关的两个领域。事实上，精益思想也完全适用于软件设计。

我最早从由外而内的开发开始感受到精益思想和卓越软件设计实践之间的联系——由外而内的设计本质上体现的就是精益的拉动思想。后来逐渐发现，尽管软件设计的许多优秀实践并非起源于精益思想，但是它们在精益思想的框架下却可以得到更为清晰的解释。

这并不意外。精益方法的本质是协同和管理复杂问题，而软件设计面临的根本困难就是复杂性问题。确实，软件设计是典型的技术工作而不是管理工作，但是如果把软件以及软件要解决的问题看作一个世界，程序员的工作就是在创造和协同这个世界。在这个世界中，做什么、不做什么、如何设计、如何分解、如何保证质量、如何演进，几乎在每一个细节上，都充满了复杂的决策。

现在让我们从精益视角来对软件开发中的重要问题进行讨论和分析。

12.2.1　价值导向

软件设计的价值并绝不仅仅是"实现需求"。真正有价值的工作，一定源于真正的"影响"，也就是通过软件开发，给现实世界带来了积极的改变。

在第 1 章中，我们已经分析过高质量软件设计的特征。其中，实现了期望的功能意味着满足了业务价值，易于复用则反映了对未来的期望——软件的价值不限于当下，它也是组织持续积累的资产。

业务价值视角

业务价值是软件开发的核心。程序员不能仅仅关注编码，需求分析是软件开发活动的真正起点，这也是为什么本书的实践是从高质量需求分析开始的原因。没有正确的需求分析，再好的实现也是徒劳。同样，在需求分析中，各项活动的起点也总是从目标开始的，这也是因为目标反映了真正的用户价值。

资产价值视角

软件作为一种信息制品，它不仅仅适用于当下的业务场景，也会影响团队的未来发展——无论是积极的影响还是消极的影响。

软件的资产价值决定了软件开发的效率和竞争力。当然，如果资产为负，那就是"债务"。图 12.1 反映了不同情况的软件开发团队长期的生产力演进。

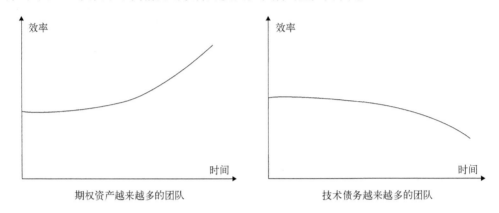

图 12.1　资产和债务影响生产力

在初始阶段，二者的生产力相差不大。但是，随着时间发展，如果软件团队产出的代码质量不高，就会逐渐陷入易于维护、易于扩展的泥沼——随着债务的持续增加，效率大幅下降。而重视软件质量、重视可复用性的团队，在面对新的需求时，有许多软件资产可用，开发效率会呈现数量级的提升。

> 在软件开发中积累的是资产还是债务，成为软件开发效率，甚至业务成功与否的分水岭。

软件资产的本质是期权

严格来说，软件资产并不是完全符合"资产"这个词的定义。现实世界的资产总是会持续地产生利息，而代码显然没有这样的特征，无论是高质量代码还是低质量代码。从一定意义上讲，代码更接近债务。因为代码写得越多，阅读和维护它的成本相对就会越高。

什么时候"软件资产"会变成真正的"资产"呢？那就是它有复用机会的时候。什么时候设计会被复用？我们并不精确知道。这就和期权一样。期权可能在未来被行权，也有可能在未来根本用不上（例如行权价高于股价）。但是，一旦行权，它们也就转化成了真正的资产。

把高质量的软件设计视为期权源自 Baldwin 和 Clark[51]。对待软件开发的策略，和对待期权的策略几乎一模一样。首先，你应该让自己尽可能持有较多的期权，这样在未来才有更多的机会。这就要求设计具有高复用性和可演进能力。第二，要降低行权的门槛。这意味着设计的契约要明确、耦合要低。第三，由于存在行权机会的不确定性，所以不要为期权付出过多的成本，简单设计是在这种情况下的最好选择。读者可以从本书中找到这些问题的方案。

12.2.2 流动和拉动

设计和编码当然是为了交付价值。不过，设计和编码比生产线上的生产要复杂得多，这个流程永远不可能像生产线那样标准。而且，和很多人的已有认知不同，设计和编码的核心产出并不是代码。

设计和编码的核心产出是解决方案，代码只是解决方案的载体。既然是解决方案，需要的就是持续的探索和发现。通过拉动，可以带来最高的探索效率。在第 9 章中介绍的由外而内的开发方法，就是拉动一词最典型的体现。

从价值开始拉动

得益于测试替身技术，由外而内的开发实践总是从真正的用户需求开始，并且使用用户需求作为拉动的起点。由于用户需求最接近价值侧，所以它的确定性最高，避免了不确定导致的返工或者过度设计。

拉动的对立面是推动，在软件实现中的对应是"自下而上编码"。如果先从底层模块开始，很容易出现问题。例如，在第 9 章的俄罗斯方块的例子中，先从底层实现一个矩阵类 Matrix，就是过度设计甚至是返工的案例。

由外而内消除了等待和库存

自顶向下设计，自下而上编码。这种方式的一个大问题是产生了大量无法立即集成的代码。用精益的术语来讲，这些都是在制品。

在制品（WIP，Working In Progress）指的是一切已经经过加工，但是尚不能贡献客户价值的东西。例如，正在生产工序中的部件、已经加工好但是尚未进行组装的部件、已经组装完成但是尚未检验的成品、已经检验但是尚未成功销售的成品等。

由外而内的开发方式会极大降低在制品的数量。由于每一个模块、每一行代码都是从需求逐层驱动出来的，所以它们在第一时间就进行了集成，本质上是先集成、后实现。由于测试替身工具的存在，它随时随地都能够运行和检验，所以在制品的数量就会非常低。

把接口作为拉动信号

由外而内的实现，让接口定义变得特别简单，也更加重要。在由外而内的方式中，设计层边界上的接口定义是按需拉动出来的。这些接口本质上就是下一个设计层的订单。

在下一层要实现哪些功能，只要看在上一步中仿冒的是哪些接口就可以了。

应用领域模型和设计原则

领域模型和设计原则保证了由外而内分解和实现的流畅性。在由外而内的开发方式中，代码编写的过程就是职责分解的过程。如何让这种职责分解的过程清晰且顺畅，是本书在领域模型和设计原则中重点关注的内容。

12.2.3 质量内建

质量在任何行业都是最关键的因素。精益方法极度重视质量，其基本心智是：质量问题只是外在表现，更深层次的问题往往是系统问题。

本书一直在强调质量，并在第 10 章进行了总结。测试先行从根本上增强了质量的反馈。通过重新排布测试和开发活动的顺序，完成从 V 模型到 I 模型的转换，测试先行不仅丰富了需求分析和设计阶段的探索和发现，并且在实现活动中让质量问题刚刚萌芽就无所遁形。

软件开发中的持续集成方案、早崩溃也恰恰契合了精益生产的自働化思想。可以认为，持续集成出错即停止的方案就是精益的安灯系统在软件领域的实现。同时，早崩溃通过极大化违反契约的影响的方式，促进了整个团队关注契约，和安灯绳有异曲同工之妙，它增强了设计的稳定性，并且避免了错误在系统中的蔓延。

12.2.4 持续改善

软件是一个复杂系统，解决的是现实世界的复杂问题。只要认知没有停止，业务仍在"生长"，软件系统就需要持续演进。用精益思想的持续改善心智来看待软件系统的开发，就会理解：演进式设计是软件能持续"生长"的灵魂。

12.3 总结

图 12.2 总结了本书介绍的主要编程实践，核心内容是一个根本挑战、两大核心价值、三大设计原则和系列技术实践。这个图在前言部分也曾经出现过，下面我们对该图中出现的关键概念进行解释和总结。

12.3.1 一个根本挑战

理解软件与生俱来的复杂性是理解一切软件工程实践的根本。软件工程巨匠 Fred Brooks 在《没有银弹》[62] 中论证了一个核心观点：软件是迄今为止最复杂的人造物。大

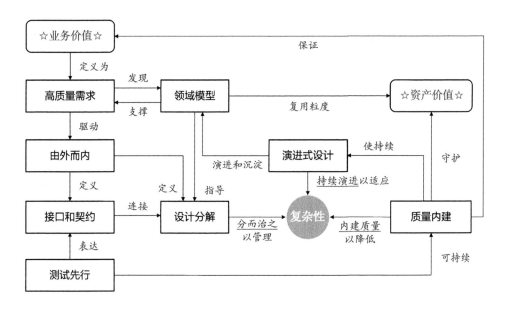

图 12.2 精益编程实践总结

家可以将软件和人类发明的其他事物（例如建筑、工具甚至是没有软件介入的机械等）
进行比较，会发现下面几点。

- 软件充满了信息。每一行代码都是信息，任何一行代码不正确功能就不正确。
- 不可见。在外部无法直观感知设计质量。
- 容易变更。软件是"软"的，它本身就是为了"变更"而存在的。
- 没有必然规律。不同于客观物理规律，软件的需求是服务于现实业务的，而现实
  业务没有那么强的规律性。

以上这些都决定了软件开发人员面临的是复杂的挑战。同时，软件中遗留的问题、不
同开发者的方法和认知不统一等问题，进一步加剧了这种复杂性。好的开发实践，必须
能应对这些复杂性。

12.3.2 两大核心价值

两大核心价值是软件开发的当前业务价值和长期资产价值。12.2 节已经分析了这两
大核心价值。高质量的软件设计实践，必须聚焦于这两个核心价值。

12.3.3 三大设计原则

三大设计原则是对软件复杂性的响应。具体来说，它们是三个彼此相关的方面：分而治之原则、持续演进原则和质量内建原则。

- 分而治之原则。面对复杂性问题，"分而治之"是最普遍而有效的手段。通过"分而治之"，把大的问题分解为小的问题，然后各个击破。这也就是软件开发中的模块化的思想。
- 持续演进原则。软件不仅在空间维度上是复杂的，而且在时间维度上是持续变化的。如果软件开发实践不能适应未来的变化，那必然是失败的。好的软件设计实践，不是把适应变化作为一项附加能力，而是从根本上就把持续演进作为核心要素。这就是演进式设计的关键作用。
- 质量内建原则。质量是一切的核心。它决定了业务价值的实现，也决定了在开发过程中沉淀的究竟是资产还是债务，同时也是软件可以演进的基础。

12.3.4 实践：高质量的需求

高质量的需求包括了许多实践，例如需求分析金字塔、事件驱动的业务分析、实例化需求等。它承接了业务价值，并且成为了由外而内开发的起点。

12.3.5 实践：领域模型

领域模型反映了对业务的核心认知，定义了业务的标准概念，实现了统一语言。所以，重视领域模型的团队，必然会获得更高质量的需求分析，而高质量的需求分析，又反过来推动了领域模型的完善。

领域模型带来了良好结构，特别是子域和限界上下文的对应、聚合的边界等，都提升了软件设计的复用性。此外，领域驱动设计建立了一套有价值的模式体系，大幅增强了领域模型对实现层面和架构层面的指导意义。

领域模型和演进式设计有着密切的联系。既然反映的是业务认知，这种认知就必然会持续升级。所以，在演进式设计过程中，会通过重构等方式，持续地把认知反映到领域模型中，从而给软件资产带来更深层次的价值。

12.3.6 实践：由外而内

由外而内是精益编程体系的核心思想。在图 12.2 中，由外而内让设计分解和接口和契约有据可循，带来了更好的分解层次的一致性，也让接口和契约的定义更加顺畅自然。

12.3.7 实践：接口和契约

接口和契约对高质量的设计极为重要，保证了设计的内聚性和复用性。接口和契约也是测试先行的输入以及契约式设计的前提。

12.3.8 实践：测试先行

测试先行是开发实践的重要变革和突破。它从本质上解决了自动化测试的及时性和完整性问题，并且让 I 模型从代码层面变为现实。不仅如此，测试先行还是契约表达的最精确方式，以及活文档的支撑机制。如果测试先行和演进式设计互相融合，也就形成了测试驱动开发。

参考文献

[1] tree swing pictures[EB/OL].

[2] MCCONNELL S. 代码大全（第 2 版）[M]. 金戈, 汤凌, 陈硕, 等译. 北京: 电子出版社, 2006.

[3] ABELSON H, SUSSMAN G J, SUSSMAN J. 计算机程序的构造和解释[M]. 裘宗燕, 译. 北京: 机械工业出版社, 2004.

[4] BOEHM B W. A spiral model of software development and enhancement[J]. Computer, 1988, 21(5): 61-72.

[5] RUBEY R J. the complete pasta theory of software[EB/OL].

[6] 杨冠宝. 阿里巴巴 Java 开发手册[M]. 北京: 电子工业出版社, 2018.

[7] BECK K. 解析极限编程：拥抱变化[M]. 唐东铭, 译. 北京: 人民邮电出版社, 2002.

[8] FOWLER M. 重构：改善既有代码的设计[M]. 熊节, 译. 北京: 人民邮电出版社, 2010.

[9] MYERS G J. Reliable software through composite design[M]. [S.l.]: Petrocelli/Charter, 1975.

[10] HUNT A, THOMAS D. 程序员修炼之道[M]. 马维达, 译. 北京: 电子工业出版社, 2004.

[11] BELLON S, KOSCHKE R. Detection of software clones—tool comparison experiment[C]//the 1st IEEE International Workshop on Source Code Analysis and Manipulation. 2002.

[12] ROY C K, CORDY J R. A survey on software clone detection research: 2007-541[R]. [S.l.]: School of Computing, Queen's University, 2007.

[13] VARNEY L R. Interface-oriented programming[J]. University of California, Los Angles Computer Science Department Technical Report TR040016, 2004.

[14] Depends Contributors. Depends: a fast, comprehensive code dependency analysis tool[EB/OL].

[15] 纳西姆·尼古拉斯·塔勒布. 反脆弱——如何从不确定性中获益[M]. 雨珂, 译. 北京: 中信出版社, 2014.

[16] COHN M. 用户故事与敏捷方法[M]. 石永超, 张博超, 译. 北京: 清华大学出版社, 2010.

[17] ADZIC G, BISSET M, POPPENDIECK T. Impact mapping[M]. [S.l.]: Provoking Thoughts, 2012.

[18] RUMBAUGH J, JACOBSON I, BOOCH G. UML 用户指南[M]. 孟祥文, 邵维忠, 麻志毅, 等译. 北京: 机械工业出版社, 2001.

[19] LARMAN C. UML 和模式应用[M]. 李洋, 郑龑, 译. 北京: 机械工业出版社, 2006.

[20] LARMAN C. 敏捷建模: 极限编程和统一过程的有效实践[M]. 张嘉路, 译. 北京: 机械工业出版社, 2003.

[21] BRANDOLIN A. Introducing eventstorming[M]. [S.l.]: LeanPub, 2015-2019.

[22] ADZIC G. 实例化需求: 团队如何交付正确的软件[M]. 张昌贵, 张博超, 石永超, 译. 北京: 人民邮电出版社, 2012.

[23] EVANS E. 领域驱动设计[M]. 赵俐, 盛海艳, 刘霞, 译. 北京: 人民邮电出版社, 2010.

[24] ISO/IEC. Systems and software engineering - architecture description: ISO 42010:2011[S]. [S.l.:s.n.], 2010.

[25] ISO/IEC. Systems and software engineering: Systems and software quality requirements and evaluation (square) —system and software quality models: ISO 25010:2010[S]. [S.l.:s.n.], 2010.

[26] DOUGLASS B P. 实时设计模式[M]. 麦中凡, 译. 北京: 北京航空航天大学出版社, 2004.

[27] ALEXANDER C. The timeless way of building[M]. New york: Oxford university press, 1979.

[28] GAMMA E, HELM R, JOHNSON R, 等. 设计模式: 可复用面向对象软件的基础[M]. 李英军, 马晓星, 蔡敏, 等译. 北京: 机械工业出版社, 2000.

[29] MARTIN R C. 架构整洁之道[M]. 孙宇聪, 译. 北京: 电子工业出版社, 2018.

[30] LISKOV B. Data abstraction and hierarchy[J]. SIGPLAN Notices, 1988, 23(5).

[31] MARTIN R C. 敏捷软件开发: 原则、模式与实践[M]. 邓辉, 译. 北京: 清华大学出版社, 2003.

[32] MEYER B. Object-oriented software construction: volume 1[M]. [S.l.]: Prentice Hall, 1988.

[33] BECK K, JOHNSON R. Patterns generate architectures[C]//European Conference on Object-Oriented Programming. Springer, 1994: 139-149.

[34] BUSCHMANN F, MEUNIER R, ROHNERT H, 等. 面向模式的软件架构第 1 卷[M]. 贾可荣, 郭福亮, 译. 北京: 机械工业出版社, 2003.

[35] FOWLER M. 企业应用架构模式[M]. 王怀民, 周斌, 译. 北京: 机械工业出版社, 2010.

[36] 袁英杰. 变化驱动：正交设计[EB/OL].

[37] COCKBURN A. Hexagonal architecture[EB/OL].

[38] IEEE SWEBOK board. Guide to the software engineering body of knowledge, version 3.0[EB/OL]. 2014.

[39] ROOK P. Controling software projects[J]. Software Engineering Journal, 1986, 1(1): 716.

[40] FOWLER M. 领域特定语言[M]. ThoughtWorks 中国, 译. 北京: 机械工业出版社, 2013.

[41] EVANS E. Domaindriven design reference: Definitions and pattern summaries[M]. [S.l.]: Dog Ear Publishing, 2014.

[42] COAD P, DE LUCA J, LEFEBVRE E. Java modeling in color with uml: Enterprise components and process[M]. [S.l.]: Prentice Hall, 1996.

[43] LEWIS J, FOWLER M. Microservices: a definition of this new architectural term[EB/OL].

[44] W. 爱德华兹·戴明. 戴明论质量管理：以全新视野来解决组织及企业的顽症[M]. 钟汉清, 戴久永, 译. 海口: 海南出版社, 2003.

[45] WHITTAKER J A. 探索式软件测试[M]. 方敏, 张胜, 译. 北京: 清华大学出版社, 2010.

[46] MITCHELL R, MCKIM J. Design By Contract 原则与实践[M]. 孟岩, 译. 北京: 人民邮电出版社, 2003.

[47] 10 tips to guide you toward effective peer code review[EB/OL].

[48] SADOWSKI C, SÖDERBERG E, CHURCH L, et al. Detection of software clones—tool comparison experiment[C]//ICSE-SEIP '18: Proceedings of the 40th International Conference on Software Engineering: Software Engineering in Practice. [S.l.:s.n.], 2018.

[49] MCCABE T. A complexity measure[J]. IEEE Transactions on Software Engineering, 1976, SE-2: 308-320.

[50] CAMPBELL G A. Cognitive complexity: An overview and evaluation[C]//Proceedings of the 2018 International Conference on Technical Debt. [S.l.:s.n.], 2018: 57-58.

[51] BALDWIN C Y, CLARK K B. Design rules: The power of modularity[M]. [S.l.]: MIT Press, 2000.

[52] MO R, CAI Y, KAZMAN R, et al. Architecture anti-patterns: Automatically detectable violations of design principles[J]. IEEE Transactions on Software Engineering, 2019.

[53] MO R, CAI Y, KAZMAN R, et al. Decoupling level: a new metric for architectural maintenance complexity[C]//2016 IEEE/ACM 38th International Conference on Software Engineering (ICSE). [S.l.]: IEEE, 2016: 499-510.

[54] MACCORMACK A, RUSNAK J, BALDWIN C Y. Exploring the structure of complex software designs:an empirical study of open source and proprietary code[C]//Management Science: 152(7). [S.l.:s.n.], 2006.6: 1015-1030.

[55] CHIDAMBER S R, KEMERER C F. A metrics suite for object oriented design[J]. IEEE Transactions on Software Engineering, 1994.

[56] WILSON J Q, KELLING G L. Broken windows[J]. Atlantic monthly, 1982, 249(3): 29-38.

[57] MARTIN R C. Professionalism and testdriven development[J]. IEEE Software, 2007, 24(3): 32-36.

[58] BECK K. 测试驱动开发[M]. 孙平平, 张小龙, 译. 北京: 中国电力出版社, 2004.

[59] G·波利亚. 怎样解题: 数学思维的新方法[M]. 涂泓, 冯承天, 译. 上海: 上海科技教育出版社, 2007.

[60] 詹姆斯 P. 沃麦克, 丹尼尔 T. 琼斯, 丹尼尔·鲁斯. 改变世界的机器[M]. 沈希瑾, 译. 北京: 商务印书馆, 1999.

[61] 詹姆斯 P. 沃麦克, 丹尼尔 T. 琼斯. 精益思想[M]. 沈希瑾, 译. 北京: 机械工业出版社, 2008.

[62] BROOKS F, KUGLER H. No silver bullet - essence and accidents of software engineering[J]. Computer, 1987, 20(4): 10-19.

索　引